U0213479

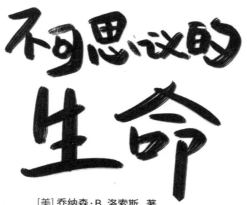

不可思议的生命

[美] 乔纳森·B. 洛索斯 著
(Jonathan B. Losos)

何继伟 译

进化的命运、时机和未来

中信出版集团 | 北京

图书在版编目（CIP）数据

不可思议的生命 /（美）乔纳森·B.洛索斯著；何
继伟译. -- 北京：中信出版社，2019.6

书名原文：IMPROBABLE DESTINIES

ISBN 978-7-5217-0302-3

I.①不… II.①乔…②何… III.①生命科学—普
及读物 IV.① Q1-0

中国版本图书馆 CIP 数据核字（2019）第 057196 号

不可思议的生命

著　者：［美］乔纳森·B.洛索斯
译　者：何继伟
出版发行：中信出版集团股份有限公司
　　　　　（北京市朝阳区惠新东街甲 4 号富盛大厦 2 座　邮编　100029）
承 印 者：北京楠萍印刷有限公司

开　本：880mm×1230mm　1/32　　印　张：10.75　　字　数：256 千字
版　次：2019 年 6 月第 1 版　　　印　次：2019 年 6 月第 1 次印刷
京权图字：01-2019-2206　　　　　广告经营许可证：京朝工商广字第 8087 号
书　号：ISBN 978-7-5217-0302-3
定　价：58.00 元

目　录

序　言　　　　　　　　　　III
引　言　　　　　　　　　　XI

第一部分　自然的幻象

第一章　趋同进化　　　　　003
第二章　复制的爬行动物　　031
第三章　进化的怪癖　　　　053

第二部分　野外实验

第四章　并不缓慢的进化变革　081
第五章　缤纷的特立尼达　　093
第六章　失落的蜥蜴　　　　123
第七章　从肥料到现代科学　147
第八章　池塘和沙盒中的进化　161

第三部分　显微镜下的进化

第九章　"重放磁带"　　　　183
第十章　烧瓶中的突破　　　209
第十一章　点滴改变和醉酒的果蝇　223
第十二章　人类环境　　　　243

结　论　　　　　　　　　　265

致　谢　　　　　　　　　　287

关于插图　　　　　　　　　291

注　释　　　　　　　　　　293

像许多孩子一样，我有段时间也曾非常迷恋恐龙。幼儿园时代的我是个传奇人物，每天都会拎着一整篮子各式各样的塑料恐龙向大家炫耀一番：异特龙、剑龙、甲龙、霸王龙等。那个时候的我至少拥有 20 种以上的恐龙玩具。当然，今天孩子们的玩具箱里可能远不止这些。

不过，和多数孩子不同的是，我至今仍沉迷其中。我仍然有许多心爱的恐龙玩具，而今尤甚。我还能记得它们的名字，甚至能清晰地拼出诸如"副栉龙"的发音。但我的兴趣已经转移到更宽泛的爬行动物身上了，例如蛇、龟、蜥蜴和鳄鱼等。

这种转变在很大程度上源于一部名为《天才小麻烦》（Leave It to Beaver）的电影，其中一段情节令人印象深刻，沃利和比弗邮购了一只小鳄鱼，并把它藏在了浴室中。结果可以想见，当管家密涅瓦发现它的时候，一场欢闹就开始了。当我知道那时候（20 世纪 70 年代早期）宠物商店里有卖幼年凯门鳄（一种在中美洲和南美洲生存的鳄鱼）后，我欣喜若狂，便苦苦央求母亲养一条。幸运的是，她并没有随意否定我的想法，而是建议我们联系一位远房亲戚——在圣路易斯动物园任副主任的查理·赫赛尔，希望他能够挫败我的"妄想"。那段时间，每天当我父亲下班回家时，我便跑去问他："你今天和赫赛尔先生聊了吗？"坦率地说，我天生没什么耐心（更别说当时只有 10 岁）。这件事随着时间的流逝，让我从烦躁到懊恼，再到生气。我在想问题出在哪儿？因为父亲并没有简单地和对方电话沟通，而是选择坚持要与赫赛尔在会议中见面时再提及此事。可是如果两人永远没有见面的机会怎么办？就在我想要放弃希望时，有天晚上父亲回到家告诉我，他已经和赫赛尔先生沟通过了。我充满希望却又紧张、坐立不安地问他："结果如何？"结果让我异常兴奋，赫赛尔先生认为这个想法很棒，他当年就是以相同的方式对爬行动物产生了浓厚的兴趣！[①] 我的母亲因此无话可说了。接下来，我家的地下室很快就被各种爬行动物占领。事实上，从那时起，我已悄然踏上了自己的职业生涯。

在我照料这些带鳞生物的同时，我还是美国纽约自然历史博物馆出版的月刊《自然历史》的忠实读者。我认为每期杂志的亮点是由学识渊博的哈佛古生物学家斯蒂芬·杰·古尔德所撰写的《生命观》专栏。专栏的标题源于达尔文的《物种起源》。这个专栏呈现了古尔德关于进化过程的一些怪异思想，常常强调不确定性和不可预知性的进化。在古尔德优美的文笔下，历史、建筑甚至棒球等各种小插曲夹叙其间，他用引人入胜的事例向人们展示他的世界观。

当我于 1980 年被哈佛大学录取时，我急切地想要学习古尔德的选修课程"地球和生命的历史"。他太让人着迷了，我感觉他本人比他在

---

① 主要是两栖动物和爬行动物的研究。

出版物中的形象更有吸引力。但给我印象最深的教员是厄内斯特·威廉姆斯，他是哈佛比较动物学博物馆两栖动物和爬行动物馆的馆长（目前这个职位由我担任）。他虽然是一位上了年纪的古板科学家，但是却非常欢迎年轻人培养对于爬行动物的兴趣。不久我就发现，我研究的一个特殊种群的蜥蜴原来早就成了他工作生活的重点。

　　镜头下的变色龙蜥蜴总是显得娇小可爱，它们时而变为绿色，时而变为棕色，脚趾上有黏垫，喉咙下色泽绚丽的皮肤上有伸缩性的皮瓣。但真正让它们在科学家圈子里声名鹊起的是它们惊人的进化能力。目前已经确认物种的就有 400 多种，并且这个数目还伴随着每年的新发现而不断增加，由此安乐蜥属成了脊椎动物最大的属之一。许多具有繁杂种属的物种都有一个共同的特点，物种多样性的丰富度往往与区域的富饶度，以及局地的自然环境有着密切的关系，多数物种都局限于单独的岛屿或者如美洲热带大陆的局部地区。

　　20 世纪 60 年代，威廉姆斯的研究生斯坦兰德撰文记叙了不同种群的变色龙适应不同的栖息环境而共生的情况。一些变色龙可以生活在高高的树上，而另一些则栖息在草丛中或者细小的枝杈上。威廉姆斯的过人之处就在于他意识到这种对于栖息地的适应情况可能会在大安的列斯群岛［古巴、伊斯帕尼奥拉（海地）、牙买加和波多黎各等］的每个岛屿上同时发生。也就是说，蜥蜴进化的多样性是独立的，它们在上述提及的这些岛屿的栖息地中也几乎是在同步进化的。

　　作为一名大学生，我只参与了这个故事中很小的一部分，我主持了一个关于多米尼加共和国两个物种相互作用的荣誉研究项目。毕业后，我前往加利福尼亚州参加了一个博士项目，并且发誓再也不从事蜥蜴方面的研究了，因为我觉得所有重要的东西都已经被威廉姆斯和他的实验室发现了。

只叹我当时是多么年少无知啊！任何人都知道，成功的科学项目往往是回答了一个问题，却会产生三个新的问题。在经历了两年的研究生学习时光，以及一系列失败的项目后，我最终才明白，岛上的这群变色龙才是研究物种进化多样性如何发生的最佳实验对象。

因此，我花了 4 年的时间遍历加勒比海，爬树、捉蜥蜴，偶尔还品尝一下飘香怡人的 piña colada（椰林飘香，一种由朗姆酒、菠萝汁和椰子汁制成的鸡尾酒）。我最终发现，即便是利用最新的分析技术，威廉姆斯的有关论断也完全正确。生理和解剖结构相似的物种在不同的岛屿上确实是各自独立进化的。而关于蜥蜴如何跑、跳、攀爬，我从生物力学的角度进行了研究，并发现了生理结构变异的适应基础，从而解释了为何在特定的栖息环境下，物种会演化出诸如长腿或者大趾垫这样的特征。

当《奇妙的生命：伯吉斯页岩中的生命故事》（下文简称《奇妙的生命》）——这部可以说是斯蒂芬·杰·古尔德最伟大的作品——出现在书店的时候，我的论文还未完成。我如饥似渴地读着这本著作，觉得当中的论断十分令人信服。古尔德认为，进化的道路是离奇又难以预测的，重放生命这盘"磁带"，你就可能得到一个完全不同的结果。

不过我们在这里稍微停下来想一想，古尔德认为倒退时间和重放生命进化"磁带"的想法是不可能实现的（至少实际上是这样），但另一种测试进化重复性的方法是在多个地方播放相同的"磁带"。在加勒比群岛上，始祖变色龙的繁殖方式，本质上不都是一样地在重放生命的"磁带"吗？假设这些岛屿有或多或少相同的环境，这不就是进化重复性的检验吗？

的确如此，于是我发现自己陷入了一道智力难题。古尔德坚信进化不会重演，但我自己的研究表明，进化确实重演了。究竟是古尔德错了，还是我的研究成果以某种形式证明了这条规则的例外情况？我选择了后一种解释，接受了古尔德的观点，即使我自己的研究成果因此成了一个反例。

过去的 25 年里，古尔德的这一观点被不断挑战。一些观点与古尔德对不可预测性和不可重复性的强调形成了鲜明的对照。这些观点强调了适应性趋同进化的普遍性：生活在相似环境中的物种将进化出相似的特征，以适应它们所面对的共同的自然选择压力。我对安乐蜥的研究就是这种趋同性结果的一个例子。这种观点的支持者认为，趋同性表明了进化并不是怪异和不确定的，相反，它其实是可以被预见的：在自然界中谋生的方式是有限的，所以自然选择一次又一次地推动着有相同特征的进化。

自从《奇妙的生命》出版以来，进化生物学有了长足的进步，我也获得了博士学位。这期间各种新的想法、新的方法和新的数据收集方式不断地出现。研究进化的科学家数量也大大增加了。我们已经破译了基因组，绘制了生命树，了解了不断变化的微生物。一些壮观的化石的发现澄清了进化的许多历史问题。

有太多的实例和数据表明了进化的可预见性。我们对于这个星球上的生命的历史了解得越多，就会看到更多这种趋同行为的发生，非常相似的演化结果总在不断地重复发生。我的变色龙研究并不是个例外，古尔德的法则受到了更多的质疑。

但我们现在知道，除了记录历史上发生的事情，我们还有其他研究进化的方法。我们现在可以做到让进化的过程在我们眼前发生，从而展开相应的研究。也就是说，我们可以利用实验的方法实现生命的"倒带"，这是实验室科学用来解决进化预测性问题的标志。

实验是研究进化的一种有力工具。实验过程也充满了各种乐趣。这可能会让你想起高中时期化学课堂上做的各种实验。将各种化学试剂在烧杯中混合后倒入试管中，这个过程并不总是令人愉快的，至少对我来说是这样。但是，当你的试管是巴哈马群岛而你的试剂是各种蜥蜴的时候，情况就完全不同了。当然，有时候太阳是毒辣了点儿，而且没有什么比抓不到一只重要的蜥蜴而更让人沮丧的了，可能因为当时恰巧游过了一只海豚，分散了你的注意力。但实验性进化是进化生物学的前沿领域，它能够让我们在真实的大自然中，在真实的时间里，真实地检测我们关于进化的种种想法。还有比这更让人兴奋的吗？现在进化实验遍及全世界——从特立尼达的山地雨林到内布拉斯加的沙丘，再到大不列颠哥伦比亚省的池塘，这些地方让我们可以更直观地探究进化预测的可能性。

没错，我再次成了一名研究生。不得不说这是一个成为进化生物学家的辉煌时代。这是一个黄金年代。我们可以运用各种工具，从基因测序到野外实验，终于可以回答20世纪那个困扰人们已久的难题了。

围绕正在开展的工作，我准备着手写一本书，书中试图回答这样一个问题：进化究竟如何预测？但当我开始写的时候，我发现书中有太多的内容已经不是目前的科学能够解答的了。科学知识并不是偶然出现的，而是科学家们辛勤努力工作，利用他们的创造力和洞察力去了解自然界的结果。而这也正是研究进化预测性的那群人特别令人着迷之处。

正因如此，本书不单单描述了我们对于进化的了解，还告诉了我们应该怎样去认识我们所了解的这些内容。书中不光有对相关科学理论和技术的论述，还告诉了人们重要思想和理论的来源——研究者们是如何思考问题的，他们在野外实验中经受了怎样的磨炼，有多少科学发现就是由完全不同的想法的偶然碰撞而带来的意想不到的结果。此外，他们所研究的看似深奥的学术问题，实际上对我们理解我们自己在宇宙中的地位，以及我们周围的生物如何应对变化的世界都是至关重要的。因此，本书讲的是一个关于人与环境、动物与植物、重大问题和哲学命题的故事。怀着我对自然界的热爱，故事就这样开始了，一如那个迷恋恐龙的小男孩。

恐龙当家

皮克斯的动画电影《恐龙当家》(*The Good Dinosaur*) 预告片伊始，呈现了一条布满各种大小圆石块的小行星带。这时，一颗小行星穿越岩石堆，撞向另一颗小行星，接着，被撞的小行星又连锁反应式地撞向第三颗，并把它撞向了更远的太空，朝着远方的目标奔去。随着远方目标的不断变大，其身形也愈发明显：这是一颗散布着块块绿色和缕缕白色的蓝色星球。这时，旁白开始吟诵："数百万年前，一颗直径为 6 英里①的小行星摧毁了地球上所有的恐龙。"然后我们就看到画面中的小行星冲入了大气层，变成了耀眼的橘红色。

接下来发生的事情你可能都知道了：小行星撞击了墨西哥湾，引发了全球的大地震，北半球的森林瞬间变成了一片火海，遮天蔽日的尘埃笼罩了数月。恐龙和其他一些生物没能躲过这场浩劫。这真是令人悲伤的事情。很显然，皮克斯这次展现了不同以往的灰暗场景，这是一出悲剧，以大型爬行动物的灭绝告终。

---

① 1 英里约为 1 609.34 米。——编者注

各位，结论先别下得太早。

预告片中响起了一个声音："但如果是另一种情况呢？"画面中的一颗小行星划过白垩纪的天空，正在食草的庞然大物们——鸭嘴龙，还有那些蜥脚类恐龙惊慌地抬头张望着，但是它们很快又恢复了悠闲的状态，不紧不慢地将满嘴的碎叶送入肚中。有惊无险！小行星只是一闪而过，没有带来致命的撞击，生活一如往常，恐龙们享受美食的日子还在继续。

是啊，如果撞击事件没有发生会是怎样？我想我很清楚电影预告片中所假设的情况的答案。6 600 万年前，恐龙是地球的主宰，它们统治这个世界已经超过 1 亿年了。若不是这颗小行星，恐龙可能仍继续统治着全世界：雷克斯龙、三角龙、迅猛龙、甲龙等都会幸存下来。新生的恐龙物种会不断地演化，取代老的物种。千变万化的恐龙大军随着时间的河流不断地行进。恐龙很可能至今仍然横行在这个星球上。

如果真是这样，那么今天谁不会出现在这个世界上？对，是我们自己。尽管我们哺乳动物大约在 2.25 亿年前就开始进化，和恐龙几乎处于同一时期，但在我们祖先开始出现的 1.6 亿年间，我们的数量并不算多。关于这一点，恐龙也很明白。那时，我们毛茸茸的祖先可以说是地球上整个生物圈最微不足道的了，它们看起来甚至比最小的恐龙还要小，经常在夜间出没，以防碰见爬行类宿敌。它们在草丛里乱窜，吃掉它们能找到的任何食物。如果你把自己想象成一只负鼠的话，那么你就会对我们白垩纪时期"亲戚们"的形象和生活方式有很好的把握，但实际上它们可能会比想象中更小一点儿。

这里要澄清一下，并不是说在小行星灭绝了恐龙之后，哺乳类大军才争取到了进化的机会——虽然我们的确很好地把握住了这个机会：迅速地繁殖以填补空虚的生态圈，将过去的 6 600 万年化作辉煌的哺乳动物时代。关于这一点，我们还真的要好好感谢一下那颗小行星。

　　无论是科学家还是门外汉都曾经认为哺乳动物的崛起是不可避免的，因为哺乳动物天生就比那些爬行类动物优越，这要归功于我们强大的大脑，以及我们的机体所产生的能量。这种想法确实盛行了一段时间，但是我们最终还是取代了恐龙，也许是它们的蛋都被吃掉了从而导致了它们的灭绝，或者是我们向它们展示了我们的厉害。

　　现在，我们都知道了这些纯粹是无稽之谈。有一小部分哺乳动物在中生代就开始进化。恐龙们在 6 600 万年前的日子仍然很好，它们的统治地位无论如何也不会受到脚下这些"害虫"的威胁。如果没有小行星，快乐悠闲的日子仍会继续下去，爬行动物间的各种阴谋诡计还会不断地上演，新的物种进化，另一些物种走向消亡，它们还会存在数百万年。没有理由使我们相信哺乳动物能够从这些阴影里走出来，成为生态系统的主要参与者。因为恐龙就在这里，它们已经占尽资源并填补了生态圈，只有在它们都消失了之后，我们的进化才会有转机。

　　没有小行星，就没有大灭绝，就没有哺乳动物的繁衍昌盛，也就没有你和我。所以电影预告片的最初几分钟让我兴奋不已。皮克斯制作了一部关于恐龙的电影，它告诉了人们如果小行星只是掠过地球，那么我们的世界将会变得完全不同。预览了 45 秒之后，我就知道这部电影会获得成功。

　　预告片接着播放，一只雷克斯龙追逐一群食草动物，从而引发了一场骚乱，身形巨大的食草动物、雷龙①¹和三角龙乱作一团，这种情况在

①　恐龙纯粹主义者可能会注意到，雷龙这个名字在很久以前就被废弃了，因为一些奇怪的科学原因而被"阿帕托龙"这个名字所取代。我对那些煞风景的人说："哈哈！由于新的科学发现，雷龙这个名字在 2015 年被重新命名了。"

中生代经常发生。起先我并没有在意，后来忽然发现，这群野兽中有一些看起来更像是有着毛发和大角的野牛。接下来画面转移到一只雷龙的头顶，那里坐着一个人类的孩子！

如果小行星真的只是与地球擦肩而过，那么当时的哺乳动物正在干什么呢？毕竟这只是皮克斯的一部动画电影而已，它允许人们有一些自由发挥的空间（比如恐龙都在说英语），但是雷龙、野牛及人类的孩子真的可以同时存在吗？有任何科学依据吗？如果恐龙没有灭绝，哺乳动物的世界真的会更加多元化吗？真的会出现野牛甚至我们人类吗？在恐龙时代，哺乳动物也有它们的生存空间，尽管只是杂草中的狭小空间，它们在那里也生存了数百万年。不管怎么说，有没有一种可能，就是在那段时间之后，即便是大型爬行动物的统治仍然没有改变，哺乳动物也迅速进化并繁盛起来。

根据英国古生物学家西蒙·康威·莫里斯的研究成果，这种可能性是存在的。恐龙是爬行动物，也很喜欢热。它们的低代谢率并没有产生太多额外的热量。当外部环境很暖和的时候，它们可以从周围的环境中获得热量，必要时可以站在阳光下补充热量。恐龙王朝是由长期的全球变暖所促成的，在这段时期，世界上大部分地区都是热带，对爬行动物来说是段美好的时光。

但康威·莫里斯指出，气候条件在 3 400 万年前开始发生变化。世界变得更冷了。最终，冰河世纪来临，冰川开始蔓延，世界上绝大部分地区变得寒冷无比。也正是这个原因，在今日的极南或极北地区，你便看不到爬行动物了，因为气候太过寒冷。康威·莫里斯认为，即使恐龙尚存，全球性的气候冷却也会使得哺乳动物"大爆发"，从而叩开它们进化的大门。最终恐龙将不得不离开高中纬度地区而撤回赤道两侧的热带地区，这给了哺乳动物进化的机会。

让我们顺着莫里斯的幽默想下去，并假定他设想的情况都是正确的。哺乳动物开始多样化，逐渐取代恐龙长期占据的生态位置，前者的形体变大，物种也变得更加丰富。也许，让物种繁盛的冰河世纪真的造就了哺乳动物时代，其重要性和壮观程度不亚于小行星的诞生。

但这和我们现在的哺乳动物时代一样吗？会有大象、犀牛、老虎、食蚁兽这些物种吗？在这种生态环境下是否会产生完全不同的动物物种？我们从来都没有见过这些物种，它们用不同的方式填充着生态圈，瓜分着这个世界的资源。或者，我们更进一步探究，我们自身会进化出来吗？是否真的会出现人类的孩子坐在皮克斯动画中那只雷龙头顶的景象？

康威·莫里斯斩钉截铁地告诉大家："是的，很有可能。"对于他的理论阵营中的科学家们来说，进化是确定的、可预测的，并且一次又一次地遵循同一个过程。他们认为，原因就在于世界上只有这么多谋生之道。对于环境所造成的每一个问题，都存在一种最优的生存解决方式，引导自然选择不断地产生相同的进化结果。

为了证明这点，他们提出了趋同进化理论，即物种独立进化却产生相似特征的现象。如果用有限的方式来适应特定的环境，那么我们期望相似环境下的物种能够趋同地进化出相同的适应性，而这一切确实正在发生。正是这个原因，海豚和鲨鱼看起来十分相似，它们进化出相同的身形以便在水中快速地追逐猎物。章鱼和人类的眼睛几乎没有区别，因为两者的祖先为了探寻和聚焦光线而进化出了相同的器官。正如我们所看到的那样，进化的趋同性现象在一次又一次地上演。康威·莫里斯和他的同事们认为这种现象是普遍存在的，也是不可避免的，这也让我们预测进化如何展开成为可能。一个后哺乳动物大爆发时代是怎样的一幅画面，康威·莫里斯认为："从活跃、敏捷的哺乳动物树栖类猿²到最终类人形态的出现都会推迟，但是不会消除……如果没有白垩纪末小行星的撞击……人类的出现可能还会推迟大约3万年。"换句话说，皮克斯提供了人类婴孩和雷龙在一起的温柔"土壤"。

接下来让我们讨论得更深入一点儿。即使哺乳动物会永远地生存在阴影中，会有一个像我们一样的物种从其他祖先的谱系中进化而来吗？如果趋同性真的是不可避免的，而特定环境的驱动力又十分苛刻，那么我们就没有理由相信哺乳动物的崛起是一个先决条件。一个大脑袋、双足、双眼朝前，能够用前臂操作工具的高度社会化的物种可以从其他物种的祖先进化而来。但它如果不是来自哺乳动物，又究竟会来自哪里呢？

要想回答这个问题，只需要让《恐龙当家》中的好恐龙变成坏恐龙就可以了。尤其是迅猛龙，这个《侏罗纪公园》中的恶棍（然而20年后，在《侏罗纪世界》的救赎故事中，它又成了英雄），让我们把话题引向了智慧层面。这些狡猾的爬行动物如团队一般密切协作，和经验丰富的老猎手机智周旋，甚至还想出了怎样用只有3根指头的爪子打开大门。它们拥有双腿，以视觉为导向，这些听起来是不是很耳熟？

除了个别地方，《侏罗纪公园》对于迅猛龙的描绘还是相当准确的。①当然，我们并不知道它们有多聪明，但它们确实有很发达的大脑。一些古生物学家推测，它们可能有着社会化的群居的习性，在协作捕猎方面

---

① 然而，事实上这种生物是以恐爪龙的近亲为原型塑造出来的。电影与现实之间的一个主要差异是迅猛龙站立时可能不足3英尺（1英尺为30.48厘米）高。然而在《侏罗纪公园》上映后不久，古生物学家在一部小说中描述了迅猛龙的另一个表亲"犹他盗龙"，在电影中它和猛禽差不多大。

和狮子或狼非常相像。如果你正在找寻类人动物进化的源头，那么迅猛龙似乎是个不错的选择。

在20世纪80年代初，加拿大古生物学家戴尔·罗素[3]开展了一系列的研究。他研究了迅猛龙的近亲——名为伤齿龙的一种小型兽脚类恐龙，这种恐龙也生活在白垩纪末期。和其他恐龙比起来，伤齿龙有着与其体形相匹配的最大的大脑，大脑尺寸和犰狳或珍珠鸡的大脑一致。换句话说，这些爬行动物并不是天才，但它们也不是完全无知的。罗素指出，在亿万年的漫长时光里，动物们进化出了更大的大脑。还有一个事实是，拥有最大大脑的恐龙生存在它们即将终结的时代，这也暗示了恐龙在当时正经历着大脑尺寸不断增大的进化趋势。罗素问，如果小行星没有使它们灭绝，会发生什么事？如果伤齿龙的大脑在自然选择的驱动力下不断变大，那么它们的后代会如何进化？

罗素经过一系列的逻辑推断，预测了伤齿龙的后裔在现代的一种可能的长相：大大的脑壳里容纳了更多的脑组织，面部区域相对缩小，沉重的脑袋置于躯体的顶部更有利于维持平衡，而这反过来又促成了直立的站姿，这意味着不再需要一条尾巴来配重原本前倾的上半身。再加上一些合理的想象，为直立行走配上所需的最好的肢体和关节组织，快瞧瞧，这可以称得上"恐龙人"了吧！一个绿色的、满身附着鳞片的生物，从屁股到指甲，都与人类看起来何其相似！

要知道，罗素一开始并没有打算探究恐龙是如何进化成人形的。相反，他的目标是思考自然

图1 "恐龙人"

选择下的脑体积增加将会导致其他解剖结构发生怎样的变化。而研究的结果是演化出了一种与我们惊人相似的生物—— 一种类人爬行动物！

虽然罗素对进化的预测比康威·莫里斯早了很多年，但却与其理念基本一致，他们都认为类人形的进化不可避免。由此，康威·莫里斯甚至还出现在了 BBC（英国广播公司）的一部主题纪录片里[4]，片中的他在咖啡馆里细细呷着咖啡，而一旁的恐龙人正在翻看着报纸。

回过头来想一下皮克斯的这部动画电影，其中的情节设置还可以有其他选择。如果白垩纪的那颗小行星真的错过了地球，那么根据康威·莫里斯等人的说法，人类或者像我们这样的类人生物就会进化成这样或者那样。唯一的问题是它们是否会生出鳞片或者毛发。这是哺乳动物进化多样化被推迟的结果，也是自然选择下恐龙脑体积不断增加的结果。

反事实的思维方式很有意思，它有助于你思考，如果历史以不同的方式展开究竟会发生什么。但是类人生物的进化是否真的不可避免，仅仅凭借对地球历史的推测恐怕难以给出答案。

现在，我们意识到宇宙中可能还有其他行星和地球一样存在着生命。这些"宜居星球"可能既不太冷也不太热，地表还流淌着液态水。最近的一项研究表明，符合这样条件的行星仅在银河系中就有上亿颗，其中离我们最近的只有 4 光年[5]。

假设生命也在其中一些星球上进化着，那它们会是什么样的呢？它们的生命形式和我们相似吗？会有像我们一样的智慧生物吗，或者比我们更聪明？又或者说，它们会在多大程度上与我们人类相似？

如果我们相信在电影中所看到的一切，那么我们就有理由相信这些异星生物会和我们非常相似，很多著名科学家也持有相同的观点。已故生物学家罗伯特·比利曾写道："如果我们能够成功地和外星人建立联系[6]，它们看起来不会是球体、金字塔、立方体或薄煎饼一样。在很大程度上，它们看起来应该和我们很相像。"在天体生物学这门跨学科的新兴领域里①，一位名叫大卫·格林斯潘[7]的老前辈进一步探讨了这个问题："当这些外星人最终降落在白宫草坪上时，无论它们是从台阶上走下来还是滑下来，你都会感觉似曾相识。"康威·莫里斯认为这没什么奇怪的[8]，他说："由于进化的局限性和趋同的普遍性，像我们这样的生物的出现几乎是必然的。"不过在为这些科学家的地外预测寻找科学依据之前，我们还是先把目光放回到地球上吧。

　　确切地说，是将目光放在非洲东南部地区。在赞比亚丛林中，夜幕总是降临得很快。我是个爬行动物学家，主要和蜥蜴打交道，所以在夜间追踪狮子的行迹并不是我的分内工作，但在南非的野外开展调查之前，我在赞比亚也做过一些小研究。令人惊讶的是，狮子习惯了车的存在，当它们漫步在草丛中时，并不介意车子的尾随，这就是我们正在做的事情。

　　这时，在我们的右边好像有什么动静，有某个不太大的动物正在靠近，而这个动物显然还不知道它会和一群狮子狭路相逢。当它走得更近一些的时候，我们看清了它的真身——一只凤头豪猪，这只约有 60 磅②重的啮齿动物大约 1.5 英尺长，从头到尾布满了尖刺，这些利刺主要是为了防御天敌，就像今天遇到的这种情况，但这身"武器"并不总是奏效。狮子自有它们的伎俩，它们可以把爪子伸到豪猪的身下，把它翻个

---

①　是的，无论是在地球上还是宇宙的其他地方，这都是一条生命研究必须遵循的科学原理。

②　1 磅约为 453.59 克。——编者注

底朝天，让其脆弱的腹部暴露无遗，那么接下来发生的事，你就能想象得到了。

记得在《宋飞正传》（一部美剧）里曾有这样一个桥段。杰瑞在看一部自然纪录片，片中一群狮子正在捕猎羚羊，杰瑞大喊道："快跑啊！羚羊们，快跑！用你们的速度！快点儿逃走啊！"第二天晚上，杰瑞看了另一部自然电影，这次他的关注点在狮子身上。狮子正在接近一头羚羊。看到这里，杰瑞大喊："快抓住羚羊！吃了它们！快咬住它的头困住它！它速度太快，可别让它溜掉了！"对于我们来说，虽然我们今晚一直在追踪狮子，但我从心里支持豪猪。我默念着，放过这只豪猪，去追寻你们这些大块头该去狩猎的东西吧！

但很显然它们并没有这么仁慈。其中一只母狮慢慢接近豪猪。豪猪立刻背向它并竖起身上的尖刺，就像猫弓起背、竖起毛发一样，接着开始摇晃尾刺对狮子发起攻击，并发出噼噼啪啪的声响。

令人意想不到的是，这招竟然奏效了。过了一会儿，母狮转身离开，回到了游荡的狮群中，豪猪也趁着夜色溜之大吉了。

夜晚快要结束时，我重放着脑海中的画面，回味着刚才看到的豪猪的遭遇。其实在欧洲和亚洲的很多地方都可以看到豪猪的身影。我也曾在北美洲的野外看到过一次豪猪，当时我正坐在滑雪缆车上，而它在30多英尺高的树上。不过在哥斯达黎加的热带雨林中，我倒是看到过好多次卷尾豪猪，它们也几乎都在树上。

不同种类的豪猪差异还是很大的。最明显的就是它们的尺寸：凤头豪猪的体重是北美豪猪的两倍，是身材矮小的罗斯柴尔德豪猪的30倍，这种小型罗斯柴尔德豪猪来自巴拿马。它们身上的刺的长度也不尽相同：凤头豪猪为 14 英寸[①]，北美豪猪为 4 英寸，罗斯柴尔德豪猪的刺则更短[②]。它们中有些有红色的鼻子，而有些则有灰色的鼻子；卷尾豪猪的尾巴上没有刺。若是论及它们之间的相似性，那么这些差异可以说是微不足道了。它们不仅都有尖刺，而且拥有相似的短小粗壮的四肢、小小的眼睛和尖尖的发型。基于这些相似之处，我从不质疑我的假设，豪猪也是热闹的进化家族中的一员，它们所有的后代都来自同样多刺的始祖豪猪。

图 2　两种豪猪：北美豪猪（左）和非洲冠豪猪（右）

当我发现我的想法有误时，想象一下我有多惊讶吧！尽管它们都拥有多刺的特征，但是新大陆和旧大陆的豪猪却并不是同种类进化的产物。我们不能因为它们都有尖尖的优美外形就简单地认为它们拥有共同的长满硬刺的祖先。实际上，两地谱系下的豪猪都独立地进化出它们的刺，但它们却来自不同的无刺的啮齿类物种。它们是趋同进化的结果。

[①]　1 英寸为 2.54 厘米。——编者注

[②]　这些尺寸通常是指那些坚硬的可以造成伤害的刺。而更轻薄、灵活的刺则往往较为修长。

我也不是第一个被趋同现象愚弄的人。事实上，我还有个很好的伙伴：查尔斯·达尔文在他那次著名的游历加拉帕戈斯群岛期间也被自己"忽悠"了一把。他在当地发现了一种小鸟，现在这种鸟被冠以他的名字，称为达尔文雀。但是达尔文当时并不认为这些鸟类彼此之间密切相关，它们其实是曾经生活在这片群岛上的同一种始祖雀鸟的后代。正相反，达尔文认为这些物种代表着他所熟悉的英国的4种鸟类：真雀、麻雀、乌鸦和鹪鹩。

直到达尔文回到伦敦，把标本交给著名的鸟类学家约翰·古尔德时，他才意识到自己错了。这些物种确实和他先前熟悉的一系列鸟类不同，它们是加拉帕戈斯群岛上特有的一些鸟类——达尔文也被趋同性进化蒙骗了。达尔文在航行中的其他发现也存在类似的情况，所有结果都指向同一个方向，即物种在不断地"蜕变"。后来，他在1845年修订了自己的畅销书《小猎犬号之旅》，用雀鸟的故事暗示了接下来的10年间将会发生的变化："当看到如此丰富的层级和多样化的结构竟然出现在同一群种属关系密切的鸟类身上时，人们可以想象得到，在这片群岛上的始祖鸟类是如何出于不同的目的而发生差异性的进化的。"

加拉帕戈斯群岛上雀鸟的多样性其实映射出物种可以利用和适应不同的栖息环境，这个重要意义还是被达尔文捕捉到了。尽管他在航行日记中并没有提及趋同进化，但他在14年后发表的《物种起源》中还是阐明了这个观点："就像相互独立的两个人有时会用几乎相同的方式发明创造同一件物品一样，自然选择有时也会以近乎相同的方式去改变两种有机生物，这两种生命体在结构上虽有众多不同，但它们却来自共同的祖先。"

达尔文并不是唯一被趋同性愚弄的早期博物学家。1770年年初，库克船长在南太平洋进行处女航时登陆了博特尼湾，探险队中的博物学家约瑟夫·班克斯将澳大利亚一些鸟类的标本和绘图带回了英国。自那之后的半个多世纪，大量的材料被殖民者和探险家带回了英国，从而揭开了许多新物种的神秘面纱。

真正赋予这些新物种重要意义的关键人物是约翰·古尔德。大约在同一时期，他向达尔文咨询了有关雀鸟的问题，而后古尔德决定系统性地梳理澳大利亚的鸟类。他很快意识到自己需要去澳大利亚完成这项工作，于是他起身前往澳大利亚并移居那里，经过 3 年的辛勤工作，最终制作出了一部 7 卷的绘画作品及其描述。

不过可惜的是，虽然古尔德对达尔文的雀鸟问题有了正确的理解，但他在研究澳大利亚鸟类的进化亲缘关系时却犯下了同样的错误。澳大利亚的许多鸟类在外观和习性方面都和欧洲的一些鸟类非常相似，比如鹪鹩、莺、画眉、石青、罗宾斯、红胸币鸟等。结果古尔德将这些新发现的澳大利亚鸟类归到了北半球的鸟类家族中。

古尔德的错误是可以理解的。在接下来的一个半世纪中，许多知识渊博的鸟类学家也前赴后继地犯着同样的错误。他们也视这些鸟类为"殖民前哨"，认为这是许多种鸟类汹涌入侵澳大利亚的结果。

然而 20 世纪 80 年代的基因研究 [9] 表明，实际上大多数鸟类只是澳大利亚本土鸟类进化辐射中的一部分。换句话说，澳大利亚的这些鸟类之间是紧密相关的。它们并不是来自北半球不同鸟类家族中的成员，而是趋同性把它们联系在了一起。[1]

---

① 澳大利亚没有鸟类的殖民潮，但有数据表明，澳大利亚出现了许多鸟类族系，特别是鸣禽，从澳大利亚出现并散布到世界其他地方。

很多意想不到的趋同性进化实例直到今天还在上演。是的，今天有海量的基因数据可以用来研究众多不同的物种，我们对于进化关系的理解突飞猛进，同时也对生命进化树有了更深、更坚实的把握。现在我们越来越多地发现，很多情况下我们都在被解剖结构的相似性误导，现在我们才意识到我们所研究的对象不是来自相同的祖先，而是各自独立衍生而来的。

我们该如何理解这种广泛存在的趋同性进化？在这里，达尔文给了我们一个常识性的解释。如果物种生活在相似的环境中，它们的生存和繁殖面临着相似的挑战，那么它们在自然选择的作用下就会进化出相同的特征来。比如大粒种子果实的存在对鸟类来说是一种食物来源，但需要大的喙将其撬开，因此种粒资源丰沛的地方的鸟类通常会进化出相似的较大的喙。为了应对大型猫科动物的威胁，大型啮齿类动物会进化出具有防御功能的硬刺，以此来抵御像非洲狮或美洲豹之类的威胁。

在最近的 20 年间，一些生物学家已经将此观点延伸至对宇宙的研究当中。在地球上，物种面临着来自时间和空间的共同挑战，它们进化出了相同的适应能力。这些科学家认为，在类地的行星上的生命体如果面临着与我们相似的物理挑战，那么也将会出现相同的生理性的适应能力。格罗斯大学的古生物学家乔治·麦吉认为，演变成快速游动的水生生物只能有一种途径，所以海豚、鲨鱼、金枪鱼，甚至是已经灭绝的鱼龙看起来都大体相同。

不仅如此[10]，他还认为："如果在木卫二的永久冰层下也存在着大型的快速游动生物的话，那么据我推测，它们很有可能也拥有着流线型的纺锤形身体……也许会和海豚、鱼龙、箭鱼、鲨鱼等非常相像。"这一点，康威·莫里斯也表示赞同[11]，他说："当然这并不是说每一个类地行星上都会存在生命，更不要说是类人生命了。但是这里的逻辑在于，如果你想要精致的植物，那么它看起来就会像一朵花；如果你想要飞翔，想要游泳，甚至于你想发明出像鸟类或者哺乳动物那样的恒温动物，你就会发现可以实现的方式非常有限。"

图 3　鲨鱼（上）、鱼龙（中）、海豚（下）

不是每个人都认同这种观点。让我们回到电影中来寻找答案。

在 1946 年上映的电影《生活多美好》（*It's a Wonderful Life*）的高潮片段中，詹姆斯·斯图尔特饰演的乔治·贝利对生活充满了绝望，他希望自己从来没在这个世界上出现过。乔治的守护天使克拉伦斯·欧德巴蒂得知这一切后试图说服他，告诉他如果他真的不曾存在于世，那么贝福德镇的情况可能会变得更糟糕：他的兄弟会死去；他的朋友和家庭会流离失所，终日得不到幸福；满载士兵的船只会沉没；小镇终将变成狰狞的罪恶之城。乔治这时才明白自己存在的意义，于是他打消了自杀的念头。后来，当市民们来拯救他，感谢他所有的善举时，他也得到了救赎。

2006年，《生活多美好》被美国电影学会评选为"百年百部励志电影"榜首。斯蒂芬·杰·古尔德，著名的古生物学家和生物进化学家，也曾深受这部电影的影响，不过是从另外一个角度而言。对他来说，这部电影是生物进化史的一则寓言。所以他将1989年出版的书命名为《奇妙的生命》（*Wonderful Life*），就是在向这部电影致敬。在这本书中，古尔德论证了历史偶然性在进化中的重要性。他认为，正是由于偶然性，特定事件的序列决定了历史的进程：如A导致B的发生，B导致C的发生，C导致D的发生，如此下去。在一个充满历史偶然性的世界中，如果你改变了A，那么你就不会得到D。

古尔德认为，生活中处处充满了"乔治·贝利事件"，它们中有一些是重大的，而另一些则显得很微小，但其中任何一件事都可能把生活推向一个不同的方向。

闪电的袭击、倾倒的大树、小行星的撞击，甚至是母亲对于女儿的变异性遗传等，都有可能导致原有的状态朝着不同的路径永远地发生变化。古尔德在书中写道："就像贝福德镇如果不存在乔治·贝利一样，生物史的任何一次重播回放如果一开始就受到一些毫不起眼的因素影响，那么就有可能产生完全不同的结果。"

这一观点对于我们理解周围生命的多样性具有重要意义。如果进化真的是由偶然性决定的，那么也就意味着进化是不可预测的，自然也就不存在康威·莫里斯的决定论了。如果事件的最终结果深受偶然因素的影响，那么在事件伊始就无从预测最终将会产生的结果。即使重新开始，也会有不同的结果发生。因此问题的重点[12]就在这里。古尔德总结道："即使将生命的'磁带'倒带 100 万次，我也还是怀疑自然界将会再次进化出类似智人的生命。"

古尔德的论点十分具有说服力，通常会引起大家的共鸣。谁还没有发出过类似于"如果我没有做 X，那么 Y 根本不会发生"这样的懊悔之声呢？这里的 X 事件或大或小，可能是拼错了一个名字或者是你喝了太多的酒，那么你肯定不会希望它们导致任何 Y 事件的发生吧？

这个论点看起来虽然很合理，但是有什么证据可以证明吗？生命的历史就这么一遭。我们怎样才能测试进化的重复性呢？为了解决这些问题，古尔德提出了一种思维实验的方式。他建议将生命历史"倒带"，回到相同的初始条件，看看是否会有同样的结果发生。这种被德国人称为"假想实验"的方式在科学和哲学领域有着悠久的历史。这种方式已经被许多人接受，且结果富有成效。

康威·莫里斯和他的同事们并不赞同古尔德设定的基本前提：改变早先的事件并不会使下游的结果发生实质性的变化。他们认为趋同性进化的普遍性恰恰证明了偶然性作用的失效，在许多情况下，不管事件的具体历史顺序如何，或多或少都会产生同样的结果。

在古尔德撰写《奇妙的生命》的时候，关于趋同及进化决定论的争论还尚未出现。然而在该著作出版 9 年后，古尔德在与康威·莫里斯的一次交流[13]中回应称，趋同的重要性被夸大了。同时，他将澳大利亚作为陈述的首要证据。

让我们再来回想一下库克船长远征澳大利亚时的情景。在那里，他们遇到的第一种动物是袋鼠。袋鼠是今天澳大利亚本土主要的食草动物。从机能上讲，它们与世界其他地区的鹿、野牛，以及其他食草动物的角色大体相同。然而，正如斯蒂芬·杰·古尔德所指出的那样，袋鼠并没有和其他类型的食草动物表现出趋同性，即使是一个初学走路的孩子也能看出袋鼠和鹿是不同种类的动物。

还有考拉，这个抱着树的可爱小家伙过着慢吞吞的生活，它们一天需要睡上 20 小时以消化它们所吃的桉树叶并分解桉树叶的毒素，这会使它们的皮毛散发出薄荷的味道。无论是在现代还是根据过去的化石记录来看，世界上的其他地方都不存在 ¹⁴ 像考拉这样的动物。①

但当我们谈及进化论的个例时，倒还真有一个佼佼者。它有着能够分泌毒液的踝骨刺和奢华的毛皮，它们鼻子上的电感组织能够探测到猎物肌肉释放的电流。它们有着扁平有力的尾巴，脚掌有蹼，嘴像鸭子，还会下蛋。它就是鸭嘴兽，是这个世界上最伟大的动物，它周身的各个部位都像是从动物王国里借来的。这种动物让人如此困惑，以至于在 18 世纪末，当它们的第一个标本由悉尼经印度洋被运抵英格兰时，科学家们认为这是狡猾的商人炮制的一出恶作剧，他们花了好几个小时想要找到缝线的针脚。

这些例子都来自大洋洲，但实际上像这样的进化个例无处不在。长颈鹿、大象、企鹅、变色龙——这些物种都以十分精准的方式适应着特定的生态环境，无论是过去还是现在都不存在进化的副本。我们需要注

---

① 然而奇怪的是，考拉的趾末端的趾腹上有与我们相似的纹路和螺纹，专家们很难区分考拉和人类的指纹。

意的是，这里所指的"进化个例"并不是指必然会产生单一的物种。例如，过去地球上至少出现过 3 种大象，我们熟知的有乳齿象和猛犸象。然而所有的大象种类都源于共同的祖先。对于大象来说，进化的独特性就体现在这里——长鼻特征的生存方式只进化过这么一次。

图 4　鸭嘴兽

　　趋同进化是一种科学现象，你会想当然地认为科学应该可以解决一些具有普遍意义的问题。但弄清楚过去究竟发生了什么并不是件容易的事。还记得我们在小学时代所学到的科学方法吗？经过观察形成一种设想，而后在实验室中通过实验来验证。这种简单的形式却能直观地反映定向科学的运行机制。换句话说，科学涉及如何去理解诸如细胞或原子的功能机理。想要了解一些特定基因对于产生某种特定性状来说是否真的很重要？那么我们可以利用分子生物学使这种基因丧失功能，看看这种性状是否还在发育。

但是进化生物学是一门历史性科学。我们进化生物学家和天文学家，以及地质学家们一样，试图弄清楚过去究竟发生了什么。我们也像历史学家一样，深受"时间一去不复返"的问题的困扰，因为我们并不能及时地回到过去，看看未来会发生些什么。此外，世人皆知进化的过程如此缓慢，想要观察正在发生中的进化现象似乎更是天方夜谭。

斯蒂芬·杰·古尔德为我们找到了可行的实验方式：将进化过程一次又一次地回放，观察一下结果对于各种实验扰动的敏感性。我们把这种方式称为思维实验或假想实验是有原因的，在现在世界中，这是不可能做到的。至少在过去，我们经常这么想。

结果，达尔文和一个多世纪以来追随他的那些生物学家都在一个关键问题上犯了错：进化并不总是如蜗牛一般缓缓前行。当自然选择的力量足够强大时——正如初始条件改变后发生的情况一样——进化也可以如同光速一般全速前进。（在第四章中，我会通过一个故事来讲讲人们是怎样开始意识到"进化"这只慢吞吞的"乌龟"也可以快得像兔子一样。）

快速进化的实现让我们可以在简单观察物种应对能力的基础上做得更多。新的研究进展可能会令达尔文感到非常惊讶，研究者们正在创造他们自己的进化实验，并以可控的、统计性的方式来改变实验条件。我们也可以像实验生物学家那样对进化机制进行验证，不过我的实验是在真实的自然界、真实的种群中进行的。研究人员将深色和浅色的小鼠置于内布拉斯加州沙丘中的一个半英亩 ① 大小的笼子里，将特立尼达的孔

---

① 1英亩约为 4 047 平方米。——编者注

雀鱼从有天敌的溪流池塘转移到不受侵扰的环境中，或将昆虫从一个栖息地转移到另一个栖息地中。

我自己已经做过其中的一些实验来验证一些猜想，比如为什么巴哈马群岛的小型蜥蜴会进化出或长或短的腿。我知道你在想什么，但我和我的同事都愿意为科学做出牺牲。不得不说这确实是个苦差事，可以在景色宜人、海风吹拂的小岛上"过把瘾"，但是总要有人去做这些，而我们就是这群人。在第六章中，我会介绍更多这方面的细节。但如果你真的年复一年地回到巴哈马群岛，用便携式的 X 光机检测成千上万条蜥蜴的腿，你就会看到蜥蜴的种群在迅速地进化。此外，如果你通过实验改变了蜥蜴的生存条件，它们的习性也会随之发生变化，岛上蜥蜴的种群会朝着预测的方向迅速进化。

关于自然界的进化实验仍然处于初期阶段，不过实验科学家们却已经进行了几十年类似的研究工作。这些研究将自然界的真实性引入高精度的实验中，为进化的种群带来精准的实验控制条件。而且，像微生物这种拥有较短寿命的实验室生物在长期持续的研究过程中可以繁衍更多世代，这也就意味着为研究进化的发生创造了更多的机会。我们对微生物进化的实验室研究已经持续进行了四分之一个世纪，现在已经可以做到实现 12 种微生物以同样的方式进化的程度。

我时常把进化生物学比作一部惊险刺激的侦探小说。犯罪行为已经构成（就像进化已经发生了一样），我们想知道整个过程。这时如果我们有一台时光机，我们就可以回到过去仔细观察。或者说如果我们能够实现倒带，我们就可以把情境设置为当时的样子，然后重新开始一遍。

但这些都是不可能的（只有一种情况例外，我会在第九章详细说明）。代之而来的是留给我们的各种线索，我们要像夏洛克·福尔摩斯那样尽可能地条分缕析，让真相水落石出。我们可以了解整个生物进化史的发展模式、现今世界存在的物种，以及曾经生存于世的化石，让我们得以评估进化在多大程度上可以重复产生相同的结果。我们能够研究进化的过程，正如今天进化正在发生的过程一样。通过一些实验，我们可以知晓进化的反复性，以及可预测性：如果你从同样的起点开始，你会终结于相同的结果吗？如果你从不同的起点开始，但是以相同的方式进行选择，你会趋同于一样的结果吗？即使我们不能实现生命的"倒带"，我们也能够研究进化的模式和过程。两者的有机整合则有助于科学家们更好地理解进化的反复性。

接下来，这本书就是要告诉人们生命不断重复自身的程度，物种进化的结果就是以相似的适应能力去适应相似的生存环境。站在更高一层的角度上讲，这是关于决定论的命题。自然选择是否必然会产生相同的进化结果，还是说特定事件的传承经历（也就是历史的偶然性）会影响最终的结果。

同时，这本书也探讨了科学家们是如何研究这些主题的，怎样综合地利用从 DNA（脱氧核糖核酸）测序到世界遥远角落的野外工作等各种方式来理解我们周围的生命进化的起源。这本书也探讨了科学自身是如何发展演进的，新思想、新理念是如何诞生的，以及利用怎样的手段来验证这些理论。更重要的是，我将会集中探讨研究进化的实验方法的兴起，这是自达尔文时代之后的一个多世纪以来难以想象的方法。

整本书介绍了众多科学家和他们在简朴的实验室或是"毛茸茸"的大自然中的研究，但本书的主旨已经超出了学术界的范畴。今天，进化无时无刻不在我们身边发生着，进化的结果超出了我们对于一些深奥问题的理解。最值得注意的就是我们人类与共生者之间直接的进化竞争。

大自然正在努力抗击着我们对它的控制。我们将一些物种视为害虫，那是因为它们正在肆意地攫取资源，而这些资源是我们希望留给自己使用的。野草侵袭了我们的田地，耗子啃食了我们的粮食，昆虫破坏了我们的庄稼。我们祭出各种化学武器甚至基因武器试图消灭它们，但是它们自身也在不断地进化。

世界总人口数目前是 70 亿，而且在不断地增长，有时我们自身就是正在被开发利用的资源。疟疾、艾滋病、汉坦病毒等——对于微生物来说，我们的身体也像"庄稼"一样，它们会不断地进化以便更好地利用我们这个"资源"。而我们反过来又像抗击害虫那样用化学药品去对付它们，它们也会迅速进化自身来进行反击。

这就是关于偶然性与决定论之间争论的一种具体化表现。如果我们可以预测进化会在何时发生，以及会采取何种形式，我们就可以得出一般性的原则，从而做出更有效的应对。但如果每一种快速进化的情况都取决于具体环境，那么当我们面对一种新的杂草、害虫或者疾病时，我们都必须从零开始，弄清楚我们的敌人是如何进化出更好的适应性的，以及我们能够采取哪些措施来加以应对。

偶然性与决定论之间的争论会以更微妙的形式影响着我们。人类也同其他物种一样受到趋同性的影响。例如，我们成年人会喝牛奶，这在动物中可以说是独一无二的了。这种能力是在我们驯化了家畜的最近几千年中才开始出现的，从那时起，世界上的一些农牧社会就开始了趋同性的进化。肤色对于人类历史进程来说是如此重要，它是趋同进化的结果，也是高海拔地区生存能力的一种体现。另外还有许多特征情况也都大体与此类同。

人种本身当然不是趋同的。我们是一群单体，不是进化的复制品。

我们对进化决定论的理解是否可以解释我们自身是如何进化的？如果我们不曾存在于世，是否还有其他的物种取代我们的位置，那些物种是否最终会长成类似我们的样子，甚至有可能写下这本书的就是一位身着鳞片、有 3 根手指的"作者"。如果它们没在这里，也许在木星的卫星上也说不定呢。

抱歉，我又一次跑题了。还是让我们再次回到地球上，看看地球上的趋同性进化是多么普遍吧。

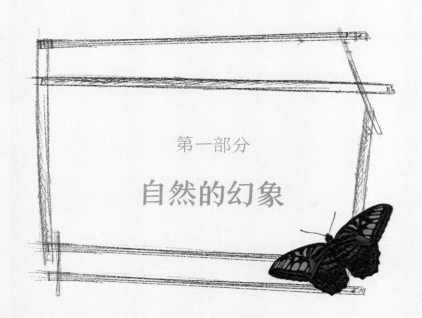

第一部分

自然的幻象

第一章 趋同进化

我们想象一头鲸在海洋中游弋的情形：流线型的身体和鳍足，背部有较小的竖鳍，尾巴有节奏地上下起伏。这样的外形特征和鱼类如此相像，那么古希腊人错把鲸当成一种鱼类也就不足为奇了吧。这种观点持续了千年，直到 250 年前卡尔·林奈才将其"拨乱反正"。综合这些庞然大物的出生方式、乳腺，以及其他一些特征，林奈意识到它们应该是哺乳动物。[①] 古希腊人显然也被趋同进化蒙骗了。

相较前林奈时代的科学家们而言，我们已经取得了长足的进步。我们对于进化的了解当然要比他们多得多。随着我们对解剖学和物种进化关系更深入的了解，我们已经发现了无数趋同进化的例子。但是，我们的征途远未结束。随着分子生物学新数据的不断涌现和积累，我们发现自己像古希腊人一样一次又一次地被误导了。我们原以为那些看似相似的物种是共同的祖先遗传所致，事实上那却是由于不同的始祖物种趋同

---

① 我们现在知道并不是所有的哺乳动物都能生出幼崽。鸭嘴兽和针鼹——作为单孔目哺乳动物——是卵生的。产奶和携带毛发是所有哺乳类动物最明显的两个特征。（尽管有些哺乳动物，如鲸鱼，只有几根胡须。）

进化出相同特征的结果。

　　让我举两个最近的例子。从某种程度上而言，海蛇是最致命的蛇类了，其毒液的毒性不亚于其他任何蛇类。幸运的是，多数海蛇很少咬人。然而，对于有喙海蛇来说并非如此，它们会激烈地抵抗外界的侵袭，全球 90% 的海蛇致人死亡事件都是由它们造成的。它们以其吻尖和出挑的下颌而闻名，这种蛇类的地理分布区域十分广泛，从阿拉伯海湾到斯里兰卡、东南亚、澳大利亚，以及新几内亚岛，是世界上分布最为广泛的蛇类之一。

　　应该说这只是过去的一种想法，现在的情况却不同了。2013 年，斯里兰卡[1]、印度尼西亚和澳大利亚 3 国的科学家组成专家小组，对该物种的种群进行了常规的基因对比，却得出了具有决定性意义的非常规结论。不同区域的物种种群在解剖结构上差异微小，但是这些种群的遗传基因却高度分化。举例来讲，澳大利亚有喙海蛇与本地区其他海蛇的基因很相近，但是与亚洲有喙海蛇的基因却相去甚远。亚洲的有喙海蛇种群也是与本地区的其他蛇类基因相近。也就是说，在这个例子中存在着两种有喙海蛇。确定物种的性状特征，不仅有赖于喙、色彩及其他表征，也有赖于它们的地理环境。这些性状特征也是在趋同进化的，所以远在印度洋两端的物种会被我们认为是同一类的。

　　如果大家没有见过海蛇，我们可以再举一个更熟悉的例子。孩提时代，我的身心都很简单，直到很久之后才能接受兴奋剂带来的欣快。在我刚成年的时候，有一天我去拜访了一位朋友。其间，她以茶款待我。我并不是一个爱喝茶的人，但是为了活跃氛围、显得世故一点儿，我还是喝了。很快，我就有了异样的感觉，我开始感到身体刺痛、双手颤抖、心跳加速。我以为自己得了心脏病。但随后我就明白了，我可能是太年轻了，周身血管还承受不了额外补充的能量。我都不记得自己当时是怎样强作镇定咨询我的朋友的，我轻声告诉她自己有点儿不舒服，她很快解释道，我喝的这个牌子的茶有强振奋功能，和现在的红牛很像。现在作为一个成年人，每天清晨我都会来一杯牙买加咖啡，但下午4点以后我还是会下意识地回避咖啡。因为4点之后的咖啡饮品会让我兴奋一整夜。

你可能不会像我一样，在生活中不断吸取同一个教训。最近一次在巴西的潘塔纳尔，我辛苦了一天，然后吃了顿大餐，但是到了晚上却辗转反侧不能入眠。我很奇怪，为什么会睡不着觉呢？一个念头接着一个念头从我的脑海中闪过。随后我恍然大悟。晚餐的时候我曾喝了一种不熟悉的果汁饮料，由于当时口渴，我一下子喝了两罐。饮料的味道很像苹果汁，入口时还冒着滋滋的气泡，这是什么饮料呢？

通过上网搜索，我找到了汽水的名字——南极瓜拉纳。汽水的主要成分是瓜拉纳，这是一种来自亚马孙热带雨林的槭树科大叶攀缘植物。你猜瓜拉纳的种子富含什么成分？这种成分在咖啡、茶、百事可乐、山露威士忌，以及丁多斯巧克力中都可以找得到。这是一种黄嘌呤生物碱，它的化学分子式是 $C_8H_{10}N_4O_2$。

没错，这是咖啡因。

尽管我知道咖啡因的很多载体形式（百事可乐、茶、功能饮料等），但是我还真没想过咖啡因是从哪儿来的。咖啡和茶来自世人皆知的植物，可乐汽水至少最初是从可乐树的坚果中得来的，南极瓜拉纳取自瓜拉纳植物（其咖啡因的含量是咖啡豆的两倍）。这些植物都会产生咖啡因。这些咖啡因没有本质的不同，它们拥有同样的分子结构。无论咖啡因来自何处，咖啡因就是咖啡因。来源地的"殊途"同归至一个分子式当中。

　　我是个进化生物学家，我本应对不同的植物都会产生咖啡因这件事感到好奇，这种好奇心应该刺激我去思考这些植物的关系是否很相近，或者应该想想咖啡因的产生是否是多次趋同进化的结果。但是我在工作中睡着了，这些想法也随之消散。

　　幸好，一群怀有好奇心的生物学家决定仔细探究一下这个问题。2014 年，一支国际专家团队发表了一篇论文 [2]，他们使用遗传数据以双管齐下的方式证实，咖啡因的产生是这些植物各自独立进化的结果。专家们为对比多种植物物种的 DNA 构建了进化关系树，这其中有一些含有咖啡因的物种（主要聚焦于 3 种：咖啡、茶和可可）。这样的进化树看起来就像家族族谱。关系密切的物种出现在彼此附近，这意味着它们可以追溯到共同的祖先，就像兄弟姐妹的血统很快就可以追溯到父母身上一样。而像第四代表亲这样距离较远的关系，则出现在进化树上相对较远的分支。你的工作就是要"深挖"这棵树，更深入地回到进化过程中来，以找出它们最近的共同祖先。

　　专家团队的系统进化结果显示，咖啡、茶和可可位于进化树的不同分支——它们相互之间并不亲近。可可与枫树和桉树的关系要比与茶或咖啡的关系更密切。同样的情况也出现在咖啡这里，产生咖啡的祖先后来也衍生出了土豆和西红柿，而不是茶或可可。茶在进化树上有独立的分支，我们还需要深入探究其进化关系，要回到进化过程当中，进一步找出衍生出茶、可可及咖啡的共同祖先。

　　产生咖啡因的物种之间并非密切相关，这也暗示了茶、可可及咖啡这 3 种植物各自独立进化出了制造咖啡因的能力。但研究者们决定进行更深入的研究，通过检验产生咖啡因能力的进化过程，来证明他们对于咖啡因的趋同性假设。如果这些植物物种独立进化出合成咖啡因的能力，那么它们所采取的生物机制可能并不相同。DNA检验揭示不同的路径会导致相同的结果。

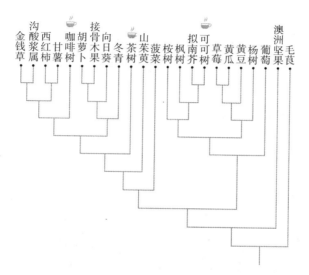

图5 通过一个谱系来解释双子叶植物的进化关系。（有特定类型花粉的植物占所有植物种类的一半以上。）共享同一祖先的物种彼此之间的亲缘关系比来自不同祖先的物种更为密切。热气腾腾的杯子代表了产生咖啡因的种类。因为这3个物种并不密切相关，最可能的解释是咖啡因在每一个群体中都是独立进化的。（另一种可能性是咖啡因产生于始祖状态，并且多次独立消失，但这种情况需要更多的进化，因此不太能解释得通。）

咖啡因是由一种叫作黄嘌呤的前体分子转化而来的。转化过程主要通过N–甲基转移酶（简称NMTs）发挥作用，NMTs阻断了黄嘌呤分子的部分结构并增加了新的片段。植物中有多重类型的NMTs，它们具有多种功能，但它们最初并不具备转化产生咖啡因的能力。相反，这些预先存在的酶的进化变异逐渐进化出了产生咖啡因的能力，在这种能力的影响下，黄嘌呤被转化为咖啡因。

研究者们检验了不同物种的基因组，分离出不同 DNA 的 NMTs，结果发现咖啡中被改变的 NMTs 与茶和可可中被改变的 NMTs 有所不同。由此得出，产生咖啡因的进化路径是不同的，这也就意味着不同进化路径同时发生着趋同进化。

进化生物学与许多科学不同，前者关于生命历史的基本发现并不能从第一原则中得出。它不是一门演绎科学。你不可能在黑板上推导出一个产生鸭嘴兽的公式来。相反，进化生物学是一门归纳科学，需要从众多案例研究积累过程中推出一般性的原理。大量的研究案例让我们能够分得清哪些事情是经常发生的，哪些是偶然发生的。换句话说，进化有多种路径——任何你能想象到的某时某地的某个物种都有可能在进化着。只要时间足够充分，即使是不可能的事情最终也会变成可能。就像电影《侏罗纪公园》中的数学家伊恩·马尔科姆说的："生命自有其道。"因此，为了理解生命进化的主要模式，我们不应该问"会发生什么"，而应该问"通常会发生什么"。

这其实就是趋同进化。对于趋同进化的经典理解是趋同进化确实存在，但并非总是如预期般的存在。科研论文一般会用"震惊""醒目""意料之外"等词语来描述这些现象的发生。新闻报道更是着重渲染了这种情绪，总是把不为公众熟知的例外情况看作惊人的或是意料之外的状况。

好在这种局面已经有所改观。近些年，一些科学家开始逐渐认同相反的观点，认为趋同是可预见的，且具有普遍性。当我们发现一些远亲类物种为适应相似的自然环境而进化出相同的特征时，我们并不应该感到惊讶。从普适性来看，科学家们得出了更具一般性的结论：进化具有确定性，在自然选择的驱动下，物种在面对环境问题时会进化出相同的适应能力。在这个观点中，历史的偶然性处于次要的位置，它们产生的影响会被自然选择的推动力抹除。

这场运动的先锋是西蒙·康威·莫里斯。这位剑桥大学古生物学家看起来谦逊温和、彬彬有礼，并不像是既有规则的破坏者。但是他谦和的外表下隐约闪现着头脑敏锐的拳击者的身影，在进化论的激辩潮流中，他身先士卒，对进化的复制能力进行了彻底的反思。

康威·莫里斯本应是趋同进化论的布道者，因此一开始他对斯蒂芬·杰·古尔德的批评让人有些惊讶。莫里斯是剑桥大学一名狂傲的年轻学者，因其博士论文而蜚声在外。这篇论文的研究对象是加拿大落基山脉传说中的伯吉斯页岩地层中的奇特动物。但这项研究关注的似乎是趋同进化的对偶现象。

伯吉斯页岩形成于5.11亿年前的寒武纪时期，那时我们已知的动物刚刚开始出现。在此之前，生命的形式十分简单，通常以我们不熟悉的扁平状态存在。生命是如何在这片陌生的地域演变为今日物种的祖先的，我们尚不能下定论，但这个过程显然非常迅猛高效，直接导致寒武纪物种大爆发。今天我们所熟悉的大多数物种——软体动物、棘皮动物、甲壳纲动物、脊椎动物就是首次出现在这一地质时期的化石当中的。

可是，当时出现的动物种群并不是今日动物种群的祖先。20世纪初，时任史密森学会负责人的古生物学家查尔斯·沃考特首次发现了伯吉斯页岩的化石，他认为这些化石归属于常见的分类群——软体动物、甲壳动物、蠕虫等。半个世纪之后，当康威·莫里斯重新调查这些标本时，他发现很多寒武纪物种只能算是古生物怪胎，与任何已知类群并没有明确的亲缘关系（这里的类群是指进化类群，就像鱼或者软体动物那样的类群；多元类群是多个分类组、分类单元可应用于从种、属到整个领域的任何进化层级）。尽管伯吉斯页岩的化石充满了特异性，沃考特仍然将它们简单地归类于现存的类群中。个中原因，可能是他由于行政事务繁忙而被分散了精力，或是思维的局限性使他忽略了这些化石的特殊身份。

"怪胎"一词并不是标准的科学用语，但它却可以让我们更直观地感受到这些生物的怪异性。当康威·莫里斯苦苦检视着由沃考特收集来的、陈列在史密森和其他博物馆霉烂的抽屉中的那些标本时，他才意识到这一点。这里举一个威瓦西虫的例子。威瓦西虫身体呈半球状，体表遍布角质板甲，看起来就像是半个松果覆盖在椭圆形的盘子上一样。它的身体底部如蜗牛一般，可沿海底滑行，背部两侧对称分布的尖棘可用于防御和捕食。这些情节描述起来就像看到有关未来的电影一样。

还有一种生物被康威·莫里斯命名为"怪诞虫"（Hallucigenia），因为它有着"怪诞又梦幻的动物外表"。"卡通化"一词在我的脑海中一闪而过。经由康威·莫里斯的重建，我们可以看出"怪诞虫"有着长长的铅笔一样的管状身形，身体一端的头部是难以名状的一团组织，另一端则是短短的尾巴，像是上下颠倒的苏格兰猎犬的尾巴。"怪诞虫"的管状身躯上有7对尖刺作为支撑身体的脚，背部有7个软软的弯曲的管状组织。在背部末端的尾巴上，分列着两排各3根短管。（假设这个组织可以称为尾巴。康威·莫里斯承认他有可能把这种生物的方向看颠倒了，也就是说他原先认为的头部实际上是尾巴，而尾巴亦然。在他的辩护中，他认为化石是被压扁的，而且质量不高，因此不易准确辨别。[1]）康

----

[1] 多亏了新的、保存更好的标本，我们现在才知道康威·莫里斯将"怪诞虫"上下颠倒重建了，其实这也不能怪他。这些像高跷一样的腿实际上是背部的刺，顶部的7根弯曲的管子实际上是腿，第二排的7条腿在他检查的化石中无法被检测到。此外，保存得更好的化石显示"怪诞虫"的尾端其实是头部，反之亦然。

威·莫里斯在公开该生物信息的论文中只是简单地写道："不能简单地将'怪诞虫'与现存的任何动物或化石做比较。"

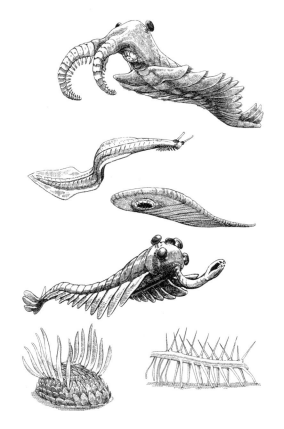

图 6 对居住在形成于 5.11 亿年前的伯吉斯页岩生态系统中的古生物标本的抽样调查。从上到下分别是：奇虾、皮卡虫、齿蜻蜓、欧巴宾海蝎、威瓦西虫（左）和"怪诞虫"（右）

伯吉斯页岩中的怪异生物远不止这些，可以说伯吉斯页岩就像一部怪异生物的作品集。欧巴宾海蝎长有 5 只眼睛，在这些眼睛的前端还有一个柔软的长嘴，在嘴的顶端还长有一个爪子。这个怪异的家伙首次被科学家们发现的时候激起大家一阵爆笑。奇虾刚被发现的时候，身体的3个部位被当成了独立的3个物种，后来科学家们才意识到这是一个动物身体的各个部位。齿蜻蜓是一种长长的扁平又柔软的动物，它圆形的嘴巴位于头部的下方，它的身体看起来就像是一个漂浮的创可贴。怪异动物的名单远远不止这些。

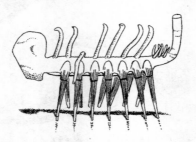

图 7　西蒙·康威·莫里斯最初重建的"怪诞虫"的形象

斯蒂芬·杰·古尔德的《奇妙的生命》使伯吉斯页岩中的怪异动物们声名在外。这本书的副标题是"伯吉斯页岩中的生命的故事"，意在告诉人们书的主要内容是对伯吉斯化石的详细检视，以及告诉我们有关进化的情况。古尔德的这部著作不仅让威瓦西虫和它的同伴们出了名，还主要介绍了科学先锋西蒙·康威·莫里斯，他做了大量的工作来论证伯吉斯页岩为何栖居了这么多异于我们先前所知的独特的生命形式。（古尔德还在书中称赞了康威·莫里斯的博士生导师哈利·惠丁顿，以及惠丁顿的研究生德里克·布里格斯。）

在《奇妙的生命》一书中，古尔德详细地描述了伯吉斯页岩中栖居者们怪异的解剖结构，他认为寒武纪动物群在地球历史上最具多样性，他指出许多解剖结构在当时出现，随后又很快消失，而且此后再也没有出现过类似的生命形式。古尔德想知道为何一些古代生物持续生存繁衍，形成了今天的物种多元化，而另一些古代生物却灭绝了。是因为幸存者具有某种意义上的优势，注定会茁壮繁衍，而失败者则演化成自然界拙劣的设计？抑或是一些物种的成功进化是幸运使然，而另一些物种差了点儿运气？古尔德总结说，没有理由让人相信幸存者比那些灭绝的生物更具必要的适应性。相反，这些只是偶然发生的结果，就像赌彩一样，导致一部分幸存而另一部分消亡。他认为，如果生命记叙的形式稍有不同，生命的"磁带"以略微不同的形式被"重放"，那么今时今日世界的物种花名册可能就会大有不同。

在《奇妙的生命》中，古尔德着重关注了皮卡虫化石。皮卡虫身形短小，像是一只被钳子夹扁了的蠕虫，它周身扁平，没有明显的头部。这种其貌不扬的生物是最早的脊索动物门的代表，这类进化体还包含了脊椎动物。（也就是说，它们和青蛙、鲨鱼、大猩猩，以及你我都一样，是有脊椎的。）

从各个方面来说，皮卡虫都算不上伯吉斯页岩中有分量的竞争者。从发现化石的数量上来说，皮卡虫的数量并不多，它的身形也并没有让人印象深刻。在寒武纪物种繁多的情况下，观察研究者们不会专门挑出这个物种作为成就未来的先驱。如果说在其他众多动物都灭绝的情况下，只有皮卡虫幸存下来会怎样？将生命的"磁带""重放"，皮卡虫可能做不到这一点。如果皮卡虫这一分支消失了，那么谁会统治今天这个世界？应该不是脊索动物，因为我们并不会存在。[1]3

---

[1] 尽管古尔德的论据有很好的修饰效果，但由于从伯吉斯页岩和其他类似年代的矿床中发现了其他几种脊索动物，古尔德的论据如今被削弱了。因此，即使皮卡虫已经消亡，但整个脊索动物谱系并不会随之消失。

历史偶然性的观点由古尔德推广开来，但是他的一系列论据，甚至一些主要的支持论点，都是直接从康威·莫里斯的论文中拉出来，由古尔德加以反复强调的。[①][4]古尔德甚至认为从取得的成就上来看，如果存在诺贝尔古生物学奖的话，康威·莫里斯和他的两位同事应该当仁不让。

但是康威·莫里斯在回斯德哥尔摩的路上发生了一些趣事。康威·莫里斯在认识到这些化石的众多独特性后，开始用不同的眼光来看待周围的世界。1998年，康威·莫里斯出版了一本关于伯吉斯页岩的著作《创造的熔炉》，在书中，莫里斯并没有详细地讨论众多动物群的进化独特性，而是展开讨论了趋同进化的重要性及普遍性。

从表面上看，这部著作对岩石记录的解读似乎并不合逻辑。从赞叹前所未见的特异解剖结构，到发现随处可见的进化复制的证据，这中间是怎样衔接的？几年前，在剑桥圣约翰学院的午餐会上，康威·莫里斯告诉我，他本人也不太确定。

按照莫里斯的说法，这在一定程度上[5]可以通过《奇妙的生命》出版后近30年以来的新发现来解释。虽然以前伯吉斯页岩的许多物种不能与任何已知的类群相关联，但新出土的化石和详细的检验表明，许多物种现在可以被归于已知的类群中。例如，"怪诞虫"似乎与现代天鹅绒蠕虫有关。现代天鹅绒蠕虫属于一种不太知名的小型热带动物群，它看起来像蜈蚣与毛虫的杂交后代。还有威瓦西虫，现在也被许多人认为

---

① 例如，康威·莫里斯写道："如果时光倒转，让多细胞动物的多样化进程重新跨越前寒武纪与寒武纪的边界，那么从最初的进化爆发中产生的成功的身体形态可能是威瓦西虫，而不是软体动物。"另外，他还写道："假设寒武纪有一个观察者，他可能无法预测哪些早期的多细胞动物既定的身体形态注定要在系统发育上取得成功，而哪些则注定要灭绝。"

与软体动物有关。

归根结底，伯吉斯页岩中的奇特生物并没有打破分类的常规。此外，通过对比[6]伯吉斯页岩化石与它们的现代"伙伴"，一些研究者认为从结构多样性来看，伯吉斯页岩动物群落的多样性并不比现存物种更突出，不过这个观点还具有一定的争议性。

面对众多的新发现，我们需要重新审视伯吉斯页岩的状况。古尔德、康威·莫里斯及他们的同事把寒武纪描绘成一个空前的解剖结构多样性的时代。这个时代充斥着众多不同种类的生物，而其中大部分生物此后很快就灭绝了。古尔德认为，从那时起，我们就一直在非常局限的解剖结构设计范围内生存和繁衍，所有的生物仅仅是寒武纪之后幸存下来的较少的几种生物的后代。

但是大部分研究者认为，随着时代的发展，这种观点也正在改变。寒武纪时期生物解剖结构的多样性并不例外，当时许多类型的物种在今天没有后代并不能说明是进化实验的失败；相反，它们是今天幸存生物种群的早期亲属。这就是康威·莫里斯著作的主题，书中的很多观点都措辞尖锐地反驳了《奇妙的生命》一书。

即便如此，康威·莫里斯如何从寒武纪异象的细节描述延伸到趋同进化的编目问题，这点仍不清楚。对于伯吉斯页岩物种分类空白的填补性研究并不能真正解决其解剖结构特殊性的问题。比如，即使"怪诞虫"属于天鹅绒蠕虫谱系，它在结构方面仍与其他的进化生物有所不同——这些明晰的系统进化关系并不能真正解释趋同进化。

对于康威·莫里斯这种反转的一种可能的解释是，莫里斯受到了研究领域导向的影响。在 20 世纪 80 年代中期，进化生物学家越来越多地采用"比较法"来研究问题。这种方法通过对比不同的类群以寻找可能重复的模式，从而找到自然选择运行机制的证据。虽然这项工作离康威·莫里斯的研究领域很远，但这项工作对于趋同意义的重视可能影响了莫里斯的思维方式。不过，在莫里斯的言论和著作中还没有发现这种可能性的迹象。

我们也可以试着进行一下心理分析。很多人都对康威·莫里斯批判古尔德一事感到惊讶，尤其是想到莫里斯还因喜爱《奇妙的生命》一书对古尔德极力吹捧。一位同事指出，古尔德关于自然进化偶然性的观点[7]可能与康威·莫里斯的精神观产生了冲突。还有一件事也暗示了这点：古尔德的畅销书中吹嘘康威·莫里斯的早期分类观点[8]，后来被证明是错误的，这让莫里斯感到很尴尬。无论莫里斯反感古尔德的原因究竟是什么，莫里斯都已经准备好要反对古尔德了。在我们的交谈中[9]，康威·莫里斯回忆起读过的古尔德的散文集《雷龙之霸》，注意到古尔德在书中没有对大量的趋同性实例进行评论。也许正是这个原因激起了康威·莫里斯对趋同进化的重要意义的思考。

无论如何，康威·莫里斯的态度发生了巨大转变，他认为趋同进化是生命多样性的主导性故事，自己也成了这个观点的坚定拥护者。他说："进化趋同是相当普遍的[10]，不管你身处何处，你都可以看到。"因此，他总结道："如果尽可能地'重放'生命的'磁带'，你就会发现最终的结果会趋于相同。"

进化趋同的普遍性是相对于旁观者而言的，但趋同的普遍性也是客观存在的。在某些情况下，两个独立进化的物种会在某一方面进化得十分相似，比如它们尾巴的长度、眼睛的颜色、肾脏的结构，甚至它们交配的舞蹈形式等。更富戏剧性的情况是，物种许多不同的表型①性状可

① 表型，指一种生物从外部解剖学到生理学和行为学的所有特征。

能会呈趋同性进化，因此常常会出现两个物种进化成难以区分的样子，比如同形不同种的有喙海蛇。

让我们先来研究几种不同类型的表型性状的趋同性进化。近些年来，科学家们已经确定了几乎所有你能想象得到的类型的趋同性特征。例如，许多种蜥蜴颈下都独立进化出了皮瓣，这些皮瓣可以快速伸出，像旗语一样向配偶或竞争者发出信号；许多鸟类的翅膀或胸部进化出了色彩艳丽的斑纹，以便在社群交互中获得更多的注意力。自然界中充满了这样的例子：相似的特征用于相似的环境，并在相似类型的动植物身上反复多次进化。

更令人印象深刻的是，趋同性特征会作用于非常精细化的水平层面，这种情况会发生在关系并不密切的物种之间，这些物种来自"生命树"的不同分支。这里有一个经典的例子：我们来看看图 8 的眼球。

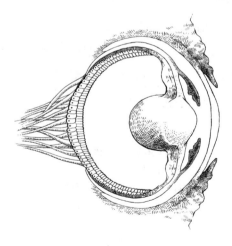

图 8　眼球

　　如果你还记得你在学校中学到的解剖学知识，你就知道这是一个非常典型的眼球结构：这个眼球结构可能是牛的，或者是人类的，或者是猫的，甚至是蜥蜴的——大多数脊椎动物的眼球在基本结构上是非常相似的。但这并不是脊椎动物的眼球——这是一只章鱼的眼球！是的，章鱼的眼球与你我的眼球十分近似，尽管我们共同的祖先曾在 5.5 亿年前的地球上畅游过，而那时的它们还没有可以谈及的眼睛。[①]

　　或者我们可以看看图 9 这个例子。每个人都认识螳螂：大大的昆虫眼，修长的颈部，臂部折叠做祈祷状。但是它们并不像看起来的那样虔诚——事实上，它们祈祷的姿势只是捕猎前的蓄势待发，它们会闪电般地快速攻击被脊骨包裹的前臂之间的猎物。（如果我们的手掌也被脊骨包裹，并且有我们前臂的一半长，这个过程就像我们可以快速向下翻转手臂，锁住我们手掌和手臂之间的食物一样。）

　　但螳螂并不能算是"地球村"中唯一的速成艺术家。还有一种叫马蝇的昆虫，它有着和螳螂一样的前臂，能用同样的快速行动捕食猎物。而且它们之间的相似点不止这些——马蝇修长的颈部和鼓胀的眼球与螳螂十分相似，以至于它的前半身就像是螳螂的复制版，尽管这两个昆虫种属已被几亿年的昆虫进化分隔开了。（相比之下，马蝇的后半身看起

---

①　其实，从某种程度上来说，章鱼的眼球可比你我的要好多了。对于脊椎动物的眼球来说，其视神经附着在视网膜感光结构的前端，这就意味着光线只有经过视神经才能到达感光结构，而且视神经聚合成束通向眼球后端时，会在视网膜上形成一片无感光区域，也就形成了我们通常所说的盲点。相比之下，章鱼眼球的设计则更加合理，其视神经附着在感光结构的后部，这样既不会阻挡投入眼球的光线，也不会引起视觉障碍。所以，打趣来讲，如果进化不会发生，生命是由聪慧的造物者创造出来的，那么很明显，在设计出章鱼这样结构合理的眼球之前，造物者肯定先拿我们练过手。

来更像是它的近亲草蛉。)

趋同进化当然不仅仅局限于结构层面。物种在从基因到习性等任何生物学特性上都会发生趋同现象。这样的例子有很多，其中我最常举的例子就是蚂蚁和白蚁。

图 9　螳螂

大部分人都认为蚂蚁和白蚁是密切相关的，因为如果你家中有它们其中任何一种，你都需要打电话请人来帮忙，而且它们看起来确实很相像。但如果你用放大镜近距离观察的话，你就会发现，它们除了和标准的昆虫一样有头、胸、腹部及 6 条腿，它们之间一点儿也不相似。它们之间也并没有想象中的亲缘关系：蚂蚁的近亲是黄蜂和蜜蜂，而白蚁是属于蟑螂家族的。

蚂蚁和白蚁在系统发育方面虽然差异较大，但是它们的社会结构却惊人地相似。蚂蚁社会存在着高度复杂的劳动分工：一只或多只蚁后负责产下数以千计的卵，雄蚁存在的意义就是为了和蚁后交配，各种工作类型的雄蚁和雌蚁都能胜任自己的分工——照料后代、抵抗入侵、收集食物等。

白蚁的社会结构与蚂蚁十分相似。白蚁也是群居生活，数量一般在几百只到几千万只之间。白蚁和蚂蚁一样，由一只或几只雌蚁负责产卵，其他工种的白蚁各司其职，维持群居生活。蚂蚁和白蚁都使用个体之间传播的液体食物调节发育中的雌蚁的工作类型。并且它们都通过释放信息素来沟通和传递信息。打个比方，含有信息素的足迹将会引导其他同类发现食物或者通过信息素招募同类加入战斗。

蚂蚁和白蚁的生活中（当然有时一些甲虫之间也会存在）最不可思议的要属它们的地下菌圃的构造。这些昆虫发明耕作方式的时间比我们人类要早数百万年！虽然不同昆虫的耕作方式有所不同，但是整体的规划流程几乎是一致的。在地下蚁巢或者白蚁土丘中，这些昆虫引入真菌种植起来，待成长后收获来食用。蚂蚁和白蚁等劳作者小心地照料菌圃，去除废物，控制害虫，并消灭其他竞争的菌种。（它们专注于一种特殊的真菌作物，把其他菌种当作杂草。）它们甚至使用来自它们身体特定区域或者内脏内的细菌产生的抗生素来对抗入侵的细菌性有害物。（蚂蚁使用与我们生产抗生素链霉素相同的细菌。）

正如这一系列简明扼要的案例所暗示的那样，自然界中充满了趋同特性。但是直到 2003 年，康威·莫里斯才提出，趋同融合并不是特殊的个例，而是生物界中的主导模式。在他的巨著《生命的谜底：人类不可避免地生存在一个孤独的宇宙》一书中，他用了 332 页的篇幅（加上 115 页的注释）从整个生命的维度，描绘了各种各样的趋同现象的实例。8 年后，乔治·麦吉写了一本类似的书——《趋同进化：有限的才是最美的》，他用了 277 页的篇幅描述了相关内容，其实可用来论述的例子还有更多。我在 2015 年起草本章的时候，第三部巨著出现了——康威·莫里斯贡献了他的第二本相关著作——《进化的符咒：宇宙如何自知》，书中也用了 303 页的篇幅，以及 158 页的注释详述了许多新的例子。

从效果上看，这些书从趋同进化的广度、深度，以及共性方面的研究完全征服了读者。趋同进化无处不在！仔细想想，任何生物特性都是反复进化多次的，而且这些进化过程通常会发生在关系较远的物种之间。康威·莫里斯曾说[11]：“如果谁向我展示只进化一次的东西，那么我就会跳起来告诉他我能给他其他的例子。”

例如，麦吉注意到一些动物进化出了各种类型的盔甲来抵御食肉动物。海龟戴着一个坚不可摧的甲壳，这能帮助它们在受到胁迫的时候撤退。在甲龙和雕齿兽（一种大型的已灭绝的犰狳）身上也进化出了功能相似的甲壳。有些动物不是用甲壳覆盖，而是用尖锐的刺包裹自己。我在前面已经提到了两种独立派生的豪猪类型，它们的防御方式和针鼹鼠（除了鸭嘴兽以外的另一种产卵哺乳动物，有时被称为“刺蚁”）及刺猬相同，后两者在外观上非常相似。为此，理查德·道金斯还在他的著作《攀登不可能的高峰》中，因为需要分别为两者绘图而觉得费神。

我们知道甲壳可以作为物理防御来阻挡捕食者，有时在皮肤中的毒素也可以达到相同的目的。比如很多动物都已经进化出了这种化学防御的方式：海兔（一种类似于蛞蝓的海洋软体动物）、许多类型的甲虫、蝴蝶和其他昆虫，河豚、青蛙、蝾螈，还有一种叫黑头林鵙鹟的鸟，以及其他许多动物，等等。

我们哺乳动物能够直接诞下幼崽，我们深以为傲（在这里，鸭嘴兽和针鼹鼠除外）。但是麦吉在研究报告中说，仅就蜥蜴和蛇而言，活体出生的形式就已经进化了上百次，更不用说在鱼、两栖动物、海星、昆虫和许多其他种群的动物中反复出现了。趋同进化甚至已经延伸到了胎盘层面 [12]——从母体到胚胎传递氧气和营养素的这种机制和结构，在鱼类和蜥蜴中已经进化了很多次。事实上，有一种蜥蜴的胎盘与一些哺乳动物的胎盘惊人地相似。

其实，趋同进化的现象并不局限于动物领域。我们可以从麦吉的书中引用一个植物学的例子：许多植物依靠动物将花粉从捐赠者传播给受体（植物的花粉相当于精子的功能）。要做到这一点，植物就需要想方设法来吸引传粉动物。拿蜂鸟来说，亮红色对它而言是难以抵御的诱惑。因此，至少有 18 种不同类型的蜂鸟授粉植物已经进化出了鲜艳的红色花朵。

其他植物也会通过多种形式获取授粉服务。某些种类的苍蝇或蜜蜂会在腐烂的尸体中产卵。尸体百合、腐肉花、祖鲁巨型腐肉植物等充分利用这一特性，产生一种闻起来很像腐肉的气味。一些昆虫会被这种气味蛊惑，循味而来寻找合适的产卵点，在此过程中携带并传播花粉。至少有 7 种不同类型的植物进化出了这种独特的气味授粉能力。

特殊形状的趋同行为总是让人很感兴趣，但大多数教科书中在论及趋同进化时总是会用表征相似的动物来举例。比较典型的例子就是海豚、鲨鱼和鱼龙的对比，所有流线型海洋捕食者都有着鳍状前肢、背鳍、尖吻，以及推力强大的尾巴，这些特征能够帮助它们高速捕食水中的猎物。

教科书中另一个常见的例子来自一个特殊之邦澳大利亚，这里的一切都显得与众不同。我在前面已经谈到了在澳大利亚，部分动物有着单次进化的倾向——鸭嘴兽、考拉、袋鼠都属于这种类型。但是凡事都有另一面，澳大利亚其他的哺乳动物群还是和世界其他地方的种群一样有趋同进化的特性。

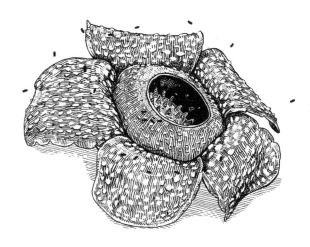

图10 苏门答腊和婆罗洲的尸体花是世界上最大的花，它通过散发类似腐肉的气味来吸引昆虫

恐龙灭绝之后，我们哺乳动物接管了这个世界。世界上绝大部分地区是胎盘哺乳动物抓住了这次生存繁衍的机会，然而在澳大利亚却不是这样。这里的哺乳动物将它们的幼崽养在体外的育儿袋中。在这里，有袋动物才是主角。尽管两类哺乳动物有着不同的祖先，但是它们繁衍出大量的物种，以相同的方式填满了生态位。

教科书的作者喜欢将澳大利亚有袋动物和其他地方的胎盘动物放在一起比较看待。鼹鼠、飞鼠、土拨鼠，这些动物看起来如此相似，即使这其中的有袋动物出现在你北美的后院中，可能也不会引起你的注意。我个人比较喜欢袋鼬，它不仅在外形和行为上与猫类似，而且据说也是一种很好的家庭宠物。但也许最合适也最让人心痛的例子就是袋狼了。这是一种和狼极为相似的顶级食肉动物，我甚至看到了这些动物中有的凭借尖嘴硬尾的样貌在《人狗对对碰》中的优异表现。你可以自己去找找关于这个物种的顽皮形象——搜索一下优兔（YouTube）网站，你可以找到一系列关于这种动物的黑白视频。这些动物摇摆尾巴、啃骨头、跳上跳下，和其他家庭宠物用一样的方式看待这个世界。令人伤心的是，在一个世纪前，塔斯马尼亚的牧场主消灭了袋狼，它们现在已经灭绝了，仅有一些录像能够展现这个物种最后的个体生存画面。

进化模仿现象在整个自然界非常普遍。新旧世界的秃鹫都有着一副殡仪从业者的表情。澳大利亚的致命毒蛇是眼镜蛇家族的成员，但是这种毒蛇在外貌和毒液成分上又与其非洲远亲鼓腹巨蝰有关。鳗鱼状的体形不仅在多种类型的鱼身上演化着，而且在水生两栖动物和爬行动物中也有多次进化。非洲干旱的地表覆盖着坚硬的有刺植物，这些长着利刺的无叶植物是大戟科植物的成员，而非属于新世界的仙人掌。

进化模仿的现象几乎横跨整个生物王国。例如，绦虫是扁形动物门的成员，它们寄生于脊椎动物的内脏中（这其中可能也包括你的内脏），它们可以长到 30 英尺甚至更长。它们身体前端有钩和吸盘，这可以让它们附着在肠壁上。它们的颈部会产生一些含有胚胎的节片，还有一些小的突起物被认为是用来辅助吸收营养物的。一般新的节片产生于颈部的前端，而老的节片将被推向后端。最终，随着节片到达动物体的末端，胚胎被释放，或者整个节片将脱落，并进入肠管，随后会被排出动物体外。如果绦虫足够幸运，比如你在户外如厕，这些绦虫胚胎可能会进入它们的幼年阶段宿主，比如奶牛这样的食草动物，它们将在其体内生长发育。如果那只牛又被一个食肉动物吃掉，比如你，并且是在没有

煮熟的情况下被吃掉，那么你就有了一个新朋友，绦虫的生命循环就又
开始了。

图 11　澳大利亚的有袋动物及其对应的胎生哺乳动物：袋鼹—鼹鼠，蜜袋鼯—鼯鼠，
袋熊—土拨鼠，袋鼬—野猫，袋狼—狼

虽然以上的描述可能会破坏你的食欲，但是这种生命形式非常常见。很多其他的体内寄生虫都有着类似的生存方式。真正要说不寻常的故事，应该要算腰鞭毛虫了。大多数甲藻浮游在海洋中，参与光合作用。（也就是说，它们利用阳光生长。）但腰鞭毛虫并非如此。这些生物是单细胞的，寄生于海洋蠕虫身上，其组织结构和生命周期与绦虫相似。为了附着在肠壁上，它们身体的前端有一个吸盘和钩子；为了繁殖，它们的产卵节段位于身体中部并有一些小的突起，这些节段随着身体新的节段的产生而向后移动，最终从身体的末端断开，就像绦虫那样。它们最终从蠕虫的身体中被排出，继续寻找下一个宿主。在这里，值得注意的趋同现象[13]在于，这些腰鞭毛虫和绦虫可能在10亿年前和其他动物有着相同的祖先。

趋同进化的实例清单可谓冗长而迥异，遍及生物界的各个角落。但其实我们并不需要涉足太远。我们自身这个物种就已经提供了太多鲜活的例子。

智人在大约10万年前的非洲出现，但就在这样一个跨度相当短的时间段内，我们征服了世界，并旅居世界的各个角落。事实就是这样，不同地区的人们有着相似的栖息地——在喜马拉雅山脉和安第斯山脉上，在部分大陆的极北地区，在极热的沙漠地带都可以发现人们的身影。世界这个大舞台就是为趋同进化而准备的，自然选择也从未让我们失望。

关于人类皮肤颜色变化的重要意义[14]，各方意见不一，不过大家的观点也逐渐趋于一致，认为肤色反映了两种因素之间的平衡。一方面，较深肤色是皮肤中的黑色素含量较高所致，较深的颜色可以防止紫外线辐射，而大家都知道赤道地区的紫外线通常较为强烈。另一方面，紫外线对于产生维生素D非常重要，因此在阳光不是那么强烈的高纬度地区，较浅的肤色可以帮助紫外线渗透而产生维生素。

人类物种起源于跨赤道的非洲地区。受其影响，早先的人类很有可能有着深色皮肤。纵观人类发展史，这个结论有一定的道理。从人类的"进化树"来看，深色皮肤的非洲人应该位于"进化树"较为靠近底部的区域。而"进化树"较高的部分则是来自欧洲和亚洲肤色较浅的人群。从这些系统演化的结果来看，不难发现深肤色是人类祖先拥有的先决条件。

遗传学们发现了肤色变化的机制。研究表明，相对于欧洲人的浅肤色而言，亚洲人的浅肤色是由不同的突变引起的。这些遗传差异强烈地暗示了浅肤色在不同的群体中独立趋同的进化趋势走向，即使他们都生活在北方地区。[①] 反过来，澳大利亚原住民大约在 5 万年前就抵达了澳大利亚地区，他们可能发源于浅肤色的亚洲人。由此看来，他们的深肤色是趋同于非洲同胞的。

人类的另一个趋同进化的例子是成人饮用牛奶的能力。我们知道哺乳动物的一个典型特征是以母乳哺育后代。为了消化母乳，年幼的哺乳动物通常会产生一种酶——乳糖酶，用于分解乳糖，而乳糖是母乳的重要组成部分。当哺乳动物一旦断奶，由于酶不再被需要，那么产生乳糖酶的基因也随之关闭。这种现象不仅发生在其他哺乳动物身上，也发生在大多数人类身上。例如猫就不适合饮奶，这似乎有悖于常识。给一只成年猫喂奶，会导致它消化不良而腹泻。这种情况也发生在大多数人类的身上——约有 65% 的人有乳糖不耐受的症状，对于他们来说，喝牛奶

---

① 这种趋同模式延伸到了我们的近亲尼安德特人身上。他们也生活在北部地区，通过一种在智人群体中没有发现的突变进化出了浅色。

的体验似乎并不怎么美好。

另外三分之一的人类真的是很幸运了。那些在哺乳动物界中硕果仅存的，在断奶后仍可以自由畅快饮奶的人是怎么做到的呢？奶牛提供了答案。

在过去的几千年里，东非、中东、北欧不同地区的人类开始牧牛。对于牧场为什么会诞生于这些地区，而不是其他地区，人类学家争论不一，但很明显，这些地区的人都曾独立饲养过奶牛。

随着奶牛[15]成为现成的奶源，为了充分利用这一自然馈赠的慷慨条件，自然选择也迅速找到了一个解决方案：通过遗传基因的改变让一部分人的乳糖酶基因在整个生命周期中都处于活跃状态，而不是早早地被关闭。那些喜欢喝凉爽的牛奶、奶昔，吃冰激凌及干酪的人真应该好好感谢你牧牛的祖先给予了你遗传基因。尽管不同的人类群体趋同进化出了适应类似解决乳糖不耐受等问题的解决方案，但是遗传分析显示他们所采取的方式却各有不同。不同的突变在不同的人群中进化着，但是这些突变都确保在保持乳糖酶基因活跃的方面有着一致的效果。

我们人类并不是唯一以相同方式产生适应能力的物种。事实上，物种内部的趋同现象非常普遍：奥尔德菲尔德老鼠种群在栖居于白色沙丘后反复进化出浅色的毛皮，许多墨西哥脂鲤种群在生存于地下洞穴的同时失去了鲜艳的肤色和眼睛。许多皮肤粗糙的蝾螈已经进化出了"河豚毒素"（在河豚体内发现的毒素），以此作为防御捕食者加特蛇的有效武器。反过来，很多地方的加特蛇又进化出对这种毒素的抵抗能力。类似的例子不胜枚举。当相似的种群接触相同的选择性环境时，它们也往往倾向于产生相同的适应能力。

到目前为止，我已经讨论了两个物种生存于相似环境且表现出趋同进化的现象。这种思想其实有着深刻的历史根源。达尔文在《物种起源》中多次提及它,进化生物学家从那时起就开始探究这个问题。正如我在文中所详述的,这一想法虽然是老生常谈,但在近几年又逐渐兴盛起来,因为我们逐渐认识到,趋同比我们所了解的要普遍得多。

一些与此相关的想法可以回溯到最近几十年中。达尔文的思想聚焦在单一的选择因子上,以及多个物种如何以相同的方式进化,但是为什么趋同现象应该限定在适应相同环境挑战的一系列物种上?我们知道,在任何特定的地方,存在着各种各样的物种,每个物种都适应它特有的生态位。如果两个地方非常相似,那么自然选择会不会产生完整的趋同类型,各地物种的适应形式都与它对应的其他物种在平行地趋同进化?这是进化生物学中一个较新的想法,研究者们只是最近才开始进行探索。这方面的许多探索都是在岛屿上进行的。

第二章 复制的爬行动物

图 12 作者开始从事爬行动物学方面的研究

看看图中这个迷人的小伙子，没错，这就是我，当时的我只有 13 岁。这张照片拍摄于去迈阿密我伯祖母家的旅途中。我经常在旅行中这么干，我会去佛罗里达州南部茂密的树林中四处翻找树叶，寻找我最喜爱的布满鳞片的小家伙们。功夫不负有心人，这次我终于成功了。在一片采石场，我发现了一只小蜥蜴，是的，一只佛罗里达州绿色安乐蜥。

绿色安乐蜥在宠物市场上还是很常见的，所以当我想要做一个关于蜥蜴的校园科学实验的时候，绿色安乐蜥就成了理想的对象。在八年级时，我调查研究了绿色安乐蜥是否会随所处的环境而改变颜色。（与常识相反，它们并不会变色。）十二年级的时候，我想要弄清楚是什么原因触发了动物在春天的繁殖机制。（实验项目虽然失败了，但答案是不断增加的光照时长。）

就这样，当我进入大学，我决定从事爬行动物方面的研究。大二的时候，一个研究生邀我一起去牙买加，帮他完成一项关于安乐蜥的野外研究，而其他的事情则不需要想太多。（当他告诉我不需要带我的网球拍时，我就明白了，野外工作并没有我想象中的那么美好。）

绿色安乐蜥是北美洲唯一的原生安乐蜥属物种[1]，但在其他地方，安乐蜥的种类就多得多了：仅仅在古巴就有 60 多种；在中欧大陆和南美洲有近 250 种；牙买加虽然只有古巴土地面积的十分之一[1]，但也有大概 7 种安乐蜥。

我们牙买加之旅的第一站是岛北部海岸的一个海洋实验室。这里是海洋生物学家研究加勒比海珊瑚礁的一个极好的地方，现在这里迎来了他们的第二批客人，这还要归功于实验室周围郁郁葱葱的树林里遍布的

---

[1]　其他数十种安乐蜥物种都是最近几十年从加勒比群岛引入的。

蜥蜴。背鳍、面罩、潜水器，在实验室里应有尽有，热情的生物学家将这里作为研究牙买加陆地动物群的理想根据地。

我们到达后，很快就发现了此地蜥蜴真是繁多，它们对于人们的关注毫不在意。雄性蜥蜴及部分雌性蜥蜴喉咙下面有一层轻薄的皮肤，这被称为垂皮。在平静时，这层垂皮折叠在一起，只能看到一条由下颚顶端延伸到胸部的皮肤褶皱。但是当蜥蜴想要发出一些信号的时候，诸如"你迷路了，伙计，这是我的地盘"或者"嘿，女士们，快来找我啊"，它们下颚的垂皮就会鼓起呈半圆状。为了留出充分的空间，蜥蜴往往会伸直腿部，将身体支撑起来离开地面。

这里的蜥蜴遍布所有植被。最常见的物种是牙买加当地的灌木丛变色龙。这些小家伙在灌木丛间来回跳跃，或者在树上低垂着头，审视着它们的领地。它们经常出没在离地面很近的地方，它们土褐色的体色与周围的环境比较一致。

但是在高耸的树上，蜥蜴的故事就是另一回事了。最典型的就是另一种和牙买加灌木丛变色龙身形差不多的变色龙了——格雷厄姆变色龙。无论是在高的还是低的枝干上，都可以发现它们沿着树干飞奔的身影。相对于灌木丛变色龙朴素的外形而言，格雷厄姆变色龙的外形可以说是相当华丽了：高贵的海蓝色从头部顺躯干而下延伸至前腿，腰部的蓝色逐渐加深，直至尾部呈现出深蓝色；一些白点和弯曲的线条覆盖周身。奢华不止于此，当雄性展示它们的垂皮时，亮橙色会和身体渐变的蓝色形成强烈的色差，把色彩的奢华带到一个新的高度。

尽管格雷厄姆变色龙的外形如此耀眼，但它依然无法摘得牙买加蜥蜴"选美"大赛的桂冠。这个大奖应该属于它们的远亲——体形更大一点儿的加曼巨蜥，牙买加当地人称之为绿鬣蜥。不过这个称号可能并不贴切。加曼巨蜥拥有一身黄绿色的外皮，背部有一排如史前恐龙一样的尖板，硕大的眼睛周围有一圈淡黄色。绿鬣蜥的身长是格雷厄姆变色龙的 2 倍，体重是其 8 倍，可以说是牙买加名副其实的"蜥蜴之王"，这位霸主常常以进食一些水果和小昆虫为乐。

　　还有一族变色龙成员生活在树上，却拥有完全不同的身形。牙买加树枝变色龙没有华丽的外表和装饰，稍显朴实，它灰白色与褐色的外表可以很巧妙地与木质的背景环境融和，修长的身形也仿佛与所栖息的树枝融为一体。

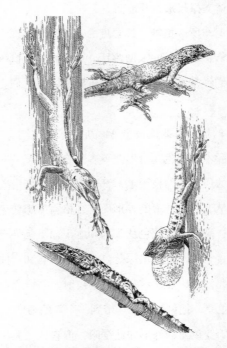

图 13　牙买加的隐蔽高手。从左上顺时针方向依次是：加曼巨蜥（绿鬣蜥）、格雷厄姆变色龙、牙买加灌木丛变色龙、牙买加树枝变色龙

对于牙买加变色龙而言，如彩虹般绚丽的颜色着实为其增光不少，但这仅仅是其进化历程中的一部分而已。事实上，除了颜色，这些物种还有很多与众不同的特点等待挖掘。我们可以从一些最令人印象深刻的特点说起。这些蜥蜴的每根脚趾顶端都有着扁平的椭圆形的趾垫。如果我们把蜥蜴翻过来，你就会注意到趾垫的下边由一些矩形的交错重叠的鳞片构成，这些鳞片错落有致地排列在趾垫上，位于趾垫中部的鳞片略宽，趾尖部位的略窄。

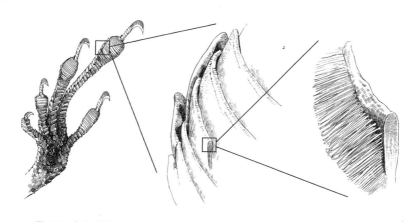

图 14　变色龙的脚趾。在显微镜下，脚趾被上百万根细微的"刚毛"覆盖

如果你轻轻地用手指摩擦趾垫，即使不移动，你也会感到有点儿阻力：趾垫产生了一种抑制力。如果把蜥蜴放在一块水平的玻璃板上，趾垫与玻璃表面接触，然后慢慢地开始倾斜玻璃的一端。当玻璃接近垂直度时，蜥蜴的身体虽然向下坠，但脚趾依然稳定地附着在原有的位置，抵抗重力的牵引。然后我们继续让玻璃板倾斜，超过 90 度，这时蜥蜴的整个身体看上去已经颠倒过来，就像蜘蛛侠一样，但是它的四肢，准确地说是它的 20 根脚趾仍紧紧地贴在玻璃板上。即使玻璃被完全翻转

过来，蜥蜴仍然可以保持这种抓握力。

　　数十年来，科学家们一直在思考蜥蜴这种黏性能力的来源。是它们的爪子找到了玻璃上的小孔吗？并不是。是有吸力吗？还是说它们的趾垫上有小钩，可以像尼龙搭扣一样扣牢？是有黏液分泌吗？应该都不是。

　　很久以前人们就知道，蜥蜴的脚趾上附着上百万根被称为"刚毛"的绵密细丝，每根细丝都比人类的头发还要细。壁虎作为另外一种为人所熟知的蜥蜴，常常被发现于一些温暖地带夜间的墙壁上或是其他垂直的表面上。它们的脚趾也有"刚毛"，吸附能力甚至比蜥蜴还要好。假如"刚毛"在黏附能力上起到了重要作用，那它们是如何做到这点的，仍然是个谜。

　　最终，一群科学家在 2000 年弄清了其中的原因，他们是受到一则科幻故事的启发。上百万根"刚毛"的表面有自由电子，在适当的环境下，这些自由电子可与玻璃表面或是其他物体表面的电子相结合。这种附着力从技术角度上被称为范德瓦尔斯力，它足够让一只蜥蜴单脚悬挂，甚至可以在身体坠落的过程中牢牢抓住碰到的树叶。

　　顺带提一下，这种现象还衍生出了一门新的工程学分支，有人称之为"壁虎科学"。回过头来想想我们日常用到的各种黏合工具，无论是胶水还是管道胶带，要么是粘贴后不能解开，要么会留下一堆黏黏糊糊的痕迹。相比之下，蜥蜴的脚趾不仅拥有强大的吸附力，而且当它们从物体表面经过时，不会留下任何残留物。正是基于此，一大批研究者试图弄清怎样将蜥蜴脚趾的魔法转化为对人类有用的工具。于是，一种闭合伤口的新方法[2] 在 2008 年诞生了。

　　我们把话题拉回到牙买加变色龙上来。这些变色龙也像其他蜥蜴一样拥有强力黏性的脚趾，而且有些种类的粘附力更强。如果你把一只蜥蜴放在一块测力板上，然后轻轻地向后拉，你就会感受到蜥蜴的脚趾为抵抗拉拽而吸附测力板所产生的力量。

这种方法由我以前带的博士生邓肯·伊尔希克开创，现在他已经成了一名杰出的研究者，他的研究结果也非常清晰：一只蜥蜴攀附力的大小与其趾垫的大小成比例。那么谁的趾垫最大呢？应该是绿鬣蜥了，它是最大的牙买加蜥蜴。其他几种蜥蜴的大小差不多，但是它们的趾垫却相当不同：栖居于树上的格雷厄姆蜥蜴的趾垫几乎是灌木丛蜥蜴的3倍。

树栖蜥蜴有着更强的附着能力至少有两个方面的原因。首先，在热带地区，由于高温多雨的气候，蜥蜴所栖居的树木的枝干表面通常较为光滑，蜥蜴们很难在其表面攀爬，因此悬停在这样的表面需要更强的抓握能力。其次，对于蜥蜴们来说，从树顶掉落可比从1英尺高的地方掉落问题大多了。虽然多数变色龙身材短小，即便是从高处坠落也不会给自身带来太多伤害，但如果想从地面再次返回树顶可是实实在在需要花费一番功夫的。因为这不仅会消耗大量的体力，而且很容易暴露在捕食者的视野范围内。

树栖蜥蜴与牙买加蜥蜴的另一个生理结构上的显著不同体现在它们的腿的长度上。陆栖环境对于像灌木丛变色龙这样的生物来说更有优势，它们的后腿比其他种类的蜥蜴都要长。而在另一个极端的树栖变色龙，则拥有修长的躯干和短小的四肢。

从更广泛的意义上讲，牙买加的物种，以及加勒比海地区变色龙的腿部长短变化与它们所栖息的环境息息相关。牙买加灌木丛变色龙通常攀爬在宽阔的枝干或地面，腿部较长；而生活在细长枝杈之间的变色龙的腿部则显得短小。

为了探究其中的奥秘，我们把蜥蜴们带进了实验室，并给它们举办了一场小型"奥运会"。在田径比赛中，第一个项目是两米短跑。蜥蜴们被放置在狭窄的赛道上，这驱使它们向前冲刺。当它们穿过规定间距的红外线时，它们的奔跑速度将被记录下来。下一个项目是跳远，我们需要轻拍它们的尾部，以刺激它们起跳。

实验的结果清晰明了：蜥蜴的腿部越长，它们就跑得越快，跳得也越高。这些发现具有一定的生理学意义，但是我们仍不满足——若是如此，那么短腿的优势又在哪里？

幸运的是，"五项全能"比赛给出了我们想要的答案。我们再次测试了蜥蜴们的奔跑速度，但这次我们选择了 5 种不同的实验表面供测试使用，这些实验表面依次由宽到窄。我们预想的结果是，长腿蜥蜴在宽阔的表面移动最快，而短腿的树栖种类则在狭窄的长杆上移动得更快，这有点儿类似于它们在自然环境中攀爬的情形。

然而实验的结果出乎我们的意料。所有的蜥蜴种类在狭窄的表面移动的速度都更慢了。在该实验中，树栖种类的蜥蜴并没有比其他种类的蜥蜴移动得更快。很显然，短腿在狭窄的表面也不适于快速移动。

当蜥蜴们在实验中奔跑时，我们留意到它们有时会被绊倒，有时甚至会从实验表面上跌落下来。我们详细记录下了这些失误，随后我们意识到这些情况也是解开我们心中疑点的一部分。在宽阔的表面，所有种类的蜥蜴都没有太大的麻烦，小意外的出现仅占实验的20%。然而，虽然狭窄的表面没有对树栖类蜥蜴构成太多困扰，但是长腿蜥蜴却遇到了大麻烦，它们跌落或滑倒的情况占了整个实验的四分之三以上。由此我们得出了一些结论：短腿在狭窄的表面虽然在速度上不占什么优势，但仅从移动于这些表面来说并没有太大问题。

事后看来，这应该就是我们想要的结果。我们花费数个小时在蜥蜴的自然栖息地观察它们。长腿蜥蜴常常以最快的奔跑速度捕食或躲避袭击者。相比之下，树栖蜥蜴依靠的是遁形而非速度。当它们成功伪装后，则会蹑手蹑脚地捕猎。当它们看到了捕食者，它们则悄悄地移动到树枝的另一侧，身体的颜色逐渐与周围环境融为一体。对于这样的生活方式来说，是敏捷性而不是速度才是树栖蜥蜴生存的关键，而短腿赋予了它们这种生存优势。

牙买加群岛最初并不是岛屿，更确切地说是中美洲大陆的一部分，依傍于墨西哥或附近的尤卡塔。大约 5 000 万年前，牙买加与大陆分道扬镳，新生的岛屿向东漂流至加勒比海地区。与此同时，这些岛屿被淹没在巨浪之下，在数百万年后岛屿重现时，岛上的栖息者已被一洗而空。此时的岛屿更像是一块空白的石板，准备迎接着新的未来，等待着岛屿上的首批"演员"以自我进化的方式在生命舞台上找寻一席之地。

随后，牙买加变色龙的先祖被海水冲上岸，它们可能是随着古巴群岛等地漂泊至加勒比海地区的。随着时间的流逝[3]，最初的物种不断繁衍出许多后裔物种[①]，这些物种适应了不同的栖息环境，进化出了不同的

---

① 一个始祖物种如何繁衍多样化并产生多个后代物种的过程，是进化生物学中的一个重大问题，就该主题而言已经可以独立成书了。（事实上，在本书中也多次提及该问题。）如果两个种群不能异种交配并生育后代，这两个种群则会被认为是两个独立不同的种群。对于变色龙而言，下颌垂皮是其区别于其他蜥蜴的关键，变色龙的垂皮的图案和颜色与其他同类物种的成员有明显区别，从而也避免了变色龙与其他物种杂交。因此，变色龙种群的形成可以说是不同垂皮进化的产物。无论是变色龙还是在更一般的情况下，这种区别性的演化过程究竟是如何发生的，仍是一个有争议的话题。我们认为地缘隔离是一个非常重要的因素。由于地缘隔离，两个物种的基因在还未发生持续混合的情况下已进行了分离。自然选择也驱动着种群在不同的进化方向上趋于异化。因此，目前进化生物学家正在探索和研究这两种因素的相对重要性。

颜色、趾垫、四肢，以及其他各种体貌特征。

趋异进化的结果是产生了一系列物种，它们都源自地缘范围内新近的共同祖先，每个物种都适应于自己的生态位。生物学家将这一现象称为"适应性辐射"，并且许多人都认为这是进化多样性最重要的因素之一。

适应性辐射较为常见，科学家们也有过长期研究。比如达尔文的雀鸟在达尔文理论体系中非常重要，而且也是教科书中的经典，但是变色龙的适应性辐射却显得比较特别。为说明缘由，我们必须去加勒比海的其他地方看一看。

经过漫长的 5 年旅程之后，我再次回到了牙买加，不过这次我是作为一名研究生要为自己的论文收集数据。我再一次造访海洋实验室，混迹于一群新的海洋生物学家之间，停留在岛上研究我的蜥蜴。

不过，牙买加只是这次旅行的第一站，当收集了需要的数据之后，我便开始了跨岛作战。在波多黎各苍翠的卢基约山雨林中，我不断地发现共存的安乐蜥属蜥蜴，它们各自拥有属于自己的栖息地，但情况并非只是物种的多样化这么简单。这里也同样存在一群栖息高手。在雨林的树冠上，栖息着大型的蜥蜴，在身形和体貌上与绿色瓜纳很相似。另一种较小的绿色蜥蜴伸展着大大的趾垫，移动于植被之间。在地面附近有长腿的棕色蜥蜴，细小的脚趾帮助其快速奔跑和跳跃。在树枝上，藏匿着擅于伪装的短腿蜥蜴，它们虽然不能快速移动，但是大自然的量身设计让它们可以自如地在狭窄的表面上行动。

如果你没有深入了解，你可能会认为这些跨岛而栖的同类是近亲，你会觉得两个岛上的树栖变色龙是表亲，绿鬣蜥是远亲，那些腿长的在地面上奔跑的家伙是近代进化分歧的结果。然而事实并非如此。牙买加的物种虽然解剖结构不同，栖息的生态环境各异，但它们却拥有共同的牙买加始祖，相较于在波多黎各生态环境上较为匹配的同类，牙买加当地的物种之间更具亲缘关系。在牙买加发生着适应性辐射，在波多黎各也独立地发生着适应性辐射，两组各自独立的进化却产生了非常类似的适应于一系列栖息环境的生存者。（坦诚地说，我必须指出其实这种配比并不完美——波多黎各有着牙买加并未进化出的物种类型，这是一种适合生存于草丛中的物种。）

　　第二年，我去了多米尼加共和国。多米尼加属于海地岛的一部分[①]，蜥蜴的种类同样十分丰富。在那里，我也发现了各种变色龙，而且发现了许多熟悉的"分身"，有5种栖息物种和在波多黎各的发现是一致的。这一次，相近始祖仍然不是问题的答案，正相反，它们的DNA分析结果表明，3个岛屿上的树栖变色龙均非近亲，它们同棕色的地面蜥蜴种类，以及栖息类蜥蜴都非近亲。

　　最终，几年过后，我获得了访问古巴的许可，我的访问对于美国贸易禁运来说没有什么意义，对于古巴方面的质疑也同样如此。古巴当时甚至认为，任何想要在市郊或野外工作的人都可能参与了美国中央情报局密谋入侵的行动。这次访问得到的研究结果很明显：我再次发现了一系列同类的栖息地生存者，但是这些物种确实在古巴的土地上独立进化着。

---

① 我之前从未去过海地岛。因为在几年前，我想从多米尼加共和国过境，却被告知我可能不会被杀，但是会被关进监狱。我的一些勇敢的同事去了那里，看到了很多奇妙的东西。不幸的是，由于海地的森林遭到了大规模的破坏，蜥蜴及其他许多珍贵的海地物种都岌岌可危。

图 15   上图分别为海地、波多黎各及古巴地区的树栖变色龙

大安的列斯群岛 4 个岛屿的安乐蜥群落惊人地相似。我在 4 个岛屿上发现了 4 种类型的蜥蜴。多数情况下，某种特殊类型的蜥蜴会因为和其他岛屿上的蜥蜴十分相似而被错认为是同一物种。我在 3 个岛屿上均发现了一种额外的栖息物种，还有两种我没有提到的类型仅发生在古巴和海地。只有很少的物种是出现在单一岛屿上的，并且难以找到与之相匹配的进化对象。

多年来，大安的列斯群岛变色龙是唯一被证实了的复制了适应性辐射的案例。最近，随着其他一些情况的曝光，我们逐渐发现适应性辐射的趋同性现象[4] 其实并不少见。

最近的一些发现是关于蜗牛的，它们来自鲜为人知的日本岛屿[5]。这些蜗牛属于扁蜗牛科，没有共同的名字，它们的家被统称为小笠原群岛。小笠原群岛坐落于东京南部 600 英里的海面上，由大大小小 30 多个岛屿组成。这是一片遥远、精致（总共 34 平方英里 ①）、几乎无人居

---

① 1 平方英里约为 2.59 平方千米。——编者注

住的地方（总人口仅为 2 400 人）。这些岛屿静谧朦胧、与世无争。由于土地的匮乏及人烟的稀少，小笠原群岛完美地呈现了自然之美。小笠原群岛于 2011 年被列入"世界自然遗产名录"，岛屿上具备丰沛多样的生物，甚至有时被人们称为"东方的加拉帕戈斯群岛"。

扁蜗牛科在岛上共有 19 类，这也是其声名由来的部分原因。和变色龙一样，这些共生的物种在栖息地的利用方面也各不相同：一些蜗牛在树叶上被发现；一些蜗牛是半树栖类，在树干和地上都有发现；严格的陆生物种将这些蜗牛划分为露天生存和壳居两类。

栖息地的差异导致解剖结构上的不同。树栖物种比陆生物种体形更小，毕竟在没有脚的情况下，把蜗壳挂在树上并非易事。树栖蜗牛蜗壳的敞口通常要更大一点儿，这样蜗牛的身体才能更多地与树的表皮接触。半树栖蜗牛的身形尤其扁平，以便满足它们楔入植物狭窄缝隙的癖好。两种陆生蜗牛之间也有差异，暴露在外部环境越多的蜗牛颜色越淡，身形越扁平。

换句话说，这是一场属于蜗牛的适应性辐射。就像加勒比海地区的变色龙一样，蜗牛的辐射系统在整个小笠原群岛被复制开来。在一些小岛上，蜗牛由单一始祖物种繁衍出一系列不同的栖息地"专家"。和研究变色龙一样，当我们进行跨岛比较时，我们会发现相同的一系列栖息地专有物种在各个岛屿上独立进化。在某些情况下，对应栖息地的物种在不同岛屿上有非常趋同的表现，以至于仅从蜗壳结构上很难进行区分。

适应性辐射的另一组例子来自空中领域。在当今世界上超过 5 000 种的哺乳动物中，有五分之一是蝙蝠——据最新统计，共有 1 240 种毛茸茸的蝙蝠在空中飞翔。其中一个特别成功的群体是鼠耳蝠属，即长有类似老鼠耳朵的蝙蝠。目前有超过 100 种的鼠耳蝙蝠。如果你在北美见过蝙蝠，这种蝙蝠很可能是光叶鼠耳蝠，这是一种小型的棕色蝙蝠，十分常见，而且对人有益，它每天可以进食相当于自身一半体重的昆虫。

尽管鼠耳蝠属的蝙蝠都有鼠耳特征，但是这些蝙蝠之间并非十分相像。传统分类依据它们的解剖结构和生存习惯将其分为 3 个群组。像前面提到的小型棕色蝙蝠属于塞利修斯亚属，它们能在空中快速移动来捕食昆虫。它们的脚很小，在它们的后腿之间伸展着一张大的薄膜，就像是捕猎手的手套一样在半空中捕捉昆虫。勒科诺亚属蝙蝠翅展较窄，常常在水面上飞行觅食，有时甚至可用长而多毛的后腿在水面上捕鱼。鼠耳蝙蝠亚属的类型体格较大，大耳、宽翅，常常在树叶间、树枝间及地面上捕食猎物。

过去人们认为，这 3 个亚属代表不同的进化群，每一类都进化了一次，随后产生了许多相似的物种分散在世界各地。随后 DNA 的对比分析[6]彻底搅乱了鼠耳蝙蝠的世界。通过对世界上四分之三的鼠耳蝙蝠进行测序，研究者发现传统上依据解剖结构进行分类的做法是错误的。和安乐蜥属蜥蜴一样，生活在同一片区域的蝙蝠虽然在生理结构及栖居环境上有差异，但是它们之间的亲缘程度要远远高于样貌相似但是位于其他区域的物种。也就是说，往常人们所认为的每个物种类型都会单独进化，然后再散播至世界各地的想法其实是错误的。在这里我们就看到，鼠耳蝙蝠在世界上多个地方都反复地通过适应性辐射进化为相同的 3 种类型。

类似变色龙、蜗牛、鼠耳蝙蝠的故事还在不断增加。显然，在地理空间不同但是环境相似的两个地方，自然选择让两个地方都进化出了相同或相似的"栖息专家"。在趋同力的作用下，这些物种最终进化出了相似的外貌特征，这足以让人们误认为它们是近亲，人们不会想到它们是独立进化辐射的产物。

最后我想再举出两个实例，这两个例子是基于马达加斯加栖息动物的 DNA 研究得出的。几年前，我们了解到，马达加斯加的青蛙并非我们先前想象中的那样，与印度同生态位的青蛙是近亲。相反，它们在红岛的进化繁衍已呈现多样性，出现了穴居物种、溪流物种及树蛙，而这些物种与印度[7]类似环境下的青蛙物种非常相似。

另一个例子就是马达加斯加岛上的鸟类"吟诵"着同样的歌曲。尽管岛上的鸟类和非洲大陆的鸟类十分近似[8]，但是 DNA 的分析结果表明，马达加斯加岛上栖息的鸟类的多样性表现仅仅是岛内物种多样性的一种体现而已。正如我们在第一章所看到的，澳大利亚鸟类的进化辐射也是如此，这里的鸟类进化出了一大批不同的"生态专家"，这些鸟类物种也趋同于北半球的鸟类。

古尔德的思维实验认为，我们应追溯到过往，以相同的初始条件开始进化，看看最终进化是否能以相同的路径发展。不过我们可以换种方式进行思想实验。如果我们不单单考虑将时间"倒带"，而是从相同的时间在不同的地点开始"倒带"，结果又会怎样呢？换句话说，我们在多维区位创造出同样的环境，并将不可区分的种群均匀地播撒在这些环境中，接下来我们可以观察这些种群是否会遵循某种同样的进化轨迹。

不过这只是一个思想实验，在这样的一个理想世界中，什么都有可能发生。但在现实世界中，想要进行这样一场实验几乎是不可能的，因为在实验室之外，找不到任何两个完全相同的真实环境，更不用指望实验对象在整个实验过程中会有完全相同的经历。

不过，把岛屿比作实验的试管也是有一定道理的。岛屿孤立隔绝的特性赋予了生物进化的独立性，在某一岛屿上发生的事件并不会对其他地方的物种产生影响，至少对于分散传播能力较弱的物种来说的确如此。因此，虽然完全一致的环境并不存在，但是许多岛屿，尤其是同一地区的岛屿之间往往非常相似。

在理想状态下，思想实验可以把相同的蜥蜴种群分别放置在 4 个相同的岛屿上，观察它们在数百万年间如何进化。那么这项近乎乌托邦式的实验计划和现实世界中大安的列斯群岛上的蜥蜴进化状况真的相去甚远吗？不，在现实世界中，这个过程已经与自然界"重放"古尔德生命"磁带"的过程非常接近了。

不过，进化的结果与古尔德的论点产生了冲突。在大安的列斯 4 个岛上同时"重放"生命进化的"磁带"，这些岛上蜥蜴进化的结果就会非常相似。那些认为牙买加、古巴以及波多黎各之间生物进化路径各不相同的论点是站不住脚的。也就是说，蜥蜴们在各个不同的岛屿上的进化路径并非偶发性的。

这种情况放在蜗牛、鼠耳蝙蝠以及其他生物体上也同样适用。适应性进化辐射会在不同的地方反复发生，而且会越来越普遍。很显然，进化是自我重复性的。从本质上来说，进化这枚骰子掷出的结果总是相同的，虽然时常会出现一些意外。

我们知道百慕大群岛、马德拉群岛、塔希提岛和巴厘岛。人人都爱岛屿，但是没有人对岛屿的溺爱和迷恋可以超越进化生物学家。达尔文从传说中的"比格尔号"航行途经的岛屿上汲取了太多灵感。阿尔弗雷德·罗素·华莱士在东南亚的巡游中也是如此。自达尔文和华莱士都提出他们各自关于自然选择的进化理论之后，生物学家们不断重返这些岛屿，以便获得更多新的灵感和洞见。通过他们的辛勤工作，我们可以发现，在过去的一个半世纪以来，我们关于进化的多数认知都可以从岛屿方面的研究中找到根源。

究竟是什么让进化生物学家们重返岛屿[9]? 我猜有两方面的原因。一是, 从科学家观测的角度看, 岛屿可以重复进行自然进化实验。每个海洋岛屿或者群岛都可以被看成一个独立的世界, 这里发生的一切进化活动均与外界无关。这也就意味着通过岛屿之间的对比, 我们可以了解到进化的潜力及可预测性。进化是否会一次又一次产生相同的最终结果呢? 对于变色龙和柑橘属蜗牛而言是这样的, 但是这种现象是否真的具有普遍意义呢? 进化多样性的结果如何演变? 通过对比孤立岛屿的动植物群, 研究者们试图弄清这一切。

二是, 岛屿实在是太酷了! 我并不打算详述岛屿的美景与氛围, 但岛屿之间那些丰沛的、不可思议的、不同寻常的动植物真的是太让人着迷了! 打个比方, 新喀里多尼亚是南太平洋岛屿上的一条山脊, 其古铜色的山坡被雨林覆盖。灌木杂草之间栖息着很多奇妙的生物: 夜行壁虎和我的前臂一样大小, 机智的乌鸦们正在用棕榈叶制造工具, 无油樟是一种来自花端的古怪植物, 尖尾巨陆龟头上有犄角, 还有陆生鳄鱼, 等等。(不过令人遗憾的是后两种动物被第一批新加里东人消灭了。)

岛屿充满了新奇谜趣。但是在岛上进化出的所有疯狂的生物中, 我最喜欢的莫过于来自贝德罗克的生物。鹅卵石郡的贝德罗克是弗莱德·弗林斯顿和巴尼·儒伯的故乡。见多识广的读者们应该能回忆起《召唤摩登石头人》中那个梦幻时代的许多先进技术——脚踏车、翼龙推进飞机、鸟喙留声机以及雷龙起重机, 但最有意思的还要数轮子上的猛犸象做成的真空吸尘器。

《召唤摩登石头人》的传奇创作团队威廉·汉娜和约瑟夫·芭芭拉应该是从古希腊克里特岛的侏儒猛犸象身上汲取了创作灵感。这些小型猛犸象的肩胛骨不到 4 英尺高，仅重约 500 磅，也许只有猛犸象祖先体重的 3%。

不过汉娜和芭芭拉的创作来源也可能是其他岛屿，因为小型厚皮动物并非克里特岛所独有。小型獠牙动物在不同时期世界各地的岛屿上都有演化的历史，其中的一些动物进化过程充分，已和现代智人处于共生状态：它们出现在马耳他、科西嘉岛以及阿拉斯加海岸的圣保罗；在弗洛雷斯，它们和科莫多龙生活在一起；甚至在南加州海岸的附近群岛也有它们的身影。

图 16　马耳他和科西嘉岛的侏儒象，在几千年前幸存下来，繁衍至今

有几方面的因素值得我们注意。首先，演化出此类较小的物种会付出不小的代价。又有谁不想拥有一只设得兰矮种马大小的厚皮动物作为宠物呢？如果换作是我，我肯定会要两只！其次，侏儒象也是趋同进化的典型。如果将一头象置身岛屿，只需等待足够的时间，我们就会发现这种不可思议的进化现象。

侏儒象带给我们的不仅仅是印证趋同进化的又一实例，就是说趋同进化是指某一特定的动植物种类在应对相同的条件因素时将以相同的方式进化。

更为重要的是，小岛大象的进化揭示了更为普遍的进化规律。这种规律已经不限于特定集群，而更加适用于许多大型哺乳动物。在地中海及其他岛屿上进化出了侏儒河马，在泽西岛上栖居的麋鹿在数千年后的今天，体形已缩小至其祖先的83%，甚至还有17 000年前印尼岛上出现的3.5英尺高的原始人（也就是霍比特人，或者更具体地说，是弗洛里勒斯人）。把大型哺乳动物[10]放在岛屿上，那么它们很有可能会变小，有的甚至干脆变成了微型物种。

对于空中飞行的动物来说，在岛屿上进化的趋势使得它们的飞行能力逐渐丧失。它们的翅膀逐渐变小，一些部位逐渐退化，有一些鸟类则是翅膀完全消失了。去飞行化的进化方式在全世界的岛屿都反复出现过：比如毛里求斯的渡渡鸟，群岛上的秧鸡（一种看起来像鸡和苍鹭杂交的小鸟），夏威夷和留尼汪群岛上的朱鹭，岛上的各类鹦鹉，加拉帕戈斯群岛的鸬鹚，以及其他众多的同类，包括鸭子、鹅、鹦鹉、猫头鹰和猎鹰。飞行能力的损失可不单单限于有羽毛的生物，岛上的许多昆虫——甲壳虫、蜈蚣、蛾子、蟋蟀和黄蜂，也在进化过程中悉数"落地"。

大型哺乳动物开始变得越来越小，鸟类和昆虫的翅膀也在逐渐退化。人们可能会认为岛屿是消亡性进化的悲苦之地，但我们不能一叶障目。还是有一些生命体在岛屿上的体形在不断变大的，比如植物就是典型的例子。树种通常不具备远距离越洋传播的能力，因为它们的个头还是太大。因此，很少会有大陆的树种传播至岛屿。① 这也就意味着新近

---

① 　在这里，椰子是一种例外，椰子是漂浮在海洋中的种子，在上岸时发芽。

形成的岛屿上缺乏高耸的植被。树木长出高耸的躯干是有一定原因的，这样它们之间不会被相互遮蔽，可以充分暴露在阳光中，最大限度地发挥其光合作用。因此，在缺乏树木的岛屿上，任何杂草或花朵只要比其他植物略高就能凸显其优势。我们应该可以想到，只要给出足够的时间，小型植物也能进化成树状，而这一切正在发生。在一个又一个岛屿上，那些原本在大陆只是灌木、野草或者小花类的植物已经进化成有树皮和主干的高大树木，而这些植物已经和大陆上的树木没有什么本质的区别了。

然而，并非所有的进化规律都与岛屿有关。这里还有两个非常著名的关于哺乳动物和鸟类进化预测论的例子，是说哺乳动物和鸟类的大小和形状是如何随着逐渐远离赤道而发生变化的。让我们回想一下熊的样子，从阿拉斯加棕熊到北极熊，都居住在遥远的北方。情况比较类似的还有西伯利亚虎，它的体形明显比其他同类及现存猫科动物大。19 世纪的德国生物学家将这一现象命名为贝格曼法则。这一法则描述了某一物种或者某一群密切相关的物种的体形大小有随纬度的增加而不断增加的倾向。

现在让我们画出一个北极熊的头部，仔细观察一下它的耳朵，你就会注意到北极熊的耳朵相当小。类似的体貌特征也普遍存在于其他的"北部居民"身上，比如北极狐的腿部就是明显变短的。相比之下，来自气候条件并没有那么严苛的红狐则长有更大的耳朵和较长的四肢，而来自非洲沙漠的耳廓狐的四肢则更长。19 世纪的美国生物学家将这一趋势命名为艾伦法则。这一定律阐释了哺乳动物和鸟类的附属器官（如臂、腿、尾等）相对于躯体而言在更高的纬度会变得更加短小。

不过这两个法则尚存很多争议，它们明显是很多例外情况的一般性概括。不过，人们普遍认为导致这些现象出现的主要因素还是温度。在北方，恒温动物通过自行产生热量维持较高的体温①，因此需设法尽可能地减少热量的损失。热量在动物身体的每一个细胞中产生，并通过动物的体表散失。随着动物越来越大，它们的表面与体积比率减小，热损失随之减少。更短小的附属器官对抑制热量散失也起到了助推的作用。相比之下，在气候较为炎热的地区，出现的问题刚好相反——动物们需要避免机体过热，因此需要更大的体表体积比，以及更大的附属器官。

我再讨论最后一个总趋势 [11]，这个趋势由达尔文在一个半世纪以前首次提出，他认为驯养的动物倾向于进化出一系列相似的特征。例如，驯养动物深色的皮毛之间通常穿插白色的点缀。此类花纹通常出现于小鼠、大鼠、豚鼠、兔子、狗、猫、狐狸、貂、雪貂、猪、驯鹿、绵羊、山羊、牛、马、骆驼、羊驼以及骆马身上。饲养的兔子、狗、狐狸、猪、绵羊、山羊、牛和驴都有耳朵松弛的现象；狗、狐狸和猪有卷尾现象。多数驯养的动物，包括猫和狗都比生存在野外的祖先进化出了更小的大脑。而且所有驯养的动物都变得更加温顺。

这些特征为何会反复进化仍不得而知。撇开驯化不谈，这些特征的出现并非人工选择的目的。从更普遍的意义上讲，饲养者们并没有试图培育出带有斑点的品种，他们也没有更偏爱垂耳山羊或是卷尾猪。相反，这些特征似乎只是其他进化特征选择下产生的相关结果。

一项在西伯利亚长期进行的实验 [12] 印证了这些特征的进化过程。20世纪 50 年代晚期，俄罗斯遗传学家德米特里·贝尔耶夫和柳德米拉·特鲁特从爱沙尼亚的一个毛皮农场购买了 130 只银狐。他们评估了这群狐

---

① 虽然我们在这里称之为"恒温动物"，但是这种称谓并不准确。最重要的原因在于，即使动物体内不会产生很多热量，也可以通过晒太阳维持较高的体温。

狸对人类的攻击性，并从中选择了最温顺的狐狸来饲养繁殖。贝尔耶夫和特鲁特用相同的标准对这群狐狸的后代以及后代的后代进行筛选。大约经过 60 年的培育，结果令人吃惊，银狐表现出了摇尾巴、喜爱被抚摸腹部等特征，此时的银狐表现得更像狗而非狐狸。实际上，它们已经符合被收养的条件了。（当然，从西伯利亚运输银狐的代价是高昂的。）

除了这些行为上的变化，狐狸还进化出了以"驯化综合征"为特征的解剖学差异。多数狐狸的前额上开始出现白色的斑块，它们兴奋的时候会上翘尾巴，耳朵也像许多小狗一样柔软。

这些进化特征为何会在狐狸身上出现，或者从整个被驯化的动物角度来说为什么会出现这些特征，仍然有待破解。比较流行的一种假说是，选择性地驯化动物导致其激素发生变化，从而出现了更温顺的行为。不仅如此，激素的影响还在孕期调节胚盘发育方面起到了重要作用，进而对解剖结构产生影响。因此，对行为的选择导致激素的变化而产生无数其他可能的结果，导致一系列特征在驯化过程中有规律地进化着。

普遍存在的趋同进化现象、可复制的适应性辐射现象，以及更具一般意义上的进化法则都在告诉我们：进化决定论的证据似乎是无可辩驳的。康威·莫里斯和他的同事也许是正确的：进化以可预测的方式在重复进行着。

但是还有一个问题。大多数的证据，尤其是汇集了趋同进化和重复适应性辐射案例的长篇概要，都是以既有事实为基础的。这些不是我们为了测度进化的可预测性而进行的实验，它们甚至不算是一个无偏颇的样本。这些案例确实展现了进化在不断地重复发生。但是案例之外的情况会有吗？又会有多少呢？

第三章 进化的怪癖

茂密的灌木丛下不时传来阵阵呼哧呼哧的声响，一只毛茸茸的小家伙穿梭于漆黑的丛林之夜。它不断地移动位置，将鼻尖探入一个地方，随后又探入另一个地方，遍寻丰盛晚餐的芳香。丛林的黑暗似乎遮蔽了这个小精灵的视线，但是长长的胡须和敏锐的嗅觉依旧可以让它随意游走。一旦危险来临，它便以极快的速度腾身而起，滚过植被，穿越洞隙，随即消失在夜色当中。

其实这是一种很常见的生活方式。很多动物都喜欢在夜间的丛林里巡游，以相似的方式捕食小猎物：刺猬、鼩鼱和黄鼠狼均是如此，大一点儿的动物，像负鼠甚至猪也是这样。夜晚的世界是它们的天下。

但这只动物有点儿与众不同。其他动物是有毛发的。而这只动物皮毛柔软，覆盖了数百万根绵密的细丝，但却不是毛发。其他动物都靠四肢移动并在壮年诞下后代，但这位并非如此。

这种动物会抓、会探、会嗅，常常结伴成对出现，前后来回地呼唤着对方，在地区间不断穿梭，随时保持联系。就像男士们在电话中所做的自我介绍一样，它们也常常通过发出"叽喂，叽喂"的声音来标榜自己。

现在我们来到了新西兰，发现这种夜间食虫动物其实是一种鸟类。这种鸟的翅膀长有麻状斑点，它拥有猫状的胡须和柔软的羽毛。和其他鸟类不同的是，它的鼻孔长在嘴尖。很多人都称它为"名誉哺乳动物"。

图 17　几维鸟。插图由大卫·图斯提供

几维鸟还不能算是新西兰仅有的异类①。最为著名的是一种不会飞行的叫作"恐鸟"的巨型鸟类，最大的恐鸟直立于地面时可高达 9 英尺，重达 600 磅。还有一些不会飞行的鹦鹉也给人留下了深刻印象。阿兹比尔鹦鹉是一种可以攻击羊的肉食性鹦鹉，这种矮壮且不会飞行的鹦鹉是黑鸭的近亲，长有巨大的掠食性的喙。这里还存在着史上最大的猛禽——一种可以捕食恐鸟的鹰。但鸟类还算不上岛上仅有的怪物。还

_____

① 　实际上，在新西兰发现了 5 种和几维鸟相似或者有亲缘关系的鸟类。

有其他反常的怪物诸如缠结灌木，它的枝干蔓延在外，而叶子却长在内部；还有如汉堡大小的蜗牛，以及像老鼠一样大的装甲蟋蟀（可以称得上世界上最大的昆虫了）。新西兰这片土地上到处都充满了非比寻常的物种。①

　　然而更让人觉得困惑的是这里没有哺乳动物。岛上几乎找不到一片动物的毛皮。在这儿不能把新西兰海滩上所捕获的海豹算在内。仅有的本土哺乳动物是 3 种蝙蝠，但即使是这 3 种动物也有许多怪异之处。由于蝙蝠的四肢已经变为了翅膀，因此它们在地面上的时候常常显得非常笨拙。但是在新西兰可不是这样。短尾蝙蝠作为世界上最大的陆栖翼手目动物，它们在觅食昆虫、水果和花蜜时可以非常敏捷地奔跑穿梭于丛林地面。著名的生物学家贾里德·戴蒙德把它们称为"蝙蝠家族试图生育老鼠的一种尝试"[1]。

　　过去的 5 500 万年以来，哺乳动物一直统治着地球的陆地生态系统。而在新西兰则是另一番景象，这是一个没有哺乳动物的世界。哺乳动物的缺位由鸟类来填补，它们承担了本应由哺乳动物来承担的生态角色，不过它们在这里运用了不同寻常的方式。如果人们只是不经意地一瞥，几维鸟可能和鼩鼱或者獾差不多。但是这里主要的食草动物——现已灭绝的恐鸟以及不能飞的巨鹅，却和大陆的羚羊或者麋鹿有着天壤之别。肉食性的鹦鹉以及巨型重喙骨顶鸡取代了猫、狼、熊及黄鼠狼等常见的食肉动物。的确，捕食压力的释放可能导致昆虫、蜗牛和其他节肢动物的超大型化生长，以及蝙蝠的啮齿类化发展。鸟类主导的进化重演以不

---

① 不幸的是，大多数鸟类，比如恐鸟、阿兹比尔鹦鹉以及巨鹰等，均在上一个千纪灭绝了，大多数是人类的猎杀，以及生态系统的破坏导致的。

同于哺乳动物的方式展开。

新西兰并不是走上自己独特发展之路的唯一国家。虽然加勒比海变色龙以及扁蜗牛还在正常进化的范围内，但是这些岛屿上仍然充满了各种奇怪的进化现象。环顾全球，古巴有其独到之处。这里的猫头鹰差不多和一年级的孩子一样高，可以吃下幼年巨型地面树懒。可惜这种猫头鹰已经消失了。不过这里对于蜂鸟来说仍然是很好的家园。沟齿鼠是一种较为古老的哺乳动物，它的唾液有毒，长着长长的、灵活的、有须的大鼻子。豚鼠如小猎犬般大小，可以攀爬上树，会产生大量香蕉状的绿色粪便。

图 18   沟齿鼠

你甚至想象不到，在一些微型岛屿上也自有其非同寻常之处。豪勋爵岛位于塔斯曼海，这片新月状的小岛的面积只有 5.5 平方英里，是 6 英寸长的黑色树龙虾的家园。树龙虾名虽至此，但其硕大笨重的体格很难让人想象到它竟然属于纤细的竹节虫家族。在南太平洋的所罗门群岛上，螯尾蜥蜴看上去像是在模仿猴子的动作，它纤细闪亮，有 2.5 英尺长，它那可供抓握的尾巴可以用来防身，以保护自己在森林繁茂的华盖下寻找各种果实。圣赫勒拿岛在南大西洋非常著名，当年拿破仑曾被流放于此。但人们所不知道的是，几十年前，岛上还住着巨大的约 3.5 英寸长的蜈蚣，这种黑亮的昆虫尾端武装着一副 1 英寸的钳子，隐约让人想起《星际迷航》里的外星生物。大家应该都听说过印度洋毛里求斯岛上的渡渡鸟，这是一种不会飞的、胆大的、以水果为食的鸽类。渡渡鸟通常和雄性火鸡一般大小，3 英尺高，重约 40 磅。

在众多的小岛中间，夏威夷绝对可以摘得"进化古怪奖"的奖杯了。蜻蜓本应水生的幼虫到了这里却在陆地上生存；毛毛虫成了贪婪的食肉动物；果蝇舍弃了它最爱的水果，转而喜欢上了腐烂植物；还有一些果蝇长有锤状的头部，它们会像大角羊一样，用头顶头的方式捍卫自己的领地。

夏威夷的植物世界也同样充满不和谐的元素。很值得一提的就是阿鲁拉，它看起来"像一个被生菜头盖住的保龄球"。（因此它还有一个别称，叫作"棒上卷心菜"。）这种 3 英尺高的悬崖峭壁生植物——据一位著名的植物学家介绍，这种植物"与世界上的其他植物都不同"[2] 生长在考艾岛和莫洛凯岛北面的石缝中。阿鲁拉球茎状的根部利于随海风而摇摆，其坚韧多汁的叶子经受得住干旱和盐碱的严酷环境。

我们接着来看看马达加斯加。因其本土动植物的特殊性，马达加斯加有时也被称为"世界第八大洲"。我们先前已经讨论过岛上的蛙类和鸟类，现在我们还可以谈点儿别的：比如这里有侏儒河马，还有适应性辐射进化的狐猴，有的重达 75 磅，倒挂着像一只树懒，还有的狐猴像超大个的考拉 [①]；还有 10 英尺高、半吨重的象鸟（现今世上最重的鸟

---

① 在过去的 2 000 里，马达加斯加的早期人类殖民者和其他所有大型狐猴都灭绝了。

类）；还有世界上将近一半种类的变色龙汇集于此，它们不断地伸缩着两倍于身长的黏性舌头，诱捕着毫无戒心的昆虫猎物；还有如特大号比萨一样的魔鬼蛙；素食的鳄鱼；长颈甲虫；等等。马达加斯加岛上的植物同样非比寻常。不得不提到的一种植物是猴面包树，它高大挺拔，茎部有刺，它的奇特之处在于外观看起来像是倒栽在地面上，根须由树冠发散出来。作为动植物世界的联结者，这里的兰花花朵下长有 1 英尺长的管状结构，而恰有一种飞蛾 ① 长有同样长度的喙，正好可以插入花管底部吸食花蜜。

图 19　夏威夷的植物阿鲁拉

_____

①　这种飞蛾在进化生物学界非常出名，因为达尔文在研究了兰花的解剖结构后预测到了这种飞蛾的存在。

最后，我们来谈谈澳大利亚的各种奇观。鸭嘴兽、袋鼠、考拉这些动物放在世界上其他任何地方都会显得那么突兀。

把所有岛屿上的异象汇集在一起，我们能够得到什么结论呢？岛屿为另一种可能形成的进化路径提供了一些线索。生命的车轮如果沿着不同的轨迹发展，那么今天的世界看起来将会大有不同。如果哺乳动物在白垩纪末期和恐龙一起灭绝了怎么办？如今的新西兰给出了一个可能的答案。如果猴子和猿没有进化，那么灵长类动物的进化道路会指向何方？我们仅仅看看狐猴的多样性就自然会明白，而这一切，仅仅都发生在马达加斯加岛上而已。

地球上的岛屿就像是一本关于进化的"菜谱"。我们事先无从得知究竟从炉子中会烹制出什么样的食物。只要改变一下添加的原料或者只是改变一下添加原料的顺序，调大火候，倒掉一些成分，用一撮盐代替两撮，那么最终的口感就会完全不同。即使使用相同的食谱，看似无关无害的操作——比如用一种牌子的面粉代替另一种牌子的面粉，或者用邻居的厨房代替你自己的厨房——结果也可能会有很大的不同。如此看来，岛屿这本"菜谱"本就充满了各种机缘和偶然，最终结果的多样性告诉人们，想要预测一个既定的岛屿上会发生怎样的进化确实是一件相当困难的事情。你可能需要身临其境，不断探寻，但是你最好做好心理准备，因为你可能会得到1万种结果。

不过，一次性进化并非仅仅在岛屿上发生。自然界中充满了非凡的动植物，它们之间也没有出现相似的进化现象。我们来看看大象吧，还会有哪个动物用它的鼻子来捡东西，给自己洗个灰尘浴，或是亲切地爱抚一个家庭成员？我们再来看看弓箭鱼，它通过独特的视觉系统和口腔结构，可以精确地向目标喷射一道水柱，这能将树枝上的昆虫打落在水中，使其成为自己的腹中餐。在远距离攻击方面，流星锤蜘蛛可是常胜将军，它能分泌黏长的蛛丝，蛛丝底端还凝有一个黏性的小球。蜘蛛会像放牧人一样摇摆着蛛丝，而球状物会黏附在它碰到的任何不幸的蛾子身上。琵琶鱼的狩猎和繁殖方式也很奇特，雄性琵琶鱼要比雌性小得多，它们会咬住雌性琵琶鱼，分泌一种酶来消化雄性琵琶鱼的嘴唇和雌性琵琶鱼的皮肤，将二者的身体逐渐融合在一起。最终，雄性琵琶鱼其他的身体部位也逐渐消失，仅留下睾丸完成最终的使命。当然，说到独特性，自然少不了脑袋大、会用工具的两足动物了。可以说，生物圈充满了与各自生活方式相适应的物种。

康威·莫里斯和同事们已经列举了长长的趋同进化清单。由于没有相应的参照物，所以做起物种目录来本该比较容易。我们可以很容易地理解趋同进化，物种会以相同的方式去适应相似的环境。但是一次性、偶发性进化的特殊之处在哪里？为什么仍有一些物种没有趋同地进化出相似的适应能力呢？

有一种可能性是这些物种都生活在独特的环境中。它们之所以找不到可以类比的物种，是因为其他物种并没有在类似的环境中生活过。这种观点在考拉身上可以解释得通。考拉绝大多数时间都生活在桉树上，以桉树叶子为食，而桉树叶子充满了有毒化合物。经过漫长的进化后，考拉的消化系统变得惊人的长，为慢慢地分解树叶毒素和提取营养提供了足够的时间。消化过程之缓慢，加上树叶的低营养价值，意味着可供考拉消耗的能量并不富裕，因此它们需要把能量消耗降到最低，你可以看到白天的大部分时间它们都在睡觉。由于桉树只生长在澳大利亚，因此考拉的奇异性也是其独特环境的反映。

但我认为这种解释在多数情况下并不成立。鸭嘴兽 ① 栖居于东澳大利亚的溪流和湖沼中，捕食小龙虾和其他水生无脊椎动物。这些小动物经常扎根在水底，鸭嘴兽用嘴部的电传感器敏锐地感知和捕捉猎物的信号。当它们不在外闲逛时，它们会在河道底部挖出洞穴，用以休憩。

鸭嘴兽的生活方式在澳大利亚之外的地方并不少见。它们所生活的溪流，与圣路易斯市我朋友家屋后的那条溪流相差无几。而且北美的河流中也尽是小龙虾，很多区域的环境和鸭嘴兽的生存环境很一致，这里似乎也没有比澳大利亚水道中更糟糕的捕食者。那么鸭嘴兽的复制品怎么没有出现？或者说，为什么世界的其他地方并没有类似于鸭嘴兽般的动物进化？抑或是袋鼠，以及我所列举的其他动物，为什么没有在其他环境中出现？

关于偶发性进化的另一种解释是，自然选择的力量并没有人们所想象的那么大。也就是说，即使一些物种生存在相同的环境中，它们也有可能朝着不同的方向进化。

趋同进化的一个重要缺陷是环境施加给生物的影响，生物可能通过不同的方式来回应和解决。比如可以想象一下脊椎动物的游泳方式。动物都会摇摆尾巴产生推力，但并非所有尾巴的构造都一致。鱼尾垂直扁平，通过左右摇摆移动。鳄鱼以同样的方式游泳。但是鲸的尾巴是扁平的，靠尾部上下摇摆移动。其他动物，比如鳗鱼和海蛇，通过全身起伏移动。有一些鸟类，比如鸬鹚和潜鸟，可以用它们的蹼足后肢凶猛地划

---

① 在这里插一句，鸭嘴兽的英文复数表述形式有一定争议。但是也有不存在争议的地方，就是鸭嘴兽 "platypus" 一词源于希腊语 "平足"，所以说拉丁文中关于鸭嘴兽的复数表述形式并不准确。从理论上讲，希腊语中关于鸭嘴兽的复数表示形式是正确的，但是很少被采用。

桨，快速地在水下运动。另外，一些物种使用改良的前肢游泳，比如海狮的鳍和企鹅的翅膀。最让人感到惊讶的游泳者应该是树懒了，它长长的前臂已经进化得适于倒挂悬停，但是树懒游起泳来特别像澳大利亚人的自由泳。无脊椎动物则提供了更多的水下快速运动方式，比如章鱼和鱿鱼通过喷气推进等。

水下快速穿行的一系列不同的方式也带来了一个显而易见的问题：两个物种的特征究竟要在多大程度上相似，才可以被认为是趋同呢？鱿鱼和海豚是利用不同的生理结构在水下快速穿行——毫无疑问，它们并不趋同。一些水生鸟类的足部快速推动是另一种不算收敛的水下快速推进方式。

还有一些情况在界定趋同进化方面就显得不是那么清晰了。鲸和鲨鱼的尾鳍无论是在设计和作用上都非常类似，但为什么一个是尾部水平上下移动，而另一个是垂直左右摇摆？这些特征到底是反映了趋同进化的细微变化，还是说趋异的不同解决方式产生了相同的作用和结果？我怀疑大多数人会认为水平和垂直尾鳍根本就是相同的适应性解决形式。

让我们稍稍向前回溯一下并仔细想想，一些特征可以产生相同的功能性结果，但是在不同的物种之间则呈现了巨大的差异。动力飞行在脊椎动物中进化了3次：蝙蝠、鸟类和翼龙（恐龙时代征服天空的大型爬行动物）。这3种动物的前臂都变成了翅膀，以基本相同的方式通过向下轻轻拍动臂部结构来产生升力并向前飞行。

但是更加深入和细致的研究发现，这些飞行类脊椎动物的翅膀构造也不尽相同。最明显的差异在于气动表面。鸟类的翼面主要由臂骨处长出的羽毛构成，而蝙蝠和翼龙的翼面则是由薄而结实的皮肤组成的，皮肤在指骨和身体之间伸展，有时甚至可以延伸至后腿部。这 3 类飞行动物的翅膀骨骼构造也各有差异。

图 20　蝙蝠（最上）、鸟类（中间）、翼龙（最下）以前肢延伸的组成要素不同而进化出不同类型的翅膀。此外，蝙蝠和翼龙的翅膀表面以皮肤构成，而鸟类则是由羽毛构成的

　　如此一来，我们能认为鸟类、蝙蝠和翼龙的前臂改造而成的翅膀是为了适应动力飞行而产生的趋同进化吗？还是说它们代表了为动力飞行而演化的趋异进化的解决方式？

　　我们再来举一个例子。鲸鲨是海洋中最大的鱼类，它长达 60 英尺。鲸鲨的名字因其长相酷似须鲸而来。它和鲸一样是滤食性动物，通过吞咽大口海水并过滤得到细小食物。然而鲸鲨和鲸的相似之处仅此而已。接下来我们要看看它们之间的不同之处。长须鲸、蓝鲸、驼背鲸、灰鲸和其他种类的鲸，把水流推至上颌骨形成的梳状鲸须板，像水帘一样滤出水流，留下食物。任何大于鲸须间微小空隙的东西都会陷入鲸须帘的表面，而后被吞咽。但鲸鲨却以非常不同的方式过滤食物。水流被位于头后部两侧的鳃缝推出，由软骨组成的过滤板位于鳃裂隙中，这样水在鳃裂隙之间，穿过鳃，流进海洋。同时食物颗粒继续向后移动经过鳃裂隙，在喉咙中形成团块，随后被吞咽。因此，须鲸和鲸鲨虽然都是用巨型的嘴来吸水和过滤微小食物的大型水生生物，但是用于过滤食物的结构构成、部位，以及所发挥的作用都不相同。对于滤食性摄食动物来说，这些构造是属于趋同进化还是趋异进化呢？

简单地通过结构上的相似或者产生相同的功能来界定趋同和趋异进化是很武断的。我比较倾向于认为鸟类、蝙蝠和翼龙的翅膀是趋同进化的。那么，我也认为须鲸和鲸鲨总体上趋同，因为两者都有巨型的嘴巴，以过滤海水而得到的浮游生物为食。然而，我认为它们的滤食性结构是趋异的，是一种选择性的适应滤食性摄食的方式。不过说真的，在这些例子中还真的难以分辨对错。

然而在其他情况下，物种会进化出明显的趋异的表型，不过这些表型可以产生相同的功能。关于此类现象，我最喜欢列举的例子是生活于地下的啮齿类动物。有超过大约250种老鼠终其一生，都生活在地下，穿梭于自行构建的隧道中。掘洞的行为在啮齿类动物中反复进化，不过是以不同的方式完成的。很多啮齿类动物的挖掘方式很"规范"，即用前肢松土并抛到身后。这类动物的前肢结实而肌肉发达，爪长而有力。还有一些啮齿类动物用牙齿而不是爪子来去除土壤。你可以想象，这些啮齿类动物的牙齿长而突出，就算以啮齿动物的标准来看，它们的颌部肌肉和头骨结构也显得大而笨重。大多数牙齿掘进者用前肢向后刨土来清除障碍，但在一些啮齿类动物中发生了另一种变化，这些啮齿类动物用细长的、铲状的鼻子向上推动松弛的土壤进入隧道壁。挖掘者们多样化的生理结构为产生相同功能的趋异性适应提供了很好的例证。

趋异进化产生的结果可能另有其因。适应环境的功能会以多种方式呈现。举个例子，对于拥有捕食者身份的狮子来说，潜在的被捕食者应该怎样适应此类生存环境呢？一种可能的方式是进化出更强大的冲刺能力以便跑得过狮子，还有其他可能的方式，比如伪装、被动防御、主动防御等。由此产生的适应性结果显然是趋异的，比如大水牛的角、穿山甲的鳞甲和乌龟的背甲、黑斑羚的长腿、豪猪的尖刺、眼镜蛇的毒液及精确投射，以及丛林羚斑驳的毛皮等。

对于相同特定问题的多重解决方案可不仅限于防御。猎豹和非洲野狗捕猎相同的猎物，但是猫科动物以短时间极快的爆发速度取胜，而野狗虽然奔跑速度较慢但是时间持久，可以充分耗尽猎物的精力而最终把它们击倒。两种动物的适应性条件也各不相同，猎豹的腿很长，脊椎很灵活，因此能达到每小时 70 英里的奔跑速度；野狗的巨大耐力使它们能够保持每小时 30 英里的稳定速度，用足够长的时间让猎物疲劳。（猎豹只能在短距离内保持冲刺的速度。）

一些动物为了适应环境，会去吸食花蜜。而植物则通常会产生有甜味的含糖液体来"贿赂"昆虫、鸟类和其他动物，以帮助自身繁殖。当一只动物把它的头或整个身体伸到花朵中吸食花蜜时，它就会被花粉覆盖。当这只动物进入下一朵花时，一些花粉便从它身上脱落并使植物胚珠受精。

许多花都长有很长的花管，花蜜贮存在管底，这样，植物就可以将采集花粉的物种限制到一种或几种特定的动物身上，例如长着长喙的蛾子和长着类似长喙和舌头的蜂鸟。由于它们的适应性，这些物种可能不会造访其他类型的花，从而限制了花粉在不同种的植物中脱落，减少了不必要的浪费。

但并非所有的食客都遵守规则。一些昆虫、鸟类和哺乳动物会在花的基部咬一个洞，绕过花瓣和花粉，因此最终也不能维持它们共同进化的"约定"。为了做到这一点，这群花蜜窃贼通常会进化出非常不同的适应性器官。这些物种并不需要将长舌头和口器伸至长管的底部，相反，它们进化出了能够撕开花壁的能力。为了达到目的，一些蜂鸟的喙长出了锯齿状的边缘，这种被称为花纹穿孔机的鸟在喙的上部还有一个尖钩，可以用来切花。

我们从这些实例当中可以看到，通常存在多种进化选项来应对环境带来的挑战。但正是因为只是存在多种可能性，而不是所有可能性，因此不是所有的可能性都会进化。康威·莫里斯和同事们认为通常会存在某种最优选项，正是由于这个选项使相同的特征一次又一次地趋同进化。然而，趋同并非总是发生。为什么自然选择不喜欢每次都进化出相同的特质呢？

也可能是由于这两种或更多的特质本质上是对等的。对于躲避捕食者这件事而言，伪装或者快速逃跑也许都能获得成功。或者一种方法在某一特定用途上比其他方法更加成功，但是相应的会以其他方式付出代价来平衡其优势。快速逃离接近自己的捕食者可能是更好的逃跑方式，但是伪装可以提高像蛇这样的动物伏击猎物的能力。当把生存和繁衍放在一起来看的时候，依靠伪装的个体，以及依靠速度的个体都能成功地将这些特质或者基因传递给下一代。也就是说，自然选择并不必然偏爱哪种特质。某种特质的进化可能只是一次偶然，一旦遭受捕猎，某种功能的突变便会在种群中发生。

　　还有一种可能是，特征性状的进化依物种最初的表征或者基因而定。一般来说，行为较为活跃的动物在面临捕食者的时候更倾向于进化出更快的速度，而安静少动的物种则倾向于进化出伪装的特质。无论哪种特质都没有比其他特征更为优越，但是进化的结果可能更加强烈地依赖于初始条件。

　　也许某种解决方案一开始是最优的，但是在一定条件下却可能演化为次优的情况。法国科学家弗朗索瓦·雅各布[3] 曾因其对 DNA 作用机理的研究而获得了诺贝尔奖。他提出了一种类比方式来解释为什么自然选择并不总是进化出具有完美设计的生物体。雅各布认为，自然选择并不像一名工程师那样，可以立即对问题采取最优的解决方案；相反，他认为自然选择更像是一名修补匠，会试图利用手边一切可以利用的材料，提出切实可行的方案来解决问题。这个方案并不一定是最优的方案，但一定是在当时的环境下最为合适的方案。

　　现在让我们来想象存在这么一种鸟类，它发现自己在一片充满游鱼的湖区。它可能会潜入水中吃一顿鱼餐。一段时间之后，它开始适应更多水生生物的存在，进化出像鸬鹚一样巨大而有力的后足，或者把它的翅膀塑造成像企鹅那样的鳍状物。我们假设它想要快速而敏捷地游泳，最好的方法是用一条结实的、肌肉发达的尾巴在水中上下左右摆动，而这也是游得最快的动物所采取的动作。但是鸟类没有长尾巴，它们在 1 亿多年前的进化历史中就失去了长尾巴，只留下一小块融合的骨头。（鸟类的"尾巴"仅由羽毛组成，而不是骨头。）这里并不是说重新进化出长尾巴是不可能的，而是自然选择这名修补匠似乎不太愿意走这条路。鸟有翅膀和脚，可以提供一些推力。自然选择似乎更有可能提高这些现有结构的游泳性能，而不是从头开始进化出一种新的结构。即使这些重塑的鸟类最终有了尾骨，就算看起来像是鸟类和鳄鱼的杂交体，它也可能是一个更好的游泳者。

如果鸟和鳄鱼的杂交体能更好地适应环境，那么为什么会游泳的鸟类不能继续朝着这个方向进化呢？答案可能是由于一些中间因素的影响，有时你无法真正达到目的地，从一种适应形式进化到另一种适应形式可能相当困难。一条长而有力的尾巴可能对快速推进很有帮助，但是尾巴的短襟可能会妨碍游泳，在实际情况中降低游泳性能。自然选择并没有先见之明，它不会倾向于发展有害的特征，只是因为它通常是通往最优路径的早期步骤。相反，对于一个通过自然选择进化的特征来说，一路上的每一步都必须是对之前特征的改进——自然选择永远不会倾向于更坏的条件，即使它只是一个短暂的进化阶段。

因此，物种可能最终会陷入次优适应结果。无论出于何种原因，它们的祖先没有走上最佳的适应性道路。自然选择推动了物种的发展，物种也适应了自然选择，但这种适应并非如预期中那样美好。这种推理强调了偶然性在决定进化方面可能发挥的作用，以及为什么物种在面对相同的环境时有可能无法趋同进化。物种的祖先在基因和表型上的差异，或者碰巧发生的突变都可能导致物种以不同的方式去适应，甚至有时会以较差的方式来适应。

依照这个逻辑，我们可以想象，两个始祖物种越相似，它们就越有可能在面临相似的选择条件时以相同的方式进化。而这一切刚好正在发生。趋同反复出现的典型实例往往发生在密切相关的物种之间，这并非巧合。安乐蜥已经 4 次进化成为同样的"栖息地专家"，但并没有其他类型的岛屿蜥蜴与安乐蜥趋同。两种近乎相同的喙海蛇有着相同的基因。壁虎的黏性趾垫已经进化了 11 次，而在其他 6 000 多种蜥蜴中只进化了 2 次。并非所有趋同的情况都涉及近亲进化[4]，但最近的统计分析证实，趋同进化在近亲物种中更为常见。

当比较相同物种的种群时，亲缘关系较近的种群之间的影响尤其明显，当暴露于相似的环境时，这些种群常常重复地进化出相同的特性。我在第一章中提供了许多例子——沙丘上的老鼠、洞穴鱼、有毒的蝾螈和它们害怕的捕食者蛇类及人类。

三刺鱼[5]体形很小，通常只有 2 英寸长，被发现于北半球北部的沿海水域。这种细长的鱼最显著的特征是 3 根高高的棘刺沿着背鳍前面的背部排列成一条线，与本应是骨盆鳍的位置下面对应着另一条脊椎。对于这些海洋居民而言，捕食是一个巨大的挑战，因为这些棘刺不仅仅会保持直立状态，而且鱼身两侧也武装着骨板，一些鱼身上竟有 40 块之多。

北半球大部分地区在最后一个冰河时期被冰川覆盖。大约 1 万年前，冰川融化，新的溪流汇入大海。刺鱼和鲑鱼一样，在淡水中繁衍，当地的种群又迅速壮大起来。

但是后来的情况再次发生了变化。当一堆 1 英里高的冰块堆积在地上时，土地就在重力的作用下下沉。但是一旦冰块被移除，陆地就会慢慢地回弹上升。如今的加拿大便是如此，结果一些河流由此被切断成了内陆湖。因此，一些早先的栖居海洋的刺鱼便困居于此。

其实还有千千万万条河流面临相同的状况，在北美西海岸地区更是如此。这些河渠从地质角度上看是比较新的，而且并没有栖居太多物种，也就是说，很少有其他的海洋鱼类和刺鱼生活于此。结果，刺鱼这群新生的湖泊物种发现自己生存在一个全新的环境中，并且几乎不存在天敌。

结果，在湖泊中的刺鱼种群由于相互隔绝而独立进化着，进化的平行关系也因此发生了改变。那么为什么还要浪费时间和精力去构筑防御系统来对抗根本就不存在的鱼类天敌呢？这些种群在趋同进化中逐渐失去了身上的骨板，它们的脊柱也开始萎缩。遗传研究表明，进化的并行性已经延伸到了基因领域；在跨湖区的种群之间，相同的遗传变化导致了防御骨板和脊柱的进化改变。

亲缘关系密切的种群或者物种之间普遍存在着趋同进化，这是可以理解的。近亲往往有相似的遗传表达，所以自然选择下可能有相同的遗传系统起作用。此外，近亲物种在许多表型属性上也是很相似的。

由于这些相似性，亲缘关系较近的物种和种群具有相同的进化倾向，更有可能以某种特定的方式进化。一些进化生物学家把这些倾向称为约束或进化偏见。这些偏见可以通过多种方式实现。最明显的是近亲的遗传相似性对自然选择提出了相同的目标，但也可能出现更细微的偏见。祖先物种的某种进化特征可能排除了一些进化选择，这迫使物种的后代以有限的方式进化。或者，祖先可以进化出一种特征，从而为第二种特征的进化铺平道路。正如分子生物学家现在提到的那样，这种协同作用将增强遗传进化的效果，即近亲物种都将进化出第二种特征，而这种特征基本上都源自始祖物种。

基于以上原因，相关物种在面对类似的选择压力时更倾向于进化出相同的性状特征。这并不是说远亲之间不能趋同进化（这确实发生过），只是不那么频繁而已。

我们来聊点儿别的话题。其实趋同并不必然是对同样环境适应的一种反应，甚至可以说它并不是适应的结果。原因是自然选择不是导致性状进化的唯一过程。有时，性状进化显得很随机，在一些小的种群中间更是如此。某种性状的进化可能是由于受到另一种与自然选择相关的特征的影响，或者是其他种群持续性迁移的结果。因此，如果两个种群由于非适应性原因恰好进化出相同的特性，则趋同进化的发生可能是一种巧合。这种非适应性趋同进化在近亲物种和种群之间应该相当普遍，因为它们具有共同的进化倾向。

蝾螈为我们提供了一个很好的例证。大部分蝾螈的脚趾数已趋同进化成了 4 根，而非始祖物种完整的 5 根。成年蝾螈的脚趾数是由胚胎发育早期的肢体中的细胞数量决定的。任何减少肢体发育的细胞数量的变化都会导致脚趾数量[6]的减少，比如细胞体积的增大或是整个身体尺寸的缩小。没有证据显示这种趋同进化性的脚趾减少是由自然选择驱使的：因为四趾物种并不存在于某个特定的环境中，而且脚趾数量的减少也并没有带来明显的好处。对于脚趾数量的减少，更合理的解释是由于非适应性的因素，可能只是一些物种偶然进化出了更大的细胞体积或是一些物种进化出了细小体形。

在理想状态下，我们可以直接验证自然选择引致趋同进化的假说。[7]相关数据的获取可以直接来自对自然选择的测度，来自对性状带来益处的详细分析，或是来自对物种进化历史的了解。即使只是观察到某种性状在相同的环境中重复进化，这也只是暗示了一种适应性解释——如果没有自然选择的参与，就无法预期性状进化和环境之间的相关性。不幸的是，有时我们对此没有任何相关信息。

我们不妨回想一下雷克斯暴龙。这个暴君残忍又可怖，但是它也有一个缺点，那就是它的前肢：只有两趾的前肢非常短小，甚至无法触及自己的嘴巴。科学家们对此提出了各种各样的假说，而且一种比一种疯狂。有人认为正是由于这种超级食肉动物的进食状态如此疯狂，才导致它的前肢变得很短，以防它意外地咬掉自己的前肢并吃掉它们；也有人认为短小的前肢是暴龙为了打盹后方便起身；还有种说法是雄性暴龙的前肢更短，目的是为了挑逗配偶。不用说，这些假说根本站不住脚。

最近，古生物学家在阿根廷还发现了新种肉食恐龙"星野戈瓦里龙"①。该种恐龙的肢体同样脆弱，前肢呈双趾。虽然我们还不太能理解为什么这种性状特征会同样出现在这两个物种身上，但是相关研究论文告诉我们，"这里面显然有一些适应性的优势条件[8]，因为我们在不同的兽脚类血统中多次看到了它"。

但实际情况也可能并没有想象中的那么显而易见。趋同进化并不必然证明物种共享某种性状特征是自然选择的结果。暴龙和星野戈瓦里龙可能只是碰巧都进化出了短小的前肢。假设我们知道为何短小的前肢都只有两趾，而两趾究竟能够带来什么好处，或者说自然选择为何支持两趾的出现，那么我们就有理由认为趋同进化是适应性的。但是由于数据的缺乏，我们还不能假定自然选择就是这一切的真正起因。

最后，我想用一个脏兮兮的案例来证明导致进化趋异的几种不同路径。这个案例主要涉及在木材中取食昆虫幼虫的物种。几乎人人都知道啄木鸟是如何在树干上钻洞的，它以每秒 20 次的频率用头部高速撞击树干。② 但很多人不知道的是，啄木鸟一旦发现了猎物，究竟是如何进食的。它们主要是利用了自己细长的长有刚毛的舌头。由于舌头太长，

---

① 这些恐龙化石于 2007 年在阿根廷北部巴塔哥尼亚地区被发现，由于遇上困难，团队的分析推迟了。团队把土语"Curse"加上首次发现化石者的名字，把这种恐龙命名为"Gualicho shinyae"。目前暂无对应中文学名。——译者注

② 出于这个原因，现在脑震荡研究人员正在研究这个课题。

当无须取食时，舌头便缠绕在脑壳后方，当树洞被挖深之后，啄木鸟就会用舌尖的刺勾住猎物，然后拉出来。

这是一套非常精妙的进食技能，实际上啄木鸟科动物并没有垄断这项捕食技能。啄木鸟的踪影近乎遍及全世界，但是它们没有越洋能力，因此在澳大利亚及其他许多岛屿上并没有啄木鸟存在。由于啄木鸟的缺位，其他的物种也进化出了捕食昆虫的能力，但这些物种的捕食方式还是和啄木鸟有所不同。因此，我们看到的是，对于从树木中捕食昆虫这个问题，物种并非趋同地进化出同一种解决方式，而是出现了一系列不同的路径。

在夏威夷群岛，格鲁斯特是一种非常可爱的鸟类，这种鸟雄性的头部是黄色的，雌性的头部是橄榄色的，长有非常奇特的喙。更准确地说，应该是多个喙！因为这种鸟喙的上半片和下半片是完全不同的。下半片喙短小结实且挺直，可以用于掘洞，就像啄木鸟那样。但是与啄木鸟用舌头捕食不同的是，镰嘴雀有着修长的下弯的上半片喙，长度近乎是下半片喙的两倍。上半片喙主要用于伸入洞穴内部，将猎食的昆虫撬出。

在新西兰，这样的变化对于当地的鸟类来说还是有很多的。垂耳鸦就采取了一种非常不同的雌雄分工的形式。雄性垂耳鸦通常会像啄木鸟一样用强壮的喙凿烂木头，捕食昆虫；雌性垂耳鸦的两片喙都和镰嘴雀的上半片喙一样细长、弯曲，可从较深的洞穴中捕食昆虫。曾经在一段时间内，人们认为雌雄垂耳鸦会合作觅食，雄性钻洞，雌性捕食，但这个想法似乎是对原始科学报道的误读。现在人们意识到这种鸟类的雌雄两性是分开觅食的。只可惜这种鸟在 20 世纪某个时期灭绝了，所以想要更深入细致地研究是不太可能了。

图 21　不同的鸟类以不同的方式捕食昆虫（从上到下依次为：垂耳鸦、镰嘴雀、啄木鸟、拟䴕树雀）

　　可能正是最不起眼的喙展现了鸟类对于这种生活方式的适应。加拉帕戈斯群岛上的拟䴕树雀是达尔文雀族的成员。它有着相当标准、笔挺的喙，既不十分强壮也不十分修长，可以说是不长也不短。这种喙既不够强硬到足以锤击，也不能十分娴熟地探食。不过这都不重要，因为拟䴕树雀并不用喙来攫取食物——至少不是直接用喙。这种雀鸟的嘴里衔着一根大小合适的棍子，像黑猩猩从土堆中捕食白蚁一样，把木棍伸入洞穴或缝隙中，不断地搅动木棒，进行刺探和诱骗，直到将昆虫幼虫哄骗出来，迅速吃掉。而且这些雀鸟和黑猩猩一样不会盲目去用遍地都是的木棍。相反，它们会仔细地选择工具，有时还会精准地修裁和调整工具，使之更易使用。

通过这些例子，你可能会认为，从树木中掘洞捕食是只适合于鸟类的生活方式，但你错了。在马达加斯加这片充满了进化奇迹的岛屿上，掘洞捕食的物种可能是最超乎寻常的。在那里，拟䴕树雀的生态位并不是由另一种鸟类占据，而是灵长类动物。你能想象得到这是怎样的一种灵长类动物啊！这种名叫指猴[①]的夜行性灵长类动物有家猫般大小，看上去像是从恐怖电影里走出来的动物一样：闪闪发亮的黄眼睛，又大又软的黑色耳朵贴着浅色的脸，宽大的面颊上长着又窄又短的嘴，从头顶和面部两侧杂乱地生长着稀疏的灰色毛发，看上去就像是阿尔伯特·爱因斯坦和尤达的混合体。然而，与著名物理学家或绝地武士不同的是，指猴长有一对巨大的不断生长的门牙。指猴更令人噩梦丛生的特征是其细长的骨质中指，它能够向任何方向旋转。就是这一特点，让古老的马达加斯加祖先认为它是拥有魔法的怪物。

指猴捕食昆虫幼虫的方式真的很神奇。它先用长长的手指敲击树干，大耳朵像雷达一样解析回声，通过敲击声叩诊木头中空的内部空间。一旦可能存在昆虫幼虫的隧道被锁定，指猴就利用它的门牙直接咬开木头至中空部位。一旦洞穴被打开，狐猴的长指伸进来，先向一边扭动，再向另一边转动，直到爪子钩住昆虫幼虫并拔出，之后送入口中。当用手指和牙齿就能完成任务时，谁还会需要一个精美的喙呢？

---

① 指猴，狐猴的一种。——译者注

图 22　指猴

　　自然选择在面对同样脏浊的问题时为何产生了不同的解决方案？可以想象，昆虫的幼虫随地而异，捕捉陆地昆虫幼虫的最佳方式是啄木鸟的方式，加拉帕戈斯群岛的昆虫幼虫容易被树枝欺骗，而马达加斯加的昆虫幼虫在大耳灵长类动物面前则显得脆弱不堪。我们不排除有种比较乐观的可能，即每个物种都进化出了捕食当地昆虫幼虫的唯一最优方式。但我想在这里介绍另外两种更为合理的解释。

　　一种可能的情况是这种差异是随机进化而来的。也许啄木鸟的祖先获得了一次突变，导致生长出长而尖的舌头，而拟鹨树雀的祖先经历了某种突变，促使它们拾起树枝并伸进洞里。换言之，无论哪条路径都没有优劣之分，而任何突变的发生都可能仅仅是运气使然。

　　第二种可能性就取决于历史因素了——物种面对自然选择的反应有赖于它过去的进化方式。让我们回想一下指猴，它是狐猴家族的成员。

灵长类动物和所有哺乳动物一样，它们的嘴是由骨骼、皮肤、肌肉，通常还有牙齿组成的。[①] 更不用说进化出像鸟一样坚韧尖利的喙对于哺乳动物来说将是一个艰难的进化壮举，修改诸如用门牙咬穿木头之类的遗传基因更是难上加难。反过来，鸟类也已将前肢改造为适于飞行的结构。对于它们而言，指骨已无法改造成像指猴那样的钩状结构了。

这些究竟告诉了我们什么？趋同进化是否普遍存在，是生物世界内在结构的一种表现，是在可预见的自然选择主导下，必将走向环境注定的结果吗？还是说趋同进化的例子只是例外，只是在某个随机世界中对生物可预测性的一种最优例证？在这样一个随机的世界中，几乎所有的物种都不存在进化相似性。

康威·莫里斯和同事们将趋同进化推向了前沿。我们都知道趋同是自然历史的一个巧妙的把戏，是自然选择的有力印证。但康威·莫里斯和同事们让人们清楚地看到进化的重复性远比我们所认知的更多。我们现在意识到进化重复在自然界中经常发生，我们周遭都是鲜活的实例。但这还不够普遍。生活在相似环境中的物种似乎并不经常产生趋同的适应性。

关于这一点，我们需要超越现有的历史模式，记录更多支持和反对这些观点的例子。我们需要问清楚，我们是否真的了解趋同进化为何仅发生在一些情况下，而在另一些情况下不会发生；如何去解释趋同进化发生与不发生的程度；为什么双足跳跃的啮齿动物在世界各地的沙漠中独立进化，而袋鼠只进化过一次。为了弄清楚这些，我们需要给我们的清单中增加更多额外的例证。我们应该直接验证进化决定论假说。

---

① 一小部分哺乳动物如食蚁类是没有牙齿的。

实验方法已经成为 20 世纪许多科学学科的标准，而且理由十分充分。通过仔细改变其中一个变量的同时保持其他条件不变，我们便可直接测得因果关系。非实验性研究由于缺乏对照，任何一个变量都可能导致研究对象间的观察差异。

不过，进化生物学在这场实验竞赛中起步较晚，进化的滞缓节奏令实验的设想无法实现。现在我们知道这个观点是错误的，进化也可以很迅速。实现迅速进化为进化论的研究打开了一扇新的大门。

到目前为止，我们一直在翻找自然史的抽屉，我们不断地回顾过去，想要弄清楚过去发生了什么。但现在是时候向前看了，我们需要利用实验的力量来研究进化在偶然和必然之间所扮演的角色了。

第二部分

野外实验

第四章　并不缓慢的进化变革

很少有人知道达尔文是一位伟大的实验家。当实验法尚处于科学初期的时候，达尔文就已经开始通过实验，观察种子能否在盐水（或一些罐头）中存活，植物如何向光生长（生长期植物的顶端是关键），以及蠕虫是否对音乐有反应了（大部分情况下，它们并不会有反应）。但达尔文从未设计过一个实验来检验他最伟大的想法——自然选择进化论。

对这种行为不一的解释很简单：进行这样的研究似乎毫无意义。达尔文认为进化是以冰川（的运动）速度发生的，速度如此之慢，以至于它的进展只能在亿万年的时间范围内才能被探测到。他在《物种起源》一书中说："我们看不到正在进行中的缓慢变化，直到时间之手在漫长的岁月流逝中留下了印记。"一个进化实验需要几千年才能产生结果，时间太长，因此不实际。据我们所知，达尔文从未考虑过做这样的实验。

达尔文的科学成就相当惊人。他弄清了珊瑚礁的形成，以及蠕虫在疏松土壤方面所起的作用，当然，在这期间，不仅进化正在发生着，而且自然选择是其主要的驱动力。所以，如果达尔文说进化的速度如蜗牛一般，请不要觉得奇怪，因为100多年来，这个领域的研究者就是这么认为的。

当然，在达尔文的时代，还没有关于进化速度的实际数据。没有人外出研究特定种群，看它们是否随着时间的推移而变化。相反，达尔文的观点是基于地质变化速度的传统观念，以及维多利亚时代对现代生活低创新率的敏感性得出的。

然而，在过去的半个世纪里，我们知道达尔文犯了个错误。进化有时绝非在缓慢地不知不觉中进行，甚至还可能经常以光速进行。与达尔文所想的相反，自然选择的力量可能非常强大，而且一旦发生，种群会在短时间内发生实质性的变化。

我们对进化变革速度的理解发生彻底性的转变源于几种不同类型的数据，所有这些数据在20世纪中叶均有实际意义。也许最具影响力的要算19世纪英国著名的斑点蛾的故事了。

斑点蛾不太常见。这是一种灰白色的小蛾子，体形和夏夜在门廊灯旁飞舞的蛾子一样，它的名字源于翅膀上点缀的黑色小斑点。谁会想到这样一种不起眼的鳞翅目昆虫会成为进化的象征呢？

但它确实做到了。200年前，斑点蛾不负其名，通身灰白，附着黑色绵密的斑点。当然，偶尔的突变也会让其产生不同的颜色和图案，但这些情况通常不会持续很久。原因很简单：斑点蛾大部分时间在树上栖息，它们的翅膀伸展且扁平。英国的树木也有着和斑点蛾相似的外表。正常情况下，斑点蛾可以很好地与树干混为一体，那么突变者就会显得格外引人注目，坐等任何眼光敏锐的鸟类来寻食这顿美味的午餐。

然而在19世纪中叶，工业革命改变了人类和飞蛾的世界。对人类来说，这种影响是多种多样的，导致社会的进步和剧变。对蛾类来说，结果就简单得多：在工业中心和顺风地区，树木被工厂炉中喷出的黑烟包裹。对于一个浅色蛾子来说，这是个不小的问题。此前它们可以伪装得很好，现在却很容易暴露在黑色的树干上。

图 23　斑点蛾

　　19 世纪的蝴蝶和蛾类收藏家的形象十分滑稽。想象一位彬彬有礼的博物学家的样子，他穿着宽松长裤和羊毛西装，系着领带，也许还戴着眼镜和羊毛帽。现在想象一下这样一个人正疯狂地挥动着蝴蝶网，追逐一只波状鳞翅目昆虫，通常会在最后一刻失误，让昆虫躲闪逃走。

　　那时，蝴蝶和飞蛾的收集非常流行——无论是聚会、社群，还是时事通信，都会谈及此事。每当有了新发现，都会成为轰动一时的新闻。每一个新奇的发现都会被尽职尽责地刊登在诸如《昆虫学家月刊》和《昆虫学家记录和变异杂志》等刊物上。借此，我们可以很好地了解何时何地飞蛾出现了黑色种类，以及它传播的范围和速度。

　　第一批深色飞蛾是在 1848 年英国中部的曼彻斯特被捕获的，随后，人们在 1860 年的约克郡捕获到第二批。此后不久，人们在更远的北部和南部地区都发现了它们的踪迹。到 20 世纪 50 年代，英国大部分地区都发现了深色蛾子。在工业区和顺风区，这一种群几乎全部由深色个体组成。

　　虽然科学家们从 20 世纪初就开始研究黑色斑点蛾的传播形式，但在相当长的一段时间内，这种快速进化转变的重要意义并没有受到太多的重视。不过当英国一位由医生转行而来的昆虫学家伯纳德·凯特维尔[1]进行了一系列经典实验后，情况发生了变化。凯特维尔在乡村和工业区的树林中同时释放了两种斑点蛾之后，又尽可能地将其捕获。他的研究表明，在靠近工业区的树林中，深色飞蛾的存活率明显更高——该区域中的树木均被烟灰染成了深黑色。相比之下，在更原始的农村地区，典型的灰色飞蛾更容易存活。并且额外的研究证明了媒介选择的重要性。通过将不同背景下的飞蛾呈现在鸟类面前，凯特维尔证实了鸟类更擅于捕食那些与背景颜色有差别的飞蛾。

　　这些研究很快成为自然选择的教科书范例。实验证明[2]，自然选择的压力较强时，结合几十年来颜色快速变化的历史记录，可以清楚地表明自然选择的进化可以快速进行。①

---

① 斑点蛾的故事这里还需要 3 个辅助说明。第一，深色飞蛾的故事还有令人欣喜的下半段。为了应对 1952 年"伦敦雾"事件，1956 年，英国通过了《清洁空气法》，污染水平迅速下降，深色蛾子出没的地区也是如此。今天，深色飞蛾在大不列颠已经不太常见，在某些地区甚至已经完全消失。第二，这个故事是趋同进化的极好例子。斑点蛾不仅仅出现在英国，而且遍布北半球，在其他地区，黑蛾出现的频率也是先上升，后下降。在北美洲，这种情形被特别详细地记录下来。在大洋的另一端所发生的情况几乎是一样的。洲际趋同进化有了更深入的成果：相同的基因突变导致了英美两国蛾子出现了深色种类。第三，最近几年，人们多次试图怀疑斑点蛾的故事，创造论者的呼声尤其强烈。的确，按照当代的标准，凯特维尔的方法是很原始粗鲁的。在过去的 60 年里，自然选择的研究取得了巨大的进步。尽管如此，其他科学家最近的研究却有力地重申了凯特维尔的发现。

在凯特维尔进行实验的同时，科学家和公众开始意识到他们周围的世界正在迅速进化。青霉素这种"神奇药物"被寄希望于开创一个没有传染病的未来，在"二战"期间首次被广泛使用。但也几乎是同时，葡萄球菌产生了耐药性。到20世纪50年代中期，青霉素在健康方面的大部分功能已经消失。

在这之后，随着每种新抗生素的开发，细菌都会迅速进化出耐药性：四环素于1950年被引入，耐药细菌在9年后出现；红霉素于1953年被推出市场，1968年检测出耐药性；甲氧西林在1960年被推出后仅仅两年便检测出了耐药性。快速的进化这一现象对公众来说是十分明显并深切地影响了人类的生活。

在微生物使抗生素失去效力的同时，各种有害物种也对我们新开发的杀虫剂和除草剂采取了同样的行动。1950年，田旋草被发现是第一种对除草剂产生抗体的植物。不久，许多其他植物也加入其中。这些植物对我们的化学物质变得毫无反应，其中一些变化的速度几乎与新除草剂的开发速度一样快。

动物害虫也是如此。"滴滴涕"在第二次世界大战中被广泛使用，在20世纪40年代早期发现了首例抗药性证据，到20世纪60年代，抗药性已经普遍存在。老鼠在1958年被检测出对灭鼠灵产生抗体，而当时，灭鼠灵仅仅推出了10年。总的来说，已知对某种杀虫剂有抗体的昆虫数量从1938年的7种增加到1984年的447种[①]。快速的进化造成了数十亿美元的损失，在一些地方甚至造成了饥荒和灾难。

斑点蛾、微生物、害虫都为我们提供了一些佐证。到20世纪中叶，

①　根据2008年的最新统计，这个数字为553。

思潮正转向达尔文的缓慢进化观。但这里仍然有一个大问题。达尔文一直在谈论自然界中的进化。刚才讨论的所有例子的一个共同点是，它们都涉及物种对于人类引起的根本性环境变化的一种反应。不管是面对空气污染还是接触具有毁灭性的有效药物，在此情况下，这些物种都面临着空前强大的选择压力，这与它们以前经历过的任何情况都不一样。而且，这些强烈的选择压力通常不是短暂的；相反，选择压力在接下来的年份中都同样强烈和漫长，并不像过去那样，如何进行选择是自然的一种行为。但请不要忘记，这次很少有来自实地研究的数据做支撑。

20 世纪 20 年代以来，遗传学家已经证明，果蝇和其他动物在实验室环境下受到强而恒定的选择性压力时能迅速适应。类似的压力性选择导致了新的动物品种繁育和农业作物的发展。斑点蛾、抗药性微生物及害虫可以简单地被看作自然界与实验室和农业研究的类比。我们已经从这些人工选择研究中知道，当人类持续地选择性施压时，物种种群能够迅速适应。这些新的例子表明，和实验室或农场中一样，物种在自然界中面临相似的选择性压力时也能够快速进化。

这些可以感受到的变化暗示了我们所观察到的快速适应性并不能作为亿万年进化的代表。人们认为，在无拘束的自然界中，选择不可能是强而稳定的。自然界没有受到人类的影响，进化的步伐可能会比达尔文想象的更为稳重。只有在人类活动介入的时候，进化才出现了超速的风险。

具有讽刺意味的是，正是对与达尔文同名的鸟类"达尔文雀"的研究，捅破了进化总是缓慢的思想内核。和斑点蛾一样，达尔文雀也成了进化论中的典型例子。它们享有盛名可不仅仅是因为它们的名字和历史，也是因为来自普林斯顿生物学家罗斯玛丽和彼得·格兰特[3]40 年来非凡的研究计划。

从 1973 年开始，格兰特等人每年都会花几个月待在加拉帕戈斯群岛中的火山形状的大达芙妮岛上。他们的目标是研究中嘴地雀的种群状况（之所以这样命名是因为还存在着更大型和更小型的雀鸟），以观察种群代与代之间会发生怎样的变化，并试图测量驱动这种变化的自然选择。[①] 为此，格兰特等人每年必须捕获和测量岛上所有的雀鸟。只有这样，他们才能观察出种群的特征，如体重、喙的大小、翅膀长度等是否会随着代代相传而发生变化。

捕鸟可比捕捉飞蛾和蜥蜴困难得多。与其费力地寻找和诱捕这些雀鸟，不如使用一些装置，利用网兜或者套索来诱捕研究对象，研究者们希望这些鸟类能自投罗网。这些小圈套通常看起来像超大的羽毛球网，只不过网格会更细密一些。结果，当飞掠的小鸟注意到这些网格时往往为时已晚，它们会径直撞向网兜，困于其中。研究者们随后而至，小心谨慎地取下挣扎的雀鸟，将它们装入布袋，带回营地进行研究。

年复一年，进化过程在格兰特等人的研究下逐渐变得清晰起来。当个体的生存和繁育成功与其表型相关时，自然选择就发挥了一定的作用。格兰特等人的数据让他们得以了解自然选择是否正在施加一定的影响。每一年，他们都会把前一年活下来和未存活下来的雀鸟的数据列成表格。他们已经对鸟类做了所有的表型测量，所以可以很容易将两个数据集相关联：雀鸟的腿部长短，以及喙的宽窄，是否和它们的存活状态相关？

[①] 实际上，当他们初登该岛时，这些研究并不是他们的主要目标。但随后项目很快就变成了对于自然选择和进化变革的长期性研究。

弄清这些情况并没有花费格兰特等人太长的时间。在他们进行研究的第四个年头，这里的气候变得异常干燥。往年雨季降雨量通常可达 5 英寸，而在 1977 年，降雨量不足 1 英寸。大达芙妮岛即刻成了一片贫瘠的荒原。水源比平时更加稀少，植物也更加干枯。作为雀鸟主食的种子也由此变得更加稀少和难以获取。

图 24   中嘴地雀正在吞食大颗藜藜种子

雀鸟开始成群地死去。饥饿和缺水接连给予其重击，特别是由于饥饿的鸟儿无法长出新的羽毛，而且随着老羽毛的磨损，裸露在外的皮肤不断增多，身体的水分也随之大量流失。1977 年 1 月，大达芙妮岛上有 1 200 只中嘴地雀；12 个月的干旱过后，只剩下了 180 只。

但雀鸟的死亡不是随机的。体形最大的鸟和喙部最大的鸟相对存活得更久。原因是小颗粒的种子首先被吃光了，当小粒种子消失后，小喙的鸟儿就不走运了——它们没有足够的咬合力来打开大颗粒的种子。这是有史以来在野外发现的最强的自然选择事件之一。

自然选择并不一定会导致进化的变革。如果大喙的鸟类生存和繁殖得更好，那么所有雀鸟的喙的平均大小应该随着时间的推移而增加。但只有大喙雀鸟生育出大喙的后代，这种预期才能成立。也就是说，性状特征的变异必须有遗传基础，从而使性状价值由父母遗传到后代。通常情况下是这样，但事实并不总是如此。例如，对于人类来说，健美运动员的孩子不一定有大块的肌肉。

或者可以想象一下你家厨房窗台上放着的喜阳植物。如果把它放在阴暗的角落里，它就会生长得很缓慢。当然，你给它浇的水和施肥的量也很重要。更有趣的是，可以取一些有相同遗传基因的植物，通过嫁接或扦插来培育，并给予它们不同的光、水和肥料的组合。几个月过后，你肯定会看到外观非常不同的盆栽植物。

遗传基因相同的有机体由于所处环境的不同而产生不同表型的现象，被我们称为"表型可塑性"。这一育种领域经常是自然主义者和培育主义者论战的焦点。

然而，在达尔文雀的研究中，表型变异是通过遗传的方式由父母遗传给后代的。格兰特的研究小组通过对比父代和后代证实了这个观点，他们知道各自父母对应的后代，因为在后代被孵化后不久，还在鸟巢的时候，他们就给这些小鸟系上了带子。他们发现父代和后代之间有很强的相关性，不仅整体体形高度遗传，喙、翅膀和腿部长短也同样如此。

因此，拥有较大体形和喙的旱灾幸存者将这些性状特征传给下一代。在随后的几年，这群雀鸟的体形变得更大，而且长出了更大的喙。强自然选择导致了快速进化变革的出现。

格兰特等人在接下来的 35 年中继续研究大达芙妮岛上的雀鸟。他们发现强烈的自然选择其实并不寻常。比如仅仅几年之后，超强的厄尔尼诺现象带来了 54 英寸的降雨量，是的，这次降雨量要 10 倍于正常水平。引发的洪水产生了大量的小粒种子，这对于小喙雀鸟来说是种很强烈的自然选择，因为小喙雀鸟天生具备有效获取小粒种子所必需的微妙触感。那么相应地，该种群在此次事件中得到了迅速扩大。

格兰特等人研究工作的伟大之处不在于他们详细的记述，而在于他们所展现的一切都是可能发生的。相对于传统智慧，他们证实了在真实的自然界中的进化也是可以进行实时研究的。他们的卓越工作激发了几代野外生物学家的灵感，导致从事类似研究工作的人群数量开始呈现爆炸式的增长，提供了之前无法获得的关于自然界进化速度的大量信息。

这些研究的结果都很清晰明朗：当外部环境发生变化时，物种可以很快地适应，快到通过肉眼就可以观察到，快到在一个 5 年的资助研究项目期间就可以得出相关结论。

就在几年前，在短时间内记录一个快速发生的进化变革还是个大新闻。而现在，这些都只是预料之中的事。不能证明快速适应的结论反而成为令人兴奋的发现，还有更多意想不到的结果等待着解释。

达尔文是一个聪明的实验者，他非常善于利用所掌握的简单材料来检验自己的思想。例如，在研究蠕虫的听力时，他观察蠕虫对响亮的口哨、低音管、钢琴和自己叫声的反应。蠕虫忽略了所有这些听觉上的刺激。但当他把蠕虫放在钢琴顶部，然后弹奏钢琴时，虫子变得非常躁动。显然，声音是一回事，振动则是另一回事。

鉴于达尔文的实验倾向，我们只想知道，如果达尔文意识到进化可以快速发生，那么他会做些什么。但显然他并不知道这一点，所以他从未设计出一个实验来检验他的自然选择进化论。并且，受到达尔文的影响，直到过了一个多世纪，科学家们才开始做出相关尝试。

　　进化有时会以极快的速度进行，斯蒂芬·杰·古尔德是这个观点的坚定追随者。他备受争议的间断平衡理论[4]认为，进化是阶段性的，长时间的细微变化被短时爆发的重大变化打断。然而古尔德并没有试图建立一种联系，即把快速进化与重放思维实验的可能性联系在一起。[①] 这项工作留给了新一代的科学家们。

---

① 也许是因为他是站在地质学而不是人类的时间尺度上思考该问题的：几万年的快速发展与几十年的快速发展是不一样的。

第五章　缤纷的特立尼达

我们做不出古尔德提出的那种实验：把时钟倒转几百万年，让进化以相同的条件再次进行。这对于无论是 25 年前的古尔德还是今天的人们来说都是显而易见的，因为到目前为止还没有人发明出时间机器。但这并不意味着古尔德的思想或者说进化决定论的概念无法通过实验来检验。

康威·莫里斯的逻辑是，趋同进化体现了进化可以跨越空间重复发生的本质，而不是在一段时间内反复发生。因此，这个想法可以应用在进化实验中。研究人员不需要整理支持或反对的例证，而是可以直接通过实验验证其趋同性，从而检验进化重放假说。

例如，我们假设生活在郁郁葱葱的地方的昆虫是绿色的，而生活在尘土飞扬的干旱地区的昆虫是棕色的。现在，我们通过实验，在青翠的环境中建立一个由棕色昆虫组成的种群，然后便可以检验相应的假说，即实验对象种群会趋同于自然种群的表型，而此时自然种群也正处于相同的环境。或者研究者可以将多个种群置于相似的条件下，以检验它们是否会趋同地进化并做出相同的反应。将两种实验方法结合使用则效果会更好，我们可以验证多个种群是否会表现出相同的反应，这样的反应通常由种群在自然状态下经历选择性条件时展现出来。

科学行为有时会分成两类：实验科学和观察科学。一些极端主义者认为，伴随着这种划分的形成，实验主义者或是他们中的一些人，总是认为自己高人一等，把非实验科学都看成是低劣的，甚至不认为它们是科学。①

当然，这种观点既傲慢又无知。即使在没有操纵实验的条件下，通过仔细观察和对比自然现象，我们同样可以习得很多知识。而且实验也有其自身的局限性，它们在大小和范围上都受到了限制。例如，做一个关于火山爆发或月球引力的实验就显得力不从心了。

更重要的是，观察和实验并不是替代关系，它们其实是自然科学的阴阳两面，对自然界的观察是对实验验证的假设的来源。当研究项目开创了进化生物学野外实验的新时代后，可以说再也找不到比这更加鲜活的例子了。

我到过世界各地的热带雨林，从很多方面来说，现在要说的这片雨林是相当普通的：茂密的植被，极端的湿度，虫鸣和鸟叫嘈杂地交织在一起。这里有很多蛇，迷人且无毒。不过，真的是要感谢我的过膝涉水靴，以备我不小心踏入危险的境地。然而不同寻常的是，这里的植被似乎茂密得过了头，我们几乎无法穿过它们。这里植被厚实得让我们几乎察觉不到自己正行走在溪流上，这也是我穿着橡胶鞋的主要原因。尽管这双鞋也算是顶级的户外装备了，但我仍然小心翼翼，因为这里的岩石

---

① "童子军科学"是对非实验科学的另一种形式的贬损。

实在是太滑了。[①]

其实我们选择此次沿溪行走还有另外一个原因。往常当我去雨林的时候，我一般是去寻找蜥蜴的。但这次我要寻找的是一种小型鱼类。孔雀鱼普遍存在于家庭和教室的鱼缸中。它们以绚烂华丽的色彩、周身大块的斑点，以及超大的尾鳍而闻名。就像我们对待狗和鸽子那样，人类把它们打造成一个充满奇异品种的马戏团，让它们也像狗和鸽子一样，成为表演、竞赛和商业冒险的主题。

不过就像所有驯化的狗都源自始祖狼一样，如今品种繁多的孔雀鱼也源自南美洲北部的某个野生物种，离委内瑞拉海岸不远的特立尼达岛也在这个范围之内。在几千年前海平面较低的时候，特立尼达岛实际上是和南美洲连接在一起的。在狼的身上很少能够发现和它的后裔狗相关的迹象，而孔雀鱼并非如此，它们本就种类繁多，种群与种群之间的颜色，以及身体装饰都大不相同。

最后，我们来到了一个小水池边。我们静静地站着，等待着。过了一会儿，水池中的小鱼再次游动了起来。我们迅速地将捕鱼网向池中一扑，然后捞起来仔细观察。确实收获了一条孔雀鱼，但是这条鱼显得平淡无奇。它并不像你在宠物店里看到的那般色彩斑斓，通身只是淡蓝色，缺少了其他色彩和装饰。

观察了几分钟孔雀鱼之后，我们决定继续沿溪而上，并尽可能不做过多的打扰。孔雀鱼通常只生活在安静的水池中，因此湍急的水流中不会有我们想要的目标。在陆续穿越了几个水池，看过一些长相相似的孔

---

① 这里确实滑腻得够呛，摔了几跤之后，我还是老老实实地换上了底部有金属夹板的专业靴子。

雀鱼之后，我们最后来到一个池塘，这里的孔雀鱼有着耀眼的橙色和蓝色调，身上有黑斑或条纹点缀，在阳光的照耀下泛着彩虹般的光晕，黑色修长的尾巴显得十分奢华。

　　这种强烈的反差对比在特立尼达北部的其他支流中也同样存在：色彩暗淡的鱼往往在下游，而颜色绚丽的鱼生活在上游。这个发现着实让生物学家们感到兴奋：这种重复性、趋同性的差异似乎暗示了有某种东西正驱使孔雀鱼的色彩图案发生分化，那么这究竟是何种力量？感谢长达半个多世纪的一系列著名的研究让我们得以知道真相，这些研究不仅解释了特立尼达河流中所发生的现象，而且让小小的孔雀鱼成为研究进化领域的新秀[1]。

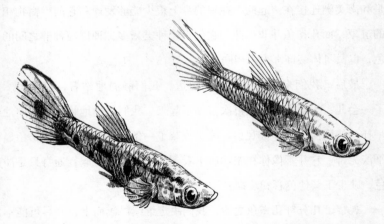

图 25　在河流上游的孔雀鱼通常会有较多的色彩装饰（如左图），而在河流下游的孔雀鱼色彩就稍显暗淡（如右图）

　　故事要从 20 世纪中叶说起。在这个专业化的时代里，多才多艺的人越来越少。卡罗尔·帕克·哈斯金斯就是当中的一位，他在 18 岁的时候发表了他的首篇论文，主要研究了化学在农业中的作用。在耶鲁大学读本科期间，哈斯金斯又接连发表了几篇关于蚂蚁的论文。之后他又来到哈佛，并于 1935 年在哈佛获得了博士学位，研究领域为果蝇遗传学。多样的学业生涯为他开启了多个人生方向。

他花了较多的时间待在通用电气实验室，研究辐射对霉菌孢子的影响。他还撰写了一本很有名的书 [2]——《蚂蚁与人类》，书中将蚂蚁和人类做了详细对比。[①] 他是一家早期彩色摄影公司的共同所有者，并协助研发了假肢装置来帮助"二战"中失明的士兵。除此之外，他的工作还涉及微生物学、营养学和遗传学等。

没错，哈斯金斯确实很有才华，可是这些和孔雀鱼又有什么关系呢？在 20 世纪早期，丹麦科学家杰文德·温厄就已经确认孔雀鱼是研究遗传学很好的实验对象，尤其是在研究伴性性状的遗传方面——这些性状特征往往只发生在某个性别上。[②] 哈斯金斯随后拾起这项研究，他于 1932 年开始研究自己的孔雀鱼品种繁育项目，试图解释色彩性状的遗传，这种遗传主要发生在雄性鱼类当中。

得益于哈斯金斯和一些学者在孔雀鱼遗传方面研究进展的迅速，很多关于孔雀鱼遗传系在进化机制方面的研究结论被推论出来。不过哈

---

① 当这本书出版之后，哈斯金斯曾在《纽约世界报》发表的一篇文章中这样说道："蚂蚁是非常令人着迷的生物。当它们打仗的时候，它们会刺伤对方、喷洒毒液，切断对方的头部。它们会征服弱势种族，会奴役奴隶。但它们也会表现出友善的一面。再也没有什么比甲壳虫更让它们喜欢的了。""和人类一样，蚂蚁是它们族群中最具适应性的物种，而且还有一点和人类的相似之处在于，它们最危险的敌人往往也是它们的同类。它们也会去往任何地方。"

② 温厄的研究工作并不局限于鱼类。他研究过各种各样的生物体，但他是以"酵母遗传学之父"而著名的，因此他可谓本书第九、第十、第十一章中讨论的一些实验的开山鼻祖。

斯金斯意识到，如果没有更多来自自然中孔雀鱼种群的信息，那么这些研究结论都无法得到有效验证。因此在 1946 年，他和他的妻子兼科学伙伴埃德娜·哈斯金斯开始着手检验孔雀鱼颜色图案的分布及其在野外的潜在遗传基础。

图 26　这是一处典型的特立尼达瀑布，水池里满是孔雀鱼，不过也有可能是它们的捕食者

　　哈斯金斯很快便注意到地形对于一些鱼类种群的影响十分明显。在特立尼达北部山区，一些河流经常被瀑布阻断，大部分瀑布只有几英寸高，而有的甚至高达 30 英尺。这些瀑布成了绝大多数鱼类的天然屏障，其中也包括孔雀鱼主要的捕食者，但是在这些障碍之上通常可以发现两种鱼类——孔雀鱼和特立尼达鳉鱼。

鲑鱼可以跃出瀑布逆流而上。但是孔雀鱼和鳉鱼太小，跳跃时显得力不从心。不过这些鱼类在面临逆流而上的障碍时都会做同样的事，就是想办法绕开障碍。鳉鱼不像其他鱼那样，它们具备在潮湿的森林中长距离蜿蜒前行的能力。它们会从瀑布底部的池塘爬出来，慢慢爬上山坡，爬进上面的池塘中。孔雀鱼不太擅长这种徒步迁徙，但是它们也能够置身于非常浅的水域中。当丰水期的大雨来临之时，它们很有可能沿着暂时形成的河道逆流而上，尽管还没有人直接观察到这些现象。

当哈斯金斯仔细对比了特立尼达河流不同区域的鱼类种群差异时，这些瀑布屏障对于进化的重要意义就凸显出来了，当然这些屏障可能只对某些鱼类种群有意义。在瀑布上游的低捕食压力种群中，雄性鱼类相较雌性而言色彩十分艳丽，而在瀑布下游的高捕食压力种群里，雌雄鱼类颜色均十分单调。哈斯金斯由此认为，孔雀鱼捕食者的存在与否是影响雄性鱼类颜色进化的关键因素。

为了验证这一想法，哈斯金斯做了一个猎食实验。他把孔雀鱼分为两组，分别放在水族箱和室外的池塘中，池塘中充满了各种各样的捕食者。实验结果非常明显，池塘中颜色鲜亮的鱼以更快的速率消失了，这表明斑斓的色彩在充满捕食者的水域成为鱼类非常致命的缺点。

但是为什么在没有捕食者的情况下，雄性鱼类是多彩的？因为会有"女士"造访这里。由于种种原因，我们仍然不能完全理解，为何雌性孔雀鱼更喜欢浮华艳丽的雄性，而且这种偏好在无捕食者的水域显得更加强烈。在过去的20年里，经过一系列研究[3]，人们已经知晓了其中的缘由，随后哈斯金斯在其另一项水族箱研究中又发起了一系列研究。

哈斯金斯对于孔雀鱼的研究极具创新性和洞察力，更令人印象深刻的是，对于他所从事的工作和负责的众多项目来看，孔雀鱼的研究只是他的副业而已。的确，这项研究显得微不足道，以至于在他死后出版的迷你传记和讣告中都没有被提及。然而，这项工作为 20 世纪末至 21 世纪初的进化生物学中最令人兴奋的研究项目奠定了基础。

在 20 世纪 60 年代早期[4]，加州大学伯克利分校有位学生正在专心致志地完成他的课外作业。年轻的约翰·恩德勒儿时曾经常在南加州的灌木丛中追逐蜥蜴、捕捉昆虫，后来恩德勒去了伯克利主修动物学。在那儿，他很快就被学校里著名的脊椎动物博物馆吸引了，博物馆里装满了各种标本，也经常挤满了研究它们的科学家。顺便说一句，这里很安静。恩德勒认为"所有抗议活动都发生在校园的另一端，所以我并不担心被打扰"。大多数人对于自然历史博物馆的认知在于它们拥有各种知名的陈列，就像史密森博物馆和其他博物馆通常会展示各种壮观的动物实景模型。不过很多人不知道的是，在这些场景背后，很多博物馆还收藏和储存了大量的动植物，把它们精心地组织和分类，供自己的科学家，以及来自其他地方的到访者进行学术研究。

恩德勒是爬行动物馆馆长助理，主要负责收集和浸泡爬行动物和两栖动物。他着手检验了不同地区的生物标本，了解了这些生物在不同地区之间发生的显著变化。这样的地理变异是自然界中众所周知的现象。人类的皮肤和面容的差异就是跨区域种群发生分化的典型例子。

除了了解地理变异，恩德勒在伯克利还学了一招：他渐渐学会利用实验来检验他萌生的一些想法。有一项实验是让蝾螈在罐子里转来转去，看看旋转是否会破坏它们通过星星导航的能力。结果证明旋转确实会破坏这一能力，这也促使了他在科学杂志上的首篇论文的公开发表。还有一项实验是给蜥蜴戴上铝制的帽子，控制照射到蜥蜴头部的光线的量，以检验蜥蜴日常节律调节机制的假说。不过这项实验以设备出了故障而告终。

恩德勒被地理变异的现象迷住了，后来他去了爱丁堡，和一位研究蜗牛多样性的专家一起攻读博士学位。在那儿，他形成了一套理论思想，即地理分化最终如何导致一个广泛分布的物种分裂成多个非杂交物种。

受到实验思想的影响，恩德勒并没有简单地满足于形成一套关于新物种如何出现的挑衅性理论。相反，他立刻提出了用实验来验证自己的想法。而后他对果蝇进行了详细的实验室研究。恩德勒在不同的笼子里建立了果蝇种群，并让这些群体经受不同的选择性压力，这是为了模仿种群在不同的地区会产生的不同的性状特征。每繁育一代，恩德勒就让不同种间的一些果蝇相互交换，以模拟相邻种群之间发生的自然扩散。传统理论预言，这种个体交换将达到相邻群体的基因库均质化的效果。可是实验的结果恰恰与该理论相左。即便是面临着遗传共享的情况，施加于种间的不同的选择性压力也导致了种群的遗传分化，而这正是恩德勒理论所预测的结果。

该项研究获得了巨大的成功[5]，直接促成了几篇重要论文的公开发表，以及广受关注的专著的诞生。恩德勒成为进化生物学界一颗冉冉上升的新星。不过，恩德勒的内心是一名博物学家，生物圈令他非常着迷。因此，在辛勤的理论推导和实验操作的同时，恩德勒已经着手计划下一阶段的安排，他希望可以找到一个能带他去野外的项目。

恩德勒在攻读博士学位期间阅读了许多地理变异方面的文章，其间，他偶然发现了关于孔雀鱼色彩变异的论文。他一下子就被迷住了。恩德勒写信给哈斯金斯，20 世纪 70 年代初的哈斯金斯已经是华盛顿卡内基学会^①的主席。在连续担任了 10 多年的行政职务之后，哈斯金斯仍然对孔雀鱼的研究非常感兴趣，因此他满是兴奋地给恩德勒回了信。恩德勒后来甚至还在华盛顿的卡内基学会总部会见了哈斯金斯。哈斯金斯带领恩德勒参观了他家中大量的孔雀鱼收藏。恩德勒就这样走进了孔雀鱼的世界，这种鱼很快成了他下一阶段研究的重点。

在普林斯顿大学担任教员期间，恩德勒开始更为严格地调查哈斯金斯关于捕食者在塑造雄性孔雀鱼色彩方面是关键性因素这一论断。每一年，恩德勒都会在特立尼达待一整个夏天，他不断地沿着溪流奔跑，绘制着孔雀鱼的区域分布图。

特立尼达北端的边界是一连串山脉，这些山脉的南北坡两边有数不清的溪流。实际上，它们可以被列举出来，恩德勒手中的地图有关于这些溪流的所有信息。他开始游览整片森林的每一条小溪，看看那里有哪些鱼类，孔雀鱼都长什么样。总而言之，他在 5 年的时间里踏遍了 53 条溪流中的 113 个选址。

在这些溪流中收集数据算不上什么了不起的壮举。根据地图，恩德勒知道他该去哪里，但是能否到达目的地则是另一回事。有时附近有路，只需要短途徒步便可到达；而有时，则需要长途跋涉，或者将其描述为在丛林中开路更为合适。

一旦恩德勒到了溪流边，他便需要寻找孔雀鱼。所以他漫步于溪流的上下游，想找到一片安静的水池，水池中应该有大量的孔雀鱼。当河岸太陡时，他会穿过溪流，但这样往往会弄浊了水流，也惊扰了小鱼，

---

① 现在是卡内基科学研究所—— 一家著名的私人科学研究机构，由安德鲁·卡内基于 1902 年创建。

正如我多年后所做的那样。有时，唯一的路径是要小心谨慎地通过一截塌腐的原木。瀑布是旅途中很棘手的一个问题。瀑布周围经常乱石丛生，在瀑布坠落的区域，石面非常光滑，几乎无法立足。想要到达瀑布的上方是一个不小的挑战，尤其是如果找不到刚巧挂在垂直的岩壁上以辅助攀登的枯树枝时更是难上加难，尽管等待在那里的是田园诗般鱼群如云的池塘。

一旦找到合适的水池，恩德勒就会静静地坐在池边，观察特立尼达河清澈的水域，以及所有捕食性鱼类，并估计孔雀鱼的种群密度。接着是围捕孔雀鱼的时间。恩德勒两手各拿一张捕鱼网，耐心地赶着那些小鱼，然后突然一跃，就把整群鱼网住了。在每一个地点，他都会打捞大约200条鱼，其中足以得到大约50条成年雄性鱼。每条雄性鱼都会经过检查，而且鱼所在的地理位置及身上斑点的颜色都会被记录下来。

4年的数据收集工作虽然艰辛，但是一切努力都没有白费。模型清晰地显示，哈斯金斯的观点是正确的：雄性孔雀鱼身上色彩艳丽与否和捕食者的存在与否高度相关。在捕食者较少或者完全没有捕食者的河流中，比如在瀑布上游的河流中，雄性孔雀鱼的颜色更加艳丽，身上的花纹和斑点也更加密集。不过不是所有的斑点都会发生同样的变化，主要是红斑和黑斑变大，蓝斑和彩斑变得更多。

不同地理位置间的差异对比具有强烈的暗示性，但并不具有决定性意义。也就是说，相关性并不意味着它们之间就存在因果关系，也有可能是与捕食者有关的其他因素在其中产生了一定作用。比如，缺乏鱼类捕食者的水域往往位于瀑布上方海拔较高的位置，这里河流中的鹅卵石要比瀑布下方的鹅卵石大得多。因此，孔雀鱼斑点的大小不仅与水中是否有捕食者有关，也可能与河流中鹅卵石的大小有关。从一定意义上讲，大块的斑纹有助于鱼类很好地匿身于鹅卵石之间，这样就会有人认为斑点的大小与鹅卵石的尺寸相关，这也为瀑布上游河流中存在大斑点鱼类提供了一种合理的解释。不过这也暗示了孔雀鱼要躲避的可能不仅仅是同为鱼类的捕食者，也可能还有鸟类。

恩德勒知道该如何解决这类问题，他在 1980 年发表的论文中这样解释道："现场观察到的结果 [6] 是惊人的，但环境中的其他因素也可能影响色彩的变化。我们认为，所有色彩模式都会受到自然选择的影响。为了验证这类假设，我们设置了两组实验，一组在温室，一组在野外。"

第一组是典型的实验室中的进化实验。每每提到实验室的实验，我们往往会想到装着果蝇的瓶瓶罐罐或者盛载着各类微生物的培养皿。正如我们随后将会讲到的，很多进化实验确实是以这种方式进行的。但恩德勒的实验完全不是这么回事。这里并没有密布成排的培养皿或者装满果蝇的实验瓶。要想对一个种群的孔雀鱼进行实验，尤其是设定为自然背景的实验，则需要比标准实验室拥有的空间更多一些。恩德勒是幸运的，因为在隔壁就有这样一个满足条件的空间供他使用。隔壁有一间温室。恩德勒接手了这间温室，将其改造为研究鱼类的场所。

这间温室相当大，有 60 英尺长、25 英尺宽，摆满了长桌和各种研究植物的仪器设备。恩德勒仔细收拾了这间屋子，着手开始工作。他在地板上浇筑了混凝土，当然绝大多数工作都由他一人完成。他建造了一种模拟天然的孔雀鱼栖息地的环境，有水池和溪流，并且每 300 平方英尺就会有一个瀑布。恩德勒共建造了 10 块此类布景，分列 3 排，并由两条过道隔开。池底陈列着五颜六色的水族箱砾石。新泽西温室中的华丽布陈，实际上是为了较好地模拟特立尼岛河床的真实情况。从当地河流中移栽的植物和运来的贝类构建了一个正常运转的生态体系。藻类似乎对这里的光照和热量非常满意，繁茂的生长为功能性食物网的建立打下了基础。

为了实现水池中的繁育，恩德勒将 11 条河流中捕获的孔雀鱼混合在一起，让它们杂交并繁殖一些后代，然后将 200 条鱼分别放置于 10 个场景中。由于这些鱼起先是随机选择的，因此种群间身体纹饰的程度在最初差别不大。

此次实验主要是为了测试孔雀鱼的色彩进化与鱼类捕食者存在与否是否具有相关性。在孔雀鱼入池的 4 周后，恩德勒将一些捕食性鱼类放进部分水池中。其中的 4 个水池中被放入了具有超强进攻性的捕食者慈鲷，这种流线型的鱼类猎手专以孔雀鱼为食。还有 4 个水池被放入了威胁性较小的鲶鱼，这种鱼只是偶尔捕食幼年孔雀鱼；另外还有两个水池中并未被加入捕食者。恩德勒预测，如果在特立尼达的河流中观察到的差异是捕食者造成的结果，那么随着时间的推移，鱼群的色彩就会发生分化，与慈鲷共居的孔雀鱼的色彩将会变得更加单调，而那些没有天敌或者面临较小威胁的鱼群的色彩，将会在性别选择的作用下变得越发鲜亮。

图 27　慈鲷

扑通！恩德勒把捕食者扔进水池中，这是恩德勒最后一次干预实验。除了日常喂养和监控水中生物的互动关系，孔雀鱼及其捕食者通常情况下会保持较独立的状态。孔雀鱼早已因其快速的生长周期而闻名于世，通常不到两个月就可以繁育一批后代。那么想要完成进化变革需要多少代的延续呢？恩德勒重返特立尼达的野外工作，决定让温室下的环境来回答这个问题。

在捕食者被引入 5 个月后，恩德勒决定去瞧瞧会发生些什么。他把池子中的每条鱼都捞起来拍了照，对斑纹做了测量和标记，并且把颜色也悉数记录下来。随后，他又把鱼重新放回池中，确保鱼群没有损耗，并让它们继续保持进化状态。5 个月通常是一对孔雀鱼的世代周期，对于进化变革而言，时间确实太短了。

然而情况并非如此。鱼群的特征已经开始发生分化。伴居强猎食性慈鲷的孔雀鱼周身斑点数量减少了 10%；而对于栖居环境中没有捕食者或者只伴有较小攻击性的鳉鱼的孔雀鱼来说，斑点数量却增加了 10%。

9 个月后，恩德勒再次对鱼群的状况进行统计。这次，种群继续朝着各自的方向进化，且差异变得越发明显：在没有捕食者或者仅有少量鳉鱼的水池中，孔雀鱼身上斑点的数量比水池中伴生慈鲷的孔雀鱼多 40%。

和特立尼达一样，对于这些伴生不同捕食者的孔雀鱼种群来说，它们斑点数量的分化主要源于蓝色和彩色斑点在数量上的不一致。伴生鳉鱼的雄性孔雀鱼的斑点尺寸要比伴生慈鲷的孔雀鱼大 50%，这和自然条件下产生的现象基本一致。的确，温室水池中的孔雀鱼与自然环境下同类的表现高度相似——短短两年时间，实验种群就已经非常趋同于自然环境下伴生捕食者的同类的情况了。

这些研究结果的确令人印象深刻，不过它们只是实验室的实验结果，或者说至少是温室内实验的结果，实验中充满了各种人为干预的痕迹。比如鱼群每天都会得到喂养；除了孔雀鱼及其捕食者，鸟类、小龙虾和其他鱼类等原本属于特立尼达生态系统中的成员也尽数缺席；还有一点，这里不会下雨。如果说这项实验就是整个计划的全部，其实实验的结果就足以证明了快速进化可以在比飞蝇或者微生物更大的动物身上发生。但是这个结果是打了折扣的，至少对一些人而言是如此，他们认为这些结果只能算是实验中的手艺活，并不能真正应用于自然界。

恩德勒对这些异议做出了回应。在实验室浇筑混凝土，以及建造瀑布的时候，他也把目光投向了特立尼达岛阿里波河上游的一个原始水池中。这个水池位于瀑布上方，池中有鳉鱼，但似乎没有孔雀鱼。在两年的时间里，他反复回到这里，努力搜寻孔雀鱼生活的痕迹，但遗憾的是，什么也没有发现。最后他确信池中并不存在孔雀鱼，便于1976年7月开始进行项目的第二阶段。

在阿里波河的其他支流中，恩德勒发现了两条非常相似的溪流，这两片水域中虽然都有孔雀鱼，但是与它们共居的捕食者不同。一条溪流中仅伴有鳉鱼，而另一条溪流中充满了孔雀鱼的各种捕食者，其中包括慈鲷。正如岛上其他地方一样，两条溪流中的孔雀鱼出现了预期中的差异化特征：在仅有鳉鱼的溪流中，孔雀鱼色彩更鲜亮，斑点更大也更多。

恩德勒的实验非常简单。他从满是捕食者的溪流中捕捉了200条孔雀鱼，并且把这些斑点小、色彩也单调的鱼置于他建造的瀑布上方那个比较原始的、仅有鳉鱼的水池中。根据他对自然种群的观察，恩德勒预测，这群实验中的孔雀鱼将会进化得像附近伴生鳉鱼的溪流中那些孔雀鱼一样色彩多样。

考虑到当时研究领域的具体情况，恩德勒进行的实验可谓对他预言的一种有力证明。特立尼达孔雀鱼在可替代的环境下着色上的差异并不意味着差异可以快速发生。尽管理论变革的氛围日渐浓厚，但在当时，进化通常进行缓慢的观点仍占据了社会主流。但恩德勒并不屈从于教条。他所熟稔的进化理论告诉人们，如果自然选择的作用足够强烈，进化完全可以相当迅速地发生。而且，恩德勒认为斑点蛾、顽固害虫和微生物的例子都提供了强有力的证明。还尚未有人在这个领域建立一个进化实验研究，但恩德勒却大胆地认为进化实验行得通。

两年后，恩德勒重回故地，他捉住溪流中的孔雀鱼，并开始了标准化的测试。正如在温室中发生的情形一样，自然选择已经开始施展它的进化魔力：经过短短的几代繁育，孔雀鱼的种群已经进化出更多、更大的斑点，也就是说，种群已经由典型的高捕食强度的孔雀鱼种群类型进化为典型的仅有鳉鱼伴生的孔雀鱼种群类型。

恩德勒清晰地向人们展示了孔雀鱼的进化是可预测的。他不仅帮助我们理解了为何一些孔雀鱼色彩绚烂而另一些却并非如此，还告诉了人们，如果我们重建一些选择性的条件，无论是在实验室还是在野外，进化都会如预期般发生。

孔雀鱼带给进化生物学家的启示已经超越了实验本身：当自然选择力量较强时，进化可以快速发生。由此我们可以推论出，作为现代科学动力源的实验方法，不仅可以被用于研究实验室条件下受控的、人工的、有限的进化，还可被用于研究杂乱的、不受控的、混乱的自然界中的进化。

恩德勒的工作对我早年的学习产生了重要影响。在大学二年级的时候，我参加了小组讨论课，仔细研读了恩德勒关于新物种如何产生的专著。这本书带给了我不少启发，最重要的是让我意识到理论与数据间是如何相互作用的：来自自然界的观察如何导致理论思想的发展；反过来，理论思想又是如何得到新收集数据的检验的。

对我影响更深的莫过于恩德勒在每周系列研讨会上发表的言论。这时的我已然成了"生物学痴"，我时常在研究生办公室里闲逛，尽力收集那里充满智慧的只言片语，还要保证尽量不打扰大家。这里的研究生也和其他地方的一样，早已对各种讲座不胜其烦，他们总能迅速地指出讨论中未经检验的假设，或是发现论文和演讲中的各种瑕疵。但是这次却有所不同。恩德勒就他的实验发表了演讲，我记得非常清楚，当我走出屋子，听到研究生们热情洋溢的讨论时，有一句话清晰地在我脑海里回响："谁能想到进化生物学会成为一门实验科学？"当时的我并不是很理解这句话的含义，但是这些话，以及它们所带来的启示对于我6年后的职业生涯产生了重要影响。

被恩德勒的演讲打动的不止我和那群研究生。早在很多年以前，恩德勒的研究成果尚未公布的时候，他就已经在费城的自然科学院发表了关于孔雀鱼实验的演说。

在当天的听众中，有一名宾夕法尼亚大学的研究生，他名叫戴维·列兹尼克[7]。列兹尼克和恩德勒一样也是自然主义者，尤其对爬行动物感兴趣。[①] 在学校里，一名来自美国西南部的实习生介绍他认识了

[①] 在很多方面，列兹尼克都与我有相似之处。我也曾是一名狂热追逐蜥蜴的少年，而且我了解到，在我写这本书的时候，我们在成长过程中都曾受到夏令营的影响。这项名为"草原之旅"的夏令营带领孩子们来到户外，野营足迹遍及美国的西南地区。后来，我们都曾在华盛顿大学圣路易斯分校度过了一段时光，他成了一名研究生，我在多年后成为一名教授。更有意思的是，我们的工作都曾遭到《国家调查者》的嘲讽：列兹尼克在一篇名为《山姆大叔花了97 000美元来研究孔雀鱼死时为多少岁》的文章中被点了名，而我则是在一篇作品《欢脱的蜥蜴！6万美元税金竟被浪费于研究它们为何喜欢岛屿》中上了榜。

一些蜥蜴。这群蜥蜴生活在熔岩流地带，黑色的身躯与当地地貌混合在一起，这可与其在附近沙漠中色彩亮丽的近亲截然不同。由于熔岩流来自仅在千年前的火山爆发，因此蜥蜴种群想要进化出黑色，就必须在过去短短的千年时间内进行。这让列兹尼克确信，物种种群为了适应新环境，可以快速进化。

列兹尼克将目光转向鱼类，因为鱼类在很多方面比蜥蜴更具实际研究意义。列兹尼克已经决定将研究生的研究重点放在生命进化史方面。"生活史"一词指的是影响个体繁殖成功的所有因素：存活时间，发育速度，在每个育种事件中可以产生的后代数量，等等。

有相当多的理论预测过生活史如何依据不同的条件而发生变化。例如，当处于高猎食压力状态下，个体应该长得快、死得早。鉴于它们可能活不到较为成熟的生命阶段，它们应该发育得非常快，将主要精力放在早期的生育上，而不是集中精力生长为较大的体形。由于存在捕食者的威胁，个体更加注重分散风险，它们会生育较多小型的后代，而不是较少的大型后代。

另外，当猎食程度较低、平均生命周期延长时，个体将花费更多的精力用于成长。它们会将生育期推后，由于体形较大，它们便可以生育更多的后代。后代获得了较好的生存契机，而父辈会将更多的精力用于每个后代身上，帮助它们在竞争中生存。

关于生命进化史的理论已经得到了实验室条件下果蝇和其他生物的实验性论证。但这个理论还从未在自然界中做过实验性的研究。列兹尼克对于进化理论的理解也表明了当自然选择作用强烈时，进化应该会迅速发生。得益于他对新地质环境下种群分化的一系列观察，他又得到了新的支撑性论据。

生物在其生活中可以迅速完成适应性的进化。为了验证这个观点，列兹尼克进行了一项关于食蚊鱼种群的研究。这种鱼是孔雀鱼的近亲，生活在新泽西州开普梅的沼泽地中。但这项工作进行得并没有想象中那么顺利。因为这种鱼易受季节的影响，列兹尼克所进行的有无捕食者伴生的对比研究也常常因为各种细小的波澜而变得复杂。此外，这项研究需要列兹尼克长期往返于两座城市间，尤其还不得不体验新泽西州臭名昭著的景象和气味，这些并非列兹尼克理想的野外工作环境。他真正想去的是热带地区。

直到听到了恩德勒的言论后，列兹尼克才幡然醒悟。谁会去关注他花费两年时间对食蚊鱼的研究呢？孔雀鱼的研究就可以实现他想在实验中所得到的一切。他在孩提时代就已经喂养过孔雀鱼，他知道他仍可以利用孔雀鱼来完成工作。

在某天晚上研讨会后的宴会上，列兹尼克向恩德勒阐述了自己的想法。1周后，两个人在去普林斯顿的路上相遇，恩德勒邀请列兹尼克在第二年参加他的特立尼达项目。列兹尼克在生活史方面的兴趣完美地填补了恩德勒和哈斯金斯对于色彩的研究。

第二年3月，列兹尼克和恩德勒在特立尼达山区的野外研究站点会合。恩德勒把北部山区的地形图平铺在桌面上，然后把描图纸放在上面，并做了一份拷贝。列兹尼克的办公室里现在还存有一份这样的手绘草图，可谓相当珍贵。在图纸上，恩德勒做出标记，指出哪些溪流值得做孔雀鱼种群在捕食者存在与否的条件下的对比性研究。列兹尼克跳进一辆租来的车子，深入丛林开始冒险。列兹尼克从一项近40年的研究计划开始，在远近不同、高低不一的地方捕捉孔雀鱼，以弄清它们生命事件的时间节点。

在第一个夏季，列兹尼克研究了 60 种孔雀鱼。结果统计差异和色彩差异一样显著。伴生慈鲷和其他捕食者的孔雀鱼种群，与低猎食强度的孔雀鱼种群相比，存在非常明显的差异。尤其是高猎食强度的孔雀鱼在成熟期拥有较小的体形，它们投入更多的精力繁育后代，而且后代通常更多、更小。这一切和理论预测的多么一致！当然，这里潜在的假定条件是高捕食强度条件下的孔雀鱼实际上生存寿命更短。列兹尼克也通过诱捕孔雀鱼做出过标记，间隔一段时间后返回观察做出标记的鱼群的生存状况，也证实了这一理论。仅仅两周时间内，在高猎食强度的环境中死的孔雀鱼要比低猎食强度环境下死的孔雀鱼多 50%。在一项更长的标记再捕获研究中显示，高猎食强度下，仅有 1% 的孔雀鱼生存期超过 7 个月，而在仅有鳉鱼伴生的地方，孔雀鱼存活率是前者的 25 倍。

生物进化模式的差异性非常令人信服。但是和恩德勒一样，列兹尼克将这些结果并未看作确定性的结论，而是将它们作为假设的来源，特别是将捕食作为造成孔雀鱼种群差异的原因。而真正将列兹尼克的注意力吸引到孔雀鱼身上则是因为通过实验可以真正检验理论观点，所以列兹尼克热衷于跟踪恩德勒的研究。他重游了恩德勒介绍的特立尼达的目的地。他发现，高猎食强度下的孔雀鱼后代被置于低猎食强度的环境之后，已经进化出了低猎食强度的生物进化特征。温室实验的结果也是一样：恩德勒从事研究的两年半后，列兹尼克对比了高猎食强度和低猎食强度下孔雀鱼的生活史，发现了与野外观察相似的差异性。

列兹尼克继续做着他的实验，他把孔雀鱼放在另外两条低猎食强度的溪流中，得到的结果仍然非常相似。最后，他试图采用一种新思路，将先前设计的路径反转过来。这次他没有移动孔雀鱼，而是将慈鲷放进了瀑布上游的水池中，这些水池原先只居住着孔雀鱼和鳉鱼。当慈鲷意识到周围是一些天真的原住民时，真的是乐开了花。很快，孔雀鱼就进化出了高猎食强度下种群的某些特征。这个实验持续了 5 年后，先前低猎食强度下的孔雀鱼所展现的生活史的特征，恰好介于高猎食强度种群和低猎食强度种群之间。

　　总之，恩德勒与列兹尼克的研究结果惊人地相似。就像恩德勒从事色彩方面的研究一样，列兹尼克的实验种群也如同先前对自然种群变异的认识那样发生着进化。孔雀鱼的生活史似乎是一个非常具有延展性的进化特征，我们从中可以知道自然选择迅速且可预测性地塑造了进化的历程。

　　为了保证快速进化的理论更加严密，列兹尼克不得不处理另外一个问题：他所观察到的高低猎食强度环境下孔雀鱼所呈现的差异可能并非进化的结果。从理论上讲，不同种群生活史的差异性可能并非源自遗传变异，而是受到环境的影响，这导致基因相似的孔雀鱼以不同的方式生长和生育，我们在第四章已经讨论过这种表型可塑性现象。

　　列兹尼克直截了当地解决了这个问题。他把不同种群的孔雀鱼带回实验室，放在相同的水族箱中，没有放入捕食者。这些"家畜"被独立放置，它们可以繁殖后代，而且所有的幼年鱼类都被饲养在相同的环境下。这种设置被称为"同质园"实验，名字源于植物学研究。

　　列兹尼克的目标是找出在野外捕捉的雌鱼之间的差异性是否会遗传给后代，而它们的后代是饲养于相同环境下的。如果母代之间的差异是遗传性的，那么它们的后代也应该有所不同。反过来，如果母代的差异是由于后天成长环境造成的，那么当它们的后代饲养于"同质园"中，后代之间的差异也会逐渐消失。

　　实验的结果和特立尼达溪流中观察到的现象一样清晰。实验室饲养的孔雀鱼表现出了和野外捕捉的雌鱼一样的差异化特征。源自猎食性强的溪流中的孔雀鱼在幼年期生长迅速，繁殖力强，和它们的祖先表现一致；而来自猎食性弱的地方的孔雀鱼则表现出悠闲、成长缓慢的生活史特征。列兹尼克认为这些差异肯定源自基因遗传，这是趋异进化的结果。

在某种程度上，列兹尼克的研究是哈斯金斯几十年前对基因研究的后续之作。哈斯金斯一直关注颜色差异是否基于遗传。他采取了与列兹尼克不同的方法，以不同的表型个体相互交配，来研究性状是如何从父母传给后代的，就像孟德尔和他著名的豌豆实验一样。哈斯金斯的工作如同列兹尼克对生活史差异的研究一样，随后的研究坚定地认为孔雀鱼的颜色变化也主要由遗传差异决定。

现在，科学家们能通过对个体的整个基因组进行测序，将表型差异的遗传学研究提高到新水平。列兹尼克的研究小组目前正采取这种方法，试图找出导致孔雀鱼生活史、颜色和其他古怪的特征变化的 DNA 差异。

到目前为止，我已经详尽地描述了列兹尼克工作的科学意义，但却没有详尽地描述在热带丛林中进行前沿实验研究究竟是什么样的。自 1978 年列兹尼克首次进行野外实验以来，他几乎每年都会返回一次特立尼达，有时一年中甚至回去 4 次。工作通常涉及一些实验性的引进，有时也会带来新的实验种群。最近的 4 次引进，两次在 2008 年，两次在 2009 年。但大多数工作都是比较性的，主要是对比自然种群适应高猎食强度环境和低猎食强度环境的不同方式。

此类实验性的对比分析通常需要涉足并不友好的环境，比如湍流或者瀑布。收集这些地方种群的数据需要耗费整天的时间待在森林里，从一个地方徒步到另一个地方，在热带壮丽的景色中捕捉孔雀鱼，进行科学测量。

绚丽的蓝蝴蝶翩翩飞舞，蜥蜴在树叶之间来回穿梭，美丽的鸟儿立在枝头，青蛙和谐地低吟，有时声音会被淹没在悦耳的虫鸣声中。我敢说，戴维·列兹尼克拥有这个世界上最棒的工作。

不过，特立尼达田园诗般的工作并非真的毫无危险。在列兹尼克从事研究的 40 年中，他已经充分体会到了这句话的含义。在最早的时候，列兹尼克知道，要想追踪猎物，就需要跟踪动物的足迹。不幸的是，一些喜欢盗猎野味的当地人也会充分利用这些足迹。为了得到这些猎物，当地人会自制一些诱饵陷阱枪。陷阱枪由装有子弹的管子构成，由触线触发机关。这些陷阱枪置于贴近地面的地方，完全可以干掉一只刺豚鼠或者如小鹿之类的其他四足类动物。不过无论谁从旁边经过都会触发它的机关，其中也包括两条腿的正急急忙忙赶去另一条溪流的生物学家。列兹尼克还算是幸运的，大部分射击都从双腿间穿过，但是仍有 17 发子弹嵌入他的左脚踝，而且他的右耳也在一次爆炸中丧失了听觉。

还有一次，列兹尼克循瀑布上游的溪流而走，忽然情况变得危急起来。此刻他正悬挂在悬崖边上，手中紧紧抓着一根灌木。他终于意识到由于刚才的滑落，自己被水流带到 20 英尺高的瀑布的边缘，只是因为在最后一刻抓住了灌木才得以逃生。更糟糕的是，他的同伴也在那时划伤了自己的胳膊，无法及时为他提供援助。但幸运的是，和许多先前的冒险英雄一样，列兹尼克使出全身力气将自己拖回边缘，让自己得以活着继续完成实验工作。

其实很多时候，列兹尼克的不幸遭遇都与蛇有关。尽管他是一名鱼类生物学家，但是列兹尼克仍然对毛骨悚然的爬行动物保持着一份热情。在野外辛苦工作一天后，他仍会在夜晚外出寻找青蛙、蛇类，或者想要有其他发现。

在另一个科学研究小组发表的论文致谢部分，作者感谢列兹尼克是其"野外的智慧向导（有时可以很冷静地站在矛头蛇身上）"。矛头蛇是一种有剧毒的蛇类。列兹尼克声称，这个故事有点儿夸大了，但有一点是真的，那就是即使蛇离列兹尼克还有一定距离，他也总是会凑近观察，有时还会捉起它们，把它们带到更偏僻的地方。

让人感到惊悚的还有行军蚁，这个贪婪的群落成百上千地结伴行动，所到之处会吞噬任何昆虫及肢体软弱的动物。人类一般不用担心被行军蚁消灭，但是与行军蚁纠缠也着实讨不到什么好处。它们的咬伤会让人特别痛苦，因为它们的长颚会嵌入皮肤，而且它们的尾端还长有一根尖刺。

不过，还是会有小队的行军蚁定期穿过野外实验室。这并不是什么问题，只要把椅子推开，确保在它们通过的路径上没有什么阻碍，接下来只需要等待它们通过即可。但不得不说，它们在清理地板上的碎屑，以及昆虫等方面的"服务"还是很到位的。

曾几何时，列兹尼克发现了一条色彩华丽的、6英尺长的炮铜蓝色的蛇——弯刀萨瓦在森林地面上移动。他抓住蛇的尾巴，而蛇反过来想要咬他，弯刀萨瓦虽然可能无毒，但是它们长满了尖牙。随后，列兹尼克和蛇都意识到他们正在一队行军蚁周围，行军蚁即将蜂拥而至。列兹尼克宣布休战，他松开了蛇的尾巴，而蛇也停止了攻击，他们分别向相反的方向逃走，列兹尼克径直进入了附近的小溪，驱逐他的敌人。尽管列兹尼克曾被行军蚁咬伤，但行军蚁也确实曾将列兹尼克从糟糕的境地中拯救出来——在另一个场合中，列兹尼克抓住了弯刀萨瓦的后端，而弯刀萨瓦反过来咬了他的鼻子。

　　还有就是遇到山洪暴发。大部分的野外工作都是在雨季进行的，雷雨随时都会降临。他们经常在幽深峡谷中的小溪里工作，当暴风雨在上游发生时，暴雨形成的洪水就会毫无征兆地滚滚而下。列兹尼克和团队有过几次切身经历，但幸运的是没有人受伤。

　　列兹尼克等人现在已经调查了很多地方，通过了解孔雀鱼捕食者是否存在，可以预测这些孔雀鱼的生活史。考虑到自然环境上的前后一致性，我们期望实验性易位的结果是可预测的，事实上也确实如此。

　　哈斯金斯和恩德勒的调查结果显示，在颜色方面具有相似的可预测性：在猎食压力较小的地方，雄性孔雀鱼的颜色更艳丽。恩德勒的 10 个温室实验池塘，以及单个自然物种的引进，所得到的结果与自然条件下的变异一致。然而令人惊讶的是，考虑到恩德勒著名的工作，并没有人接着检验其他孔雀鱼易位后色彩的演进。最终，在 2005 年，列兹尼克和恩德勒组织专家，才以动物视角来观察列兹尼克介绍的鱼的情况。

　　就像恩德勒介绍的那样，当列兹尼克的孔雀鱼从高猎食强度池塘转入只有鳉鱼的池塘中时，它们的色彩会变得更加鲜艳。然而，他们对两种鱼群所采用的实验方式是不同的：在恩德勒的鱼群中，当颜色鲜艳的鱼的数量增多时，这些鱼群变得更有活力；相比之下，列兹尼克的鱼群虽然颜色增加了，但红色和黑色斑点的尺寸[8]却没有增大，事实上，红色斑点变小了，可能是为了给更多鲜艳的颜色留出空间。

　　为什么不同的实验方式会导致不同的外貌特征的出现？其实除了猎食者的存在与否，还有其他很多因素影响着孔雀鱼的颜色。最好的色彩效果——无论是伪装还是华丽——都取决于篷盖的透光量，以及水的浑浊程度。甚至河床上石块的大小也会起到一定的影响作用。在恩德勒的温室实验中，他不断改变着石块的大小，并且发现在猎食者存在的情况下，鱼群身上斑点的大小与背景环境密切相关。

不过还有另一种情况，就是不同色彩的产生可能与环境的差异没有太大的关系，而仅仅是由于偶然因素引起的，实际上两种鱼群有着不同的演化历史。列兹尼克的初始鱼群要比恩德勒的初始鱼群颜色更加鲜艳多彩。我们并不知道其中的原因，但是我们可以肯定的是，雌鱼在寻找配偶的时候是需要依据颜色的，而且不同群的雌鱼有着不同的偏好。很可能是初始的列兹尼克实验种群的雌性对彩虹色的雄性有着过分的喜爱，在没有捕食者的情况下，这种雌性偏好可能驱动了雄性彩虹色的进化。

但这仅仅只是一种猜想，是一种等待进一步深入研究的假设。在这种观点下，我们可以说 9 把鱼移入低猎食强度的环境中会导致外形修饰程度的增加，但是会以何种形式来修饰，我们还不能确定。

研究者们已经利用孔雀鱼验证了某种演化特征的可预测性。牛津大学孔雀鱼行为研究专家安妮·马库兰解释了孔雀鱼实验所提供的有利条件。和孔雀鱼生物学的其他许多方面一样，高猎食强度种群和低猎食强度种群的行为也不同。在猎食者存在的情况下，高猎食强度下的孔雀鱼往往倾向于保持群体性，以免受猎食者威胁；相比之下，在低猎食强度环境下的孔雀鱼则放松了它们的戒心：它们很少进行群体性活动来寻求庇护，而且会更接近猎食者。几年前刚从高猎食环境迁移到低猎食环境的实验种群中的孔雀鱼会像它们在初始环境中那样表现得小心翼翼吗？或者说，它们在没有捕食者的环境中会演化出完全自由放松的生活状态吗？

为了查明真相，马库兰买了一些鱼带到实验室中饲养，在缺乏猎食者的环境下哺育它们的后代。接着她在水族箱中做了鱼类的行为实验，她把孔雀鱼放在一群鱼当中，构建了一个真实的存在猎食者的环境来观察孔雀鱼的反应。

行为实验的结果非常明确：孔雀鱼群表现出了漫不经心的状态。即使把它们放置在一群鱼当中，它们依然放弃寻求群体活动的庇护，完全自在悠游起来。即使把慈鲷放在箱中，孔雀鱼也会游过去看一看。实验再次证明了，正如生活史和色彩一样，在实验的干预下，孔雀鱼的行为演化迅速且可预测。

谢里尔·斯蒂恩曾经是一名奥运金牌得主，后来成为一名进化生物学家[1]，她将研究工作推向深入。她并没有观察孔雀鱼的行为，而是去观察孔雀鱼和猎食者之间交互作用的结果。在与猎食者共生的环境下，孔雀鱼真的会比在没有猎食者的生存环境下，进化出更强的逃生能力吗？为了弄清楚这些，她收集了 3 个实验种群的孔雀鱼[10]数据。其中两个种群是恩德勒和列兹尼克引入低猎食强度环境下的种群，第三个种群来自列兹尼克引入慈鲷后的种群。对于其中的每一个种群，斯蒂恩都以其他种群作为对比。对于前两个种群，她选用的是它们的初始种群；对于引入慈鲷的种群，她选用的是相近的没有慈鲷环境的种群。

为了验证她的猜测，斯蒂恩在实验室中做了一项关于捕食者的实验，她把孔雀鱼放在有慈鲷的水池中。按照斯蒂恩的预想，来自无捕食者环境的孔雀鱼比那些了解捕食情况的同类生存技能更弱：在所有 3 组对比中，无戒心的孔雀鱼被捕食的概率是那些"精明"同类的两倍。随后的研究暗示了，在猎食环境下的孔雀鱼不仅表现得更加机警，而且在

---

[1]　斯蒂恩作为美国女子赛艇队成员赢得了 1984 年的奥运会金牌。

遭受攻击的时候更容易逃生。普通的花园实验也证实了差异性是预测进化改变的结果。

下面我们可以很好地讨论一下实验性介入的伦理问题。物种入侵是世界范围内重大的经济和环境问题。全面禁止把物种引入原本并不存在这个物种的自然环境中，甚至对于科学目的来说也是合理的。的确，马库兰和她的同事们也呼吁应该暂停未来对于孔雀鱼的引进。

一些潜在的伤害源自对鱼群的移动。首先，这样的引进会扰乱自然秩序。没有孔雀鱼栖居的水池也是自然进化的结果，水池中原有的生物已经适应了没有孔雀鱼的生存环境。正如列兹尼克和其他人的研究工作所展示的那样，将孔雀鱼加入水池中会引起水池中的生态系统发生重大变化。在这种情况下，一些人可能会认为，引进的孔雀鱼也是破坏自然秩序的入侵物种。它们和那些捕食关岛鸟类致其灭绝的棕树蛇，或者是那些把美国西南部变成一片干涸之地的吸水怪柳，没什么差别。

其次，更重要的是，孔雀鱼的引进所带来的影响绝不仅仅局限于它们所投身的水池中。孔雀鱼有时因为瀑布可能无法到达上游，可当它们一旦到达上游，那么就没有什么可以阻止它们游回下游。这么一来，外来的孔雀鱼可能会占领原先并没有它们存在的水池，而且又能通过引入新的遗传基因影响正在变化中的孔雀鱼种群。

实验性引进也有一定的科学成本。如果把孔雀鱼放在水池中，那么其他科学家就无法研究在缺乏孔雀鱼的状态下，水池中究竟会发生些什么。如果这些孔雀鱼的基因顺流而下，改变的遗传景观就会影响整条河流的潜在研究。

我曾经问列兹尼克该怎样看待这些批评。他回答说，孔雀鱼的引进完全不同于将一个非本土的物种从世界的一个地方带到另一个地方。正相反，他是在模仿自然界中正在发生的一些事情，比如把孔雀鱼从一条河道的低竞争环境中转移到同一河道的上游地带。在雨季，孔雀鱼的确可以设法爬入山上突现的一条小溪，从而越过瀑布。而且他也看到过洪水将孔雀鱼从溪流中冲走。因此，孔雀鱼在局部地区的存在与否并不是固定不变的——它们时常涌来，又时常游走。确实，列兹尼克实验室的基因研究已经显示河流高处的孔雀鱼种群在相对短的时间内已经存在，这是最近殖民的结果。换句话说，我们今天所看到的一切其实是自然界平衡殖民与消亡之后的结果。今天的上游河流中没有孔雀鱼并不意味着之前从未有过，更不意味着今后不会有。孔雀鱼种群殖民于上游水池的情况时常发生，列兹尼克的引进也只是对自然持续过程的一种模仿。

从本质上而言，这其实是变化世界中科学进步与自然神圣性的哲学差异。这里没有绝对的对与错，只有理念的不同。在特立尼达，这样的引进不但不会被禁止，而且会继续得到官方的批准。

对于孔雀鱼的实验进化研究还在继续，规模上还有所扩大，研究者们还调查了孔雀鱼进化的许多新因素，以及其他物种类似孔雀鱼的进化情况。更多实验性引进措施也已被列入计划。然而，这些研究的核心思想已经非常明晰：对于新的选择性因素，孔雀鱼的进化是可以预测的。

恩德勒的实验引进研究于1980年被公开发布，并迅速成为经典，几年后，随着列兹尼克关于孔雀鱼生活史进化的报告进行了第二次介绍。科学界注意到，进化生物学可能是一门实验科学，即使是在自然环境中也是如此。然而，令人惊讶的是，在下一个实验性进化研究成果发表之前，已经过了许多年，而且研究的内容也开始变得非常不同。

第六章　失落的蜥蜴

如果你去巴哈马[1]，不管走到哪里，你都会看到一样东西。不是海滩，不是赌场，不是棕榈树。可能棕榈树也很难到达巴哈马，所以在那里是看不到它们的。但是更普遍的是在树木、人行道、建筑物上，在灌木丛中，在地面上，几乎到处都是的褐色小蜥蜴，它们是安乐蜥属的成员，也正是我所研究的蜥蜴。

沙氏变色蜥是一种棕色的蜥蜴，平淡无奇的名字并不能凸显这种蜥蜴的华丽。诚然，乍一看，这些 6 英寸长的蜥蜴只有一种相当单调的棕色阴影，尽管有时背后会有钻石一样或者白色和黑色的 V 形印记。但是雄性会突然抬起头来，常常同时伸直前腿，以站得更高，从脖子下面露出鲜艳的红橙色的垂皮。那条炫耀的"领带"配上他那得意扬扬的姿态——跑步、摆姿势、打架、吃饭，变成一个捣蛋鬼——在沙氏变色蜥的世界里很少会有无聊的时候。

在巴哈马很难找到没有这种蜥蜴的地方，但汤姆·舍纳倒还真发现了这么个地方。作为目前世界上最杰出的生态学家之一，舍纳初次尝试研究加勒比的安乐蜥，想要弄清楚究竟有多少物种可以共生在一个地方。在 20 世纪 70 年代中期，舍纳和他同是生态学家的妻子艾米·舍纳花了两个夏天巡游巴哈马，调查了大大小小的岛屿。巴哈马群岛通常被描述为一个有着 700 个岛屿的群岛，但是这个数字被大大地低估了，这是由于人们在定义上过于小心翼翼——最微小的岛屿有崎岖不平的石灰岩、杂乱的灌木丛，有时还有小乔木，这些被统称为"礁石"。上千块这样的"礁石"散落在巴哈马地区，而舍纳也拜访过它们中的大多数。他们发现随着礁石不断变小，它们的植被覆盖也越来越少，最小的只有几十平方英尺大小，只有很少的植被碎片。不过这些礁石确实和巴哈马的其他地方不同，这里缺少蜥蜴。

图 28　一对沙氏变色蜥

　　舍纳决定做一项实验。很明显，安乐蜥不能生活在小型岛屿上。但为什么会这样？即使是今天，种群走向消亡的方式仍然不能很好地被解释。舍纳觉得这些小岛是做实验的理想之地，通过把少量蜥蜴放在这些岛屿上，观察种群是如何逐渐减少直至消亡的，就可以很好地验证消亡的进程。

然而这种做法并不奏效。舍纳花了 5 年时间观察了这些岛屿。在那些最小的，甚至都比不过一个热水浴缸大小的岛屿上，蜥蜴种群很快就消失了。稍大岛屿上的种群生存维持了一段时间，前后差不多持续了 4 年。但是在那些覆盖植被的，比投手丘 ① 稍大的岛屿上，蜥蜴种群存活下来，甚至开始繁衍生息。这个结果让人始料未及。如果这些岛屿适合蜥蜴生存，为什么它们之前并没有存在于此？舍纳暗示可能是受到了周期性灾难的影响。当人们在谈论加勒比地区的灾难时，某种现象肯定会首当其冲：飓风。

舍纳的论文于 1983 年被发表，但我直到几年之后才有幸拜读，当时我正在努力完成我的博士论文的研究：关于安乐蜥的可复制适应性辐射问题。撇开关于飓风的不祥预兆，我从这篇论文中看到的不是关于生存与死亡的故事，而是一个无意中进行的关于进化适应的实验。

我的博士研究记录了安乐蜥物种如何适应不同的栖息地。这种适应性涉及它们的腿部长度——物种活动于较宽表面时会进化出更长的腿，而活动于狭窄表面的物种则会进化出更短的腿。由于舍纳夫妇引入蜥蜴的那些岛屿上的植被覆盖程度不同，他们的研究建立了对于模型的实验测试，这个模型产生于数百万年的进化实验：如果短期进化和长期进化以相同的方式发生，那么在那些凹凸不平、植被覆盖又少的岛上的安乐蜥种群则会进化出更短的腿，而如果蜥蜴被放置在有广阔植被覆盖且栖息环境和它们原先所生存的大型岛屿比较一致的岛屿环境中，这些蜥蜴

---

① 投手丘是棒球场菱形中央隆起的人工土丘，直径约为 5 米。——编者注

则应该保持更长的腿部结构。

自从在数年前聆听了恩德勒关于他的孔雀鱼的研究报告后，我一直想进行进化实验。这次是我的机会。我想要做的就是让汤姆·舍纳感觉到这是个不错的主意。

几个月后，我的机会来了。在一次国际会议上，我提前约好了舍纳，准备在茶歇的时候与他进行一次简短的会面。我非常紧张地把我的推测告诉他，我认为他通过将蜥蜴引入有不同植被特征的岛屿上，从本质上来说是建立了一个进化实验，以验证环境对于蜥蜴适应性所产生的影响。而他回应的方式则成就了我最大的梦想，他邀请我加入他在加州大学戴维斯分校的实验室，去研究蜥蜴的种群是否会按照我预测的那样进化。两年后，正是 1991 年春，我发现自己真的置身于巴哈马中部的斯丹尼尔岛上了。

当我告诉人们我要去巴哈马做野外研究时，他们总是顾左右而言他，但是我能感受到他们嘴角泛起的狡黠的微笑。我知道他们脑海里正在描绘着什么场景：海滩、棕榈树、吊床，还有边缘扎着小伞的玻璃杯饮料等。

斯丹尼尔岛可不是这样的一片乐土。可供选择的饮料上并没有扎着小伞。更重要的是，这里并没有大片海滩，大部分植被是稀疏干枯的森林，只有零星的棕榈树。这里没有华丽的度假胜地和豪华幽静的别墅，只有斯丹尼尔游艇俱乐部，而且名不副实。俱乐部最擅长的就是它的通心粉和奶酪晚餐，还有它那巨大的"飞蟑螂"。房间很破旧，顾客是一群银行家、帆船迷及一些毒贩。

我的任务是从 14 个岛屿上捕捉尽可能多的蜥蜴，这些蜥蜴的种群是 10 多年前由舍纳建立起来的。我的目标是确认这些种群的腿部长短是否真的随着岛屿间植被的差异而发生了分化。

　　捕捉沙氏变色蜥可以说是野外工作中比较享受的活动了，而且可以有很多种方式来完成。最简单的方法是夜间外出，当它们在打盹的时候捉到它们。安乐蜥通常会在十分暴露的环境下睡眠，比如树叶上或是在树枝的末端。这样的睡眠环境会让它们感到平静，当夜间的任何捕食者想要靠近它们时，轻微的震动就会将它们从睡眠中惊醒，以便及时逃脱。这一策略可以轻易地躲避来自蛇、老鼠及蜈蚣的攻击，因为它们只有穿过树枝才能接近蜥蜴，但是这个方法对于手持光束的两脚捕食者来说似乎没有用武之地。在光线的照射下，蜥蜴就会轻易地暴露在草木的背景之下。一些蜥蜴栖息在高高的树上，但是大多数都在可触及的范围内，唯一的挑战就是抓到它们——把它们轻轻地拍在双手间可是我擅长的一项技术，必须在光束把它们弄醒之前就完成。

　　第二种围捕蜥蜴的方法则更具挑战性，因为需要用绳索套住活动中的蜥蜴。为了做到这一点，我用一种细绳子做成了一个小套索，我比较喜欢用打上蜡的牙线，要用白色的而不是薄荷绿的线，因为后者在植物丛中不能被看见。我把套索缚在 10 英尺长的钓竿上，随后准备去捕猎蜥蜴。一旦我发现了蜥蜴，最好的情况是，蜥蜴以观察者的姿态栖息在树上，俯卧，头稍微抬起，离开垂直的表面，然后我会慢慢地靠近，直到距离它 12 英尺的位置。一些蜥蜴不会让你距离它们那么近，但是沙氏变色蜥并非如此。然后，我的动作更加缓慢，我操纵绳索在杆子的末端向蜥蜴移动，并把它套到蜥蜴的头上。为什么蜥蜴会允许这种情况出现？对于它们来说，这些白色的细线是陌生的，但并不是某种威胁。确实，有时候它们甚至试图抓住并吃掉这些细线。

　　如果一切顺利，我会在蜥蜴的脖子上套上绳索，然后快速向后拉。

当蜥蜴的身体在杆子上摆动时，它的重量会拉紧绳索。蜥蜴的脖子很结实，身体也不重，所以这只会令它们感到惊讶，只会伤害它们的尊严。它们当然对此不满意，正如它们张开的嘴所证明的，当我把它们从绞索中取出来时，它们没有错过咬我的机会。蜥蜴确实有牙齿，有时非常锋利，但沙氏安乐蜥的体形太小，它们很少会咬破皮肤。

蜥蜴狩猎听上去好像如此简单！但仅仅是如此描述才让这个过程听起来更容易。事实上，这些岛屿不是理想的工作场所。岛上的岩石由多孔石灰岩构成，侵蚀严重，导致孔洞、锯齿状边缘和不可预知的在脚下破裂的碎片。这里的植被残破不堪，在一些地方杆密丛生，而另一些则被毒物支配，这是一种有毒的常春藤，可以生长成一棵树。

图 29 布满岩石碎屑的栖息地

捕捉蜥蜴本身也很难。虽然有些会站在原地不动，让你把套索套在它们的脖子上，但大多数蜥蜴还是有些警惕性的，随着套索的靠近，它们的头会稍微移开，甚至在树枝的背面晃来晃去。此外，植被阻碍了套索的定位，而不合时宜的阵风也会把它吹走。由于这些原因，我喜欢把捕捉蜥蜴比作捕蝇，这是一种原始的战斗，有着原始装备的人们对抗着小脑袋的动物。我已经向许多捕蝇爱好者解释了这个想法，通常都会遇到疑惑和怀疑的表情。显然，在这个地球上，捕蝇是一种不平等的极乐体验。尽管如此，从我的角度来看，捕捉蜥蜴的挑战就像一场人与自然的战斗一样，在这场战斗中，我经常被这些小脑袋的家伙击败。

这里还有其他方式可以捉到安乐蜥。径直走到蜥蜴面前，然后用手抓住它。不过这个把戏对我来说不大管用，它们通常在我离得足够近的时候就感觉到了我的意图而后蹒跚爬走。但我的一个同事——曼努埃尔·利尔，出生和成长于波多黎各——能够侧身靠近它们，然后闪电般地伸出手，把蜥蜴从树上拽下来。到现在我还没弄清楚这位通晓蜥蜴的人的魔力究竟在哪儿。

对于这类研究，捕捉蜥蜴的行动只是挑战的一小部分。更大的麻烦是首先要进入那些微型的小岛。从斯丹尼尔岛看，这些岛屿不是很远，都在几英里之内。但是在圣路易斯长大的时候，我并没有学到很多关于划船的知识，尤其是如何修理笨重的船用发动机。每天，当我乘坐俱乐部租来的捕鲸船外出时，我都会担心自己是否能赶回来，或者我是否必须等到工作人员知道我失踪了，然后派人出去找我。通常我会带着一本书在等待救援的时候阅读。

旅途的可怕还远远不止这些。有一天，我的捕鲸船刚好在一个较大的岛屿旁边出了故障。岛屿上有房子，有一栋像仓库一样的建筑，还有一条飞机跑道。这个岛据说是被一个从事肮脏交易的人占据。（当时巴哈马毒品贸易非常猖獗，这里曾是从南美洲到美国的重要贸易通道。）我被告诫要不惜一切代价避开那个岛和那些臭名昭著的居住者。但这次，由于引擎坏了，我就这样漂浮在岸边。当时的我吓得直发抖，我弃船上岸，径直走到门前，然后敲门。里面的人很友好地应答了，我解释了自己目前的窘境。他就给俱乐部发了无线电报，15 分钟后，我被工作人员带了回去。谁能想到毒贩会如此友好？也许他们只是对我的实验比较欣赏吧。

有一次，我捉到了一只蜥蜴，我把它们装在一个小袋子里，然后放进一个冷却箱中以防它们过热。在一天要结束的时候，我回到房间中。我给蜥蜴注射了兽用麻醉剂，趁着它们昏睡之际迅速测量了它们腿部的长度。第二天它们又重返原先所在的岛屿，它们在原先被逮捕的地方被释放，毫发无损，对它们的配偶来说应该是个好的故事结局了。

这项工作要比预期的慢了太多。干燥多风的季节对于捕捉蜥蜴来说并不是什么好事。降雨的缺乏抑制了昆虫的活动，这意味着对于蜥蜴来说，周边的食物显得有些匮乏，而太阳和风的结合又加速了脱水情况的出现。蜥蜴是敏感的动物，它们躲在人们的视线之外，等待更好的时机。中午一般是最糟糕的时候，因为蜥蜴都停止了活动。我已经在这儿读完了所有的阅读材料。4周后，当我的旅行结束时，我已经成功地捕获和测量了161只蜥蜴。

接下来的日子是在电脑前整理材料。之前，我每次在测试的时候，总是会将数据写在纸上。我很好奇这些数据到底意味着什么，我到学校把这些数据画在手绘的图纸上。然而这些数据并没有表现出特别明显的模型。这和我在处理蜥蜴时的感觉是一样的——不同岛屿之间的它们也并没有显示出太多的不同。我并不感到奇怪，因为这些种群还太年轻。可能是之前太过期望它们能够在这么短的时间跨度内就有所进化。

我回到戴维斯学校的办公室中，忙着处理其他项目。我一直没忘数据的事情，但是它们也算不上急事。因为我知道这些数据可能确实没什么意义，所以我并不急着把它们导入电脑中来证实一些不算是新闻的结论。最后，我把我的待办事项表中的所有项目都画掉，然后把数据输入计算机的统计程序中，开始进行正式的分析。

一开始，我误读了屏幕上的信息，我认为这些结果证实了我之前的预想：这些岛上并没有什么值得关注的事情发生。但是我又接着看了一遍，发现有些事情触动了我。这些种群不仅是在进化，而且和我们预测的非常一致：在那些岛屿上，蜥蜴如果活动在细小的枝杈上，它们的腿则往往很短小，而活动在平坦宽阔表面的蜥蜴的腿往往会比较长。我们的实验证明了在自然界中也可以发生迅速的适应性的进化。（更不用说，这是我最后一次用自制的图纸来看原始数据。据我所知，不同种群间的腿长差异虽有统计上的意义，但是由于差异太小，因此在手绘图表中表现得并不明显。）

完成这些分析并写成报告花费了我们相当长的一段时间。当时，我们打算将这篇论文发表在英国的《自然》杂志上，汤姆·舍纳和我返回巴哈马，开始了另一段野外之旅，这次我们是在巴哈马群岛北部的阿巴科岛上进行一项新的实验。那里的住宿条件已经得到了不少改善——更好的房间、更好的食物、更少的蟑螂，但我们的房间里没有电话和互联网。

由于并不知道接下来会发生什么，所以我在走之前改变了办公室留言机的应答方式。我留言说给我待过的小旅馆的前台留言就能联系到我。我不知道的是，《自然》杂志的编辑发布了一篇新闻稿，说道："这可能是达尔文在'贝格尔号'航行期间研究加拉帕戈斯群岛上的雀类多样性以来，在进化研究中最重要的工作之一。"我觉得这的确是一篇很好的论文，只是被炒得有点儿过火了。

我在旅行期间曾返回酒店去找留下的信息，酒店的老板同时还兼任经理。我走进他的办公室，他告诉我，《纽约时报》的一名记者曾经给我打来电话。第二天，《波士顿环球报》和《今日美国》也来了电话。

第三天，《ABC新闻》想安排一个考察团去巴哈马进行报道。

店主显然吓了一跳。他做旅馆老板这么多年，以为自己已经洞察一切。没想到的是，有人来到巴哈马，只是为了四处追逐蜥蜴。我表现出无所谓的样子，但显然还是有点儿不自在。突然间，全世界的媒体都在敲他的门，试图与我会面，顺便说一句，他们还让他唯一的电话一直占线。也许这是一个巧合，但不久之后，他便把这个地方出售了。

这段传奇经历告一段落，我们也从巴哈马起身返程了。(《自然》杂志在正式出版前就已经发布了相关消息，但直到论文正式出版时才公布结果。)我还是在短暂时间内有那么一点儿名气的。我必须承认，当看到自己的名字出现在《纽约时报》第一版和《波士顿环球报》的首页上，我非常激动，更不用说《今日美国》和其他许多报纸和杂志了。《ABC新闻》也播出了一份报告，虽然没有现场报道。我收到了朋友和同事们的祝贺。故事的主线是，我们已经证明了进化可以非常迅速，而且我们通过在自然中进行实验也证明了这一点。恩德勒和列兹尼克的工作都同样如此，但这仍然是个大新闻。

和孔雀鱼的研究工作一样，我们通过验证从自然变异中得到的观测值来研究进化的可预测性。在历经了上百万年的适应性变化之后，安乐蜥的腿部长度已经开始依赖它们所活动的物体表面而发生变化。如果我们把相似的种群放在有不同植被的岛屿上，经过几年的演变之后会出现相同的结果吗？答案是肯定的。经过10年的进化，我们实验中的14个种群在肢体尺寸上都有了变化，它们的腿的长度与它们使用的树枝的宽度成正比。像孔雀鱼的研究一样，我们可以预测蜥蜴将如何进化——重新创造自然种群所经历的条件，而实验种群也将以同样的方式反复去适应这些条件。

　　但是，正如孔雀鱼一样，我们必须考虑另一种可能性，即种群之间腿长的差异不是遗传进化的结果。每当我就这项工作给出科学解释时，观众中总会有人——通常是植物学家——提出表型可塑性问题。种群间的差异真的是遗传变化的结果吗？是不是蜥蜴出生的岛屿上的植被本来可供栖息的表面就窄，所以它们的腿就变短了？

　　在我看来，蜥蜴的腿长可能受到它接触的栖息物体直径的影响。幼年蜥蜴在狭窄的栖息处活动怎样导致它们的腿部变得更短？我一直保持这个疑问，所以我认为必须调查一下。

　　我来到图书馆，想弄清楚栖息物体的直径对蜥蜴肢体生长的影响。这并没有花费我太长时间，因为没有人调查过这个主题。然而，在另一个主题方面，即运动对脊椎动物肢体生长的影响却有大量的相关文献。这项工作的首要目的是探究多样化的运动是如何影响动物腿部发育的。这些研究也包括了一些我见过的最怪异的实验。

　　例如，在一项研究中，研究人员强迫年幼的实验鼠每天在运动轮上跑 10 个小时，而对照组的实验鼠则只是在笼子里闲逛。在另一个例子中，年幼的大鼠每天要在浴缸里游 4 个小时，就这样一次又一次地实验着。或者，让成长中的鸡在跑步机上长时间奔跑。

　　这些实验的结果是相当一致的。长时间运动的动物长出结实的四肢骨骼。甚至在人类中也有一个众所周知的例子：举重运动员的手臂骨骼比其他人更宽。原因是骨骼实际上是一种非常有活力的物质，它们在不断地增加和流失钙质。当骨骼承受压力时，就像在锻炼过程中一样，骨头会增加钙质来增强自身抗压性。因此，骨骼的宽度是受动物行为影响的塑性特征之一。

　　但是我们想要研究的结果不是关于骨头的宽度。我们是在研究它的长度。在大多数情况下，这些研究并没有发现运动所造成的肢体长度上的差异。不过还是有个例外，这就是 20 世纪 50 年代对男性职业网球运动员的一项研究。如果你仔细想想，职业网球选手从小就开始打球，那么在他们的成长岁月里，他们会一直把注意力放在发球的手臂上。这项研究的好处在于，通过比较打球和非打球的手臂，每个个体才是自身体征的真正塑造者。

职业运动员的手臂确实更长一点儿，打网球几年后，确实会让你的手臂变得更长[①]。由于是通过 X 光进行的测量，所以可以肯定长度的差异主要体现在骨骼上，与韧带或者肌肉无关。

很明显，在生长过程中以不同的方式使用肢体可以影响肢体生长的长度。表型可塑性的假设并不完全牵强。但是由研究职业网球运动员前臂击球延伸到研究悬挂在树枝上的蜥蜴还有很长的路要走。我们还需要做一个可塑性研究。

最直接的方式是从我们实验的岛屿上捕获幼年蜥蜴（或待产的母蜥蜴），并在一个共同的实验室环境中饲养它们，看看它们之间是否存在差异。然而，我们的研究过程持续时间长且种群数量比较少。我们担心如果从岛上带走太多蜥蜴，将影响未来实验的结果。于是，我们放弃了进行普通的花园实验。

我们转而开始实施 B 计划，就是做一个普通花园实验的反向研究。我们不是从不同种群的蜥蜴中收集蜥蜴并在同一地点饲养它们，而是从一个种群中收集蜥蜴并在不同的条件下饲养它们。其中一组蜥蜴在陶器

---

① 当然，从理论上讲，这里的因果关系可能刚好相反。也许只有非对称手臂的人才能成为职业网球运动员。

里饲养，在它们立足的地方放着一块宽而平的木头（上表面的尺寸大概是 2 英寸 ×4 英寸），而另一组蜥蜴的栖息地则是一根 0.25 英寸宽的窄木桩。实验测试了在不同的物体表面成长的蜥蜴，腿长是否真的会受到影响。换言之，表型可塑性是否能够产生像我们在田间观察到的种群差异的情况？

其实我做这个实验只是为了让那些植物学家闭嘴，以证明不能仅仅因为植物在不同的条件下生长的情况会不同，就认为蜥蜴的腿也会有类似的变化。然而当我仔细看了数据之后，我惊讶地发现我错了。当我把一只成长中的蜥蜴放在一个宽阔的表面上，即使考虑到整体体形的差异，它的腿也比在窄木板上成长的蜥蜴要长。

然而，研究还表明，在我们的实验岛中观察到的差异太大，不能用可塑性来解释。实验室中的生长实验使蜥蜴所经受的环境差异——利用窄木条与宽木板之间的对照实验——要比在实验岛上的实际栖息环境中栖息直径的宽度差异大得多。然而，岛屿种群之间腿长的差异却比实验室中产生的差异大 3 倍。换言之，即使在极端不同的条件下，表型可塑性也只能解释岛屿上看到的变异的一小部分因素。因此，我们得出结论，进化过程中出现的遗传变化很可能是不同实验岛屿的种群之间，腿部长度产生差异的主要因素。

当然，这是对遗传导致肢体长度发生变化的一种间接的测试方式。反过来说，即使这项工作完成了，我们也无法直接标定究竟哪种基因决定了腿部的长度。20 年后的今天，我们仍然没有实现这个想法，但是在接下来的几年里，研究人员很可能会鉴定出相关的基因，我们将能够发现哪些遗传差异是导致种群间肢体长度变化的原因。

现在想象一下，你是一只住在巴哈马的一个孤立小岛上的安乐蜥。你花很多时间在地上捕捉昆虫，与同伴交往。然后有一天，不知从哪里冒出来了几只大而笨拙的蜥蜴出现在岛上。它们笨手笨脚，爬行缓慢，但是它们张大了嘴巴，很明显想要把你当晚餐。你该怎么办？

对任何头脑敏锐的人来说，答案是显而易见的：应该爬进灌木丛，远离地面和那些野兽。但是还有另外一个问题，你的腿太长了，很难在狭窄的树枝上行动。这时候你就需要有所改变了。

简而言之，这就是我们下一个实验要做的事情。在第一项研究成功之后，舍纳、斯皮勒和我决定尝试另一个实验，这次实验的目的是探寻进化变异。而且，我们又一次通过对自然界的观察验证了最初的预测。舍纳于 20 年前在巴哈马的旅行表明，沙氏安乐蜥栖息在岛屿的植被的高处，这些地方通常栖息着更大、更多的陆生蜥蜴物种。这次我们要进行两重预测：第一，在捕食者存在的情况下，沙氏安乐蜥会迅速从地面向上移动并钻入灌木丛；第二，它们会随后适应这种新的栖息地，再次进化出短腿，以便在更窄的表面上移动。

这次研究的总体框架和先前比较类似，我们将注意力放在小石灰岩岛上的沙氏安乐蜥的种群上。但这次，我们选取了一个更大的岛屿，上面已经有安乐蜥存在了，而不需要引进更大的在陆地上生活的蜥蜴捕食者。

我们实验中的"坏家伙"是卷尾蜥蜴，这是一种强壮而结实的蜥蜴，成年的卷尾蜥蜴可以长到沙氏安乐蜥的 2 倍长和 10 倍重。卷尾蜥蜴的名字不言而喻——当它们受到侵扰时，它们会把尾巴卷曲在身体上方再逃走。它们目前为什么会这样还不得而知，也许它们在向捕食者传达一则信息："我看见你了。不要浪费时间追逐我。"——或者也许是试图把攻击者的注意力转移到它可以消耗的尾巴上。无论如何，看到一只行动笨拙的蜥蜴将尾巴盘绕在身上蹒跚而行的场景还是挺滑稽的。

图 30　卷尾蜥蜴

　　然而安乐蜥就很少能被卷尾蜥蜴的样子逗乐了。毕竟卷尾蜥蜴可以吞食任何能够塞进它口中的食物，这其中也包括其他种类的蜥蜴。

　　虽然我们的实验在概念上听起来还不错，但我们对结果却一点儿把握也没有。卷尾蜥蜴据说是会捕食安乐蜥的，但我们并不清楚这种捕食状态的生态影响究竟有多重要。这种状态究竟是许久才会发生一次，从而不会对生态造成任何影响，还是说它会对安乐蜥产生重大的影响呢？没有可用的数据来回答这个问题。我们必须通过实验来找出答案。

　　卷尾蜥蜴出没在阿巴科群岛周围的大岩石上，偶尔也会移居到附近的小岩石，所以我们的迁移模拟了一个正在进行的自然过程。一开始，我们定位了 12 个岛屿，并根据岛的大小和植被覆盖率将它们分成 6 对。然后，我们通过掷硬币决定每对岛屿中的哪一个岛屿可以接收 5 只卷尾蜥蜴，而将同组的另一个岛屿作为对照。

　　1997 年 4 月，我们开始围捕卷尾蜥蜴。捕捉卷尾蜥蜴比捕捉安乐蜥更有趣，因为我们必须使用更长的、大约 20 英尺的杆子，原因是卷尾蜥蜴比安乐蜥更警惕，它不允许我们足够接近它。因此，需要更好地操控杆子，把套索套在蜥蜴的头部。特别是在微风习习的日子，捕捉卷尾蜥蜴的难度会更大。最终的结果是一样的，一只蜥蜴悬吊在杆子上，牙线套索缠着它的脖子。唯一的区别是，把卷尾蜥蜴从套索上取下时必须格外小心，因为它们的嘴比安乐蜥大很多，因此它们的撕咬确实会造成一定的伤害。

3 个月后，我们返回小岛进行第一次复查，我们并不知道会发生什么。卷尾蜥蜴会在它们的新家幸存下来吗？它们的出现是否会对安乐蜥产生影响？当然，我们有自己的预测，只是我们没有太多信心。

令我们惊讶的是，结果已经相当惊人了。有卷尾蜥蜴的岛上的安乐蜥种群数量已经是对照组的一半，这种差异在实验的其余部分得到了验证。在对照组岛屿上，在地上或附近仍然可以找到安乐蜥，但是在引入卷尾蜥蜴的岛屿上，安乐蜥整体都向上转移，离开了地面——离开了它们的敌人。实验开始两年后，有卷尾蜥蜴的岛屿上的安乐蜥平均栖息高度是无卷尾蜥蜴的岛屿的 7 倍。

这些结果比我们预想的更加戏剧化。安乐蜥已经移动到灌木丛中，开始栖息于狭窄的植被。只要看到安乐蜥笨拙地在这些狭窄的表面上移动，我们就能知道它们没有很好地适应。我们的预测是，自然选择会创造奇迹，几年后，安乐蜥会进化出更短的腿，并更好地在它们新的栖息地自由移动。

可惜的是我们后来再也没有机会去弄清楚这一切。1999 年 9 月，飓风"弗洛伊德"直接袭击了阿巴科群岛。我们的实验岛海拔仅几英尺，在风暴潮下浸没了几个小时。所有的蜥蜴都被冲走了，实验也随之结束了。

这实际上是我们 3 年来第二次被飓风结束的实验。1996 年 10 月，当飓风"丽莉"在乔治镇横扫过我们的头顶，在另一组岛屿上消灭了蜥蜴之后，我们就把实验场所搬到了阿巴科。从这些事件中，我们了解了很多关于飓风的影响，包括证实了舍纳对于为什么小型岛屿通常没有蜥蜴生存的见解。尽管我们是偶然成为飓风专家的，但这是以过早终止我们的一些长期实验为代价的。这是一项代价高昂的交易。

但我们还有一线希望。现在我们知道卷尾蜥蜴对安乐蜥有如此大的影响，我们就可以利用这些知识重新设计我们的下一个实验。这里还保留着另一笔财富：飓风"弗洛伊德"相比其他飓风在当季发生的时间较早，而此时的蜥蜴繁殖季还未结束。尽管岛上所有的蜥蜴都被暴风雨冲走了，但它们的卵在地上保留了下来。一个月后，令我们惊讶的是，岛上到处都是幼年蜥蜴，这些幼年蜥蜴是在"弗洛伊德"过境的高位水域中经过 6 小时浸没后孵化出来的。

我们还得等上几年，植被和蜥蜴的数量才能恢复，但是到了 2003 年，我们又忙了起来——我们决定上演卷尾蜥蜴的续集。计划大体上是一样的：把卷尾蜥蜴引入一些岛屿，而用另一些岛屿作为对照。但这次，我们做了一些不同的事情。我们的目标不仅是通过时间追踪种群，看看它们是否进化，还要真正测度自然选择本身。

具体来说，我们的假设是卷尾蜥蜴的存在会改变自然选择的模式。我们的预测分为两部分。最初，我们预测长腿的安乐蜥——速度更快，因此能更好地躲避地面上的卷尾蜥蜴——更容易存活下来。但是随着时间的流逝，我们期望安乐蜥能够改变生存模式，栖息地由地面上升至灌木丛中，就像它们在之前的实验中所完成的迭代那样。一旦离开地面，远离陆地上的卷尾蜥蜴（卷尾蜥蜴个头太大，爬不上所有的树，除了最宽矮的树木），安乐蜥的长腿将不再是优势。相反，正如我们在斯丹尼尔岛的实验一样，我们期望自然选择会倾向于短腿蜥蜴——那些更擅长在狭窄的表面上移动的蜥蜴。

自然选择会奖励一些物种，它们可以生产存活至下一代的最多数量的后代。有许多方法可以使这种生殖成功最大化：活到老年，使交配次数最大化（也称为"性选择"），使每次生殖的后代数量最大化。在这种情况下，我们将研究蜥蜴如何适应环境，所以我们选择将研究生存状况作为进化适应性的度量。

为了弄清存活率与腿的长度是否相关，在实验开始时，我们需要捕获安乐蜥，测量它们，并给它们一个唯一的标识，以便我们确定它们存活了多久。短腿蜥蜴能活得更长吗？为了弄清这些，在引入掠食者之前，我们到访了所有的岛屿并捕获了尽可能多的安乐蜥。

鸟类学家想在种群中识别鸟类个体时，会在它们的腿上捆绑彩色的束带。每只鸟的两条腿上都有独特的颜色组合，这可以让科学家们用双筒望远镜从远处辨认出每只鸟。（比如：右腿，顶部是橙色，然后是两条黑带；左腿，黄色、橙色、黄色。哦，没错！这是弗雷德！）然而，无论是这种束带，还是兽医用于给猫狗注射的微芯片，对于安乐蜥来说都不太合适。每次蜥蜴蜕皮时，原本标记在它们皮肤上的痕迹都会消失，这种情况在夏天经常出现。因此爬行动物学家使用了一种标记鲑鱼的方法，在蜥蜴皮肤下面注射有色无毒的橡胶线。因为蜥蜴的腿下部皮肤是半透明的，所以当蜥蜴被再次捕获时，这种弹性物质的霓虹色——绿色、黄色、粉红色和橙色都是显而易见的。通过在肢体的不同部位注射不同的颜色，每只安乐蜥都会被标记独特的颜色代码。

从我们以前的研究中，我意识到，在捕捉蜥蜴之后立即着手进行处理，相比把它们运回房间，让它们过夜，第二天把它们送回家来说更有效。要做到这一点，则需要建立一个移动工作站。在多数情况下，这些岛屿由多刺的石灰岩组成，并不适合处理工作或坐在其表面。所以我从租的房间借了一把塑料户外椅子，带着它坐着摩托艇上了岛屿。

在某些方面，这里倒是挺适合做实验的。因为岛很小，所以我总是离大海几英尺远。各种鳐和海龟都很常见，偶尔还会有一群海豚游过。

另外，岛上没有树可供乘凉，岛屿完全暴露在炽热的巴哈马阳光下。当没有微风的时候，中午的热度是令人窒息的，阳光把我的防晒服从头到脚晒了个遍。不过还好我有我的太阳帽，它像一个小飞碟那么大，为我提供了一些阴凉，即使它让我成为过往船只上满船游客的笑柄。刮风的天气是喜忧参半的。这种天气确实能让我凉快下来，但代价是我的材料和帽子随时都有被风吹走的危险。

我的步骤是捉住一只蜥蜴，回到我的椅子那里坐下来，测量蜥蜴的尺寸，还得小心不能让扭动的蜥蜴掉下去，因为我需要把数据记录在我的笔记本上。然后，我从冷却器中取出 4 支注射器，每支注射器都装有不同的颜色，并将其放置在冰上进行冷却，以防止液体过早硬化。随后将注射器插入蜥蜴的皮肤之下，注入颜色。液体很快就会硬化成坚固的橡胶，然后我再把蜥蜴送回它原先被捕捉的位置。整个过程大概能在 10 分钟之内结束。

我们大约花了 1 个月的时间，捕获了 12 个岛屿上几乎所有的蜥蜴。每只蜥蜴都有独特的标记。这样当我们再次返回的时候，只要抓住一只蜥蜴，就可以知道它的身份。最重要的是，我们对那只蜥蜴了如指掌：它有多大，腿有多长，趾上有多少鳞片。我们想要看看它们的存活是否与表型相关：腿短的蜥蜴会比腿长的蜥蜴活得更好吗？而且对于我们的实验来说最为关键的是，卷尾蜥蜴的存在会改变自然选择的进程吗？

一旦测量过所有的蜥蜴，我们就在阿巴科又进行了一次卷尾蜥蜴的围捕，并把那些"幸运儿"引入它们新的岛屿度假胜地。这次又有 6 个岛屿接收了猎食者，另有 6 个作为对照。然后我们飞回了家，把余下的事情交给蜥蜴自己去打理。

6 个月后，在感恩节假期，我们回来看看发生了什么。我们的目标是捕捉每一个岛上的每一只安乐蜥蜴，以确定谁活下来了，谁没有。这样做并不容易。抓住前百分之八九十的蜥蜴并不难，但是余下的那些就比较狡猾了——总是有些蜥蜴会继续逃避捕捕，它们会悄悄地探出头来，躲在遮蔽物下，悄悄地躲开我们的视线。

一旦蜥蜴被抓获，我们就把它们翻转过来，以便检查它们的腿部下侧。这些颜色通常很容易检测，但是为了以防万一，我们带了手电筒，它能发出紫外线，因为这些在腿部的细线会在紫外线的照射下发光。大约 1 分钟的检查完成后，我们会在蜥蜴的背上放一个小点，这样我们就知道它已经被捉过，然后在抓捕它们的地方放了它们。

我们的假设是自然选择已经对腿的长度起到了一定作用。为了验证这个想法，我们计算了所谓的选择梯度，在这个例子中，它是以幸存者的腿部长度与死亡蜥蜴的腿部长度之间的差异为基础进行比较的。一个较大的正值将表明长腿蜥蜴活得更好，一个大的负值将暗示情况刚好相反。

在对照控制岛上，没有卷尾蜥蜴，选择梯度约为零，肢体长度不影响生存。但在有卷尾蜥蜴的岛屿上，就是另一种情况了，选择梯度都非常高且为正值。长腿蜥蜴在有卷尾蜥蜴存在的条件下生存得更好，食肉动物的存在正以我们预测的方式准确地改变着自然选择。

当我们 11 月捕捉蜥蜴时，我们也记录了找到它们的地点。正如我们在先前的实验中看到的，为了避开卷尾蜥蜴，安乐蜥会进入灌木丛，在地面上活动的安乐蜥的数量只有对照控制岛屿上的三分之一，但是在岛上只有十分之一的观察样本是卷尾蜥蜴。此外，在有卷尾蜥蜴的岛屿上，安乐蜥栖息在较高较窄的枝条上。

栖息地发生变化的这种结果，让我们预期自然选择最终会改变演化方向。在卷尾蜥蜴无法触及的地方，长腿不再是有利的。我们知道安乐蜥如何适应狭窄的表面，它们进化出较短的腿，以获得更好的机动性。因此，我们预期自然选择最终会在有捕食者的岛上开始向着更加倾向于短腿蜥蜴的方向发展。

在接下来的 5 月，我们回到岛上进行再一次的统计调查。我们再次抓住了所有幸存者。我们注意到，栖息地的差异变得更大了，在有卷尾蜥蜴的岛上的蜥蜴待在地面上的时间更短，栖息物也更窄。我们再次计算了选择梯度，这次只考虑了去年 11 月存在的那些蜥蜴，并将那些在 5 月出现的蜥蜴与前 6 个月死亡的蜥蜴进行比较。

同样，对照岛屿上的选择梯度几乎为零，自然选择继续忽略这些岛屿上蜥蜴的腿部长度。但在有卷尾蜥蜴的岛屿上，情况发生了变化。自然选择开始发挥作用，但这次是相反的方向。短腿蜥蜴现在存活得更好，自然选择完全反转了。我们预期到会发生这种现象，只是没想到会如此之快。

这些结果记录了一代以内的自然选择，并非跨代的进化变异。事实上，在卷尾蜥蜴存在的岛上，两个不同的自然选择之间的作用刚好相互抵消，使得最终的自然选择几乎为零。但我们没有预料到自然选择未来会继续从正转为负。现在安乐蜥已经上移至灌木丛中，它们不会再回到地面上了。卷尾蜥蜴会注意到这一点。我们进一步预测自然选择会持续偏爱较短的腿。我们希望能看到沙氏安乐蜥是否会进化成类似于大安的列斯群岛上堪称枝条行走高手的蜥蜴的结果。

根据我们以前的实验，你可能希望我告诉你，我们的实验将会被飓风摧毁。但如果你是这么想的，那你就错了。一场飓风并没有终止这次实验。但是两场飓风做到了。2004 年 9 月，飓风"弗朗西斯"和"珍妮"一前一后，相继袭来，不过我们在这之前已经完成了这个实验。

与先前的实验一样，卷尾蜥蜴种群被消灭了，但是大部分变异种群存活了下来，尽管数量已大大减少。岛上的植被遭到重击。我们不得不又等了 4 年，在 2008 年再次开始实验。在我写这本书的时候，这个实验正在进行中，但由于更多的飓风的影响，实验并不顺利。我们希望很快就会有结果。

然而，就像以前一样，2004 年的那次飓风也为我们留有一线希望。在等待较大的岛屿复原的同时，我们决定在一些较小的岛屿上进行一项新的实验，这些岛屿的大小大约等于一个巨大的起居室，这些岛屿由于飓风的扫荡已经不存在蜥蜴了。[①] 对于这个实验，我们采取了稍微不同的形式。我们从附近的一个森林茂密的大岛上收集蜥蜴，把它们引入 7 个植被特别贫瘠的岛屿上。换句话说，这些蜥蜴种群的生活从树干和宽阔的枝条上转移到了狭窄的茎和枝条上面。我们的预测是，它们会进化出较短的腿。

它们做到了。在过去的 4 年中，在所有 7 个岛屿上的蜥蜴的腿部的

---

① 我、舍纳和斯皮勒都是通过杰森·科尔比和曼努埃尔·莱尔参与这个项目的。

平均长度在稳步下降。蜥蜴的进化与预测的完全一样，并且变化的程度比我们在实验室中所做的塑型实验得出的结果大得多。这项研究进展得特别顺利，成为一个特别典型的记录快速进化的例子。2011 年，蜥蜴种群在飓风"艾琳"的造访后幸存下来。后一年的飓风"桑迪"是另一回事，它从世界上抹去了 5 个种群。我们继续监测两个幸存下来的种群，但是当所有 7 个岛屿都表现出一致的进化时，实验结果变得更加令人信服。

坦白地说，我是真的有点儿讨厌飓风了。

尽管孔雀鱼和蜥蜴的研究引起了很大的重视，但很少有其他研究者效仿我们。毫无疑问，其中一个障碍是这种工作想要取得成果，需要耗费相当多的时间和努力，更不用说在多年的工作之后，异常的气象或其他事件可能会破坏该项目。此外，尽管我们的研究已经表明，可检测的结果仅仅几年后就会出现，但谁也没法保证其他生物会进化得这么快。如果进化特征的凸显需要数十年而不是几年的时间该怎么办呢？

但是还有另一种研究进化的实验方法，这种看似矛盾的方法不需要投入多年的工作，却可让研究人员研究几十年进化的结果。虽然长期的进化实验在 20 世纪七八十年代是一个新颖的想法，但是长期的生态学研究却并非如此①。实际上，我们在斯坦尼尔岛的第一项研究已经开始了一项用来测试一种生态现象的实验：蜥蜴种群是否能够存活与岛屿大小有关吗？舍纳的实验无意中为我以后回过头来看实验岛屿上是否发生了进化做了铺垫。因此，我能够观察 10 年进化的结果，而不必设置实验

---

① 对科学家来说，"生态学"是关于有机体如何与环境交互作用的研究。这个词在 20 世纪 70 年代被"环境运动"征用，获得了更广泛的含义，其或多或少与"自然环境"同义。

并等待 10 年。

　　其实，我们所做的实验经改造之后用来研究进化问题，这一现象并不罕见。值得一提的是，有一项生态学研究已经正常地持续运转了一个多世纪，可以称得上进化实验领域的鼻祖了。

第七章　从肥料到现代科学

早在170多年前[1]，科学史上最长的连续运行实验开始于伦敦西北方向30英里的田野上。从孩提时代起，约翰·本尼特·劳斯就被植物的生长吸引。在牛津大学期间，身在洛桑庄园的他开始对种植药用植物感兴趣，但他的注意力很快转向了提高农业生产力的方法。反过来，这又导致了"人工肥料"实验的兴起[2]。30岁时，他成立了一家公司，引领了化肥工业的崛起。

1843年，劳斯决定把他的庄园变成一个农业研究站（长久以来，它被称为洛桑实验站，但最近又被重新命名为洛桑研究站）。他雇用了化学家约瑟夫·亨利·吉尔伯特，他们共同计划以洛桑的田地作为实验场地，实验各种肥料对作物生长的影响。在接下来的10年半里，他们开始了许多实验，自那时起，一些实验一直在不断地进行着。这些实验研究了不同肥料、作物轮种和收获时间表对小麦、大麦、萝卜和马铃薯等植物的效果。

这些实验对现代农业的发展具有重大意义。1900年劳斯逝世时，伦敦《泰晤士报》发表了这样一篇评论：

能够简洁地说明在洛桑成功进行的研究全景将有助于总结过去半个世纪以来农业化学的发展史……约翰·劳斯爵士是世界上为农业做出卓越贡献的杰出人物之一。他在实验研究方面的独创性，以及实验目标的坚定性，再加上他才华超众，使他得以发现对农业发展具有重大影响的深刻道理。

劳斯和吉尔伯特于 1856 年开始了他们最后的实验，现在被称为公园草地实验（The Park Grass Experiment，PGE）。与其他实验不同，公园草地实验并不研究最大化特定作物产量的因素。相反，它侧重于收获的干草产量。当然，在那些日子里，农民们主要把干草喂给牲畜，所以高产的干草和他们带到市场上的农作物的生产一样重要。

如果你像我一样是个城里人，"干草"这个词可能让人联想到捆绑着的干草包，也许就像你父母带你去农场度周末时你坐在拖拉机上看到的那些。但是，你也许不知道，干草只不过是在开阔的农田里种植、砍伐、干燥和用于饲养牲畜的任何一种植物。许多不同类型的草，比如紫苜蓿和三叶草，都是常见的干草物种。

不像其他洛桑实验，公园草地实验不涉及每年或几年种植作物。更确切地说，这个实验是从一块狭长的田地开始的，至少一个世纪以来，它一直被用于干草生产。田间有许多不同的植物种类。劳斯和吉尔伯特把田地分成 13 条带，每条带大约有 70 英尺宽，他们给每块地施用不同的肥料混合物，留下两块地作为未施肥的对照组。每隔一年或几年定期重复施肥。

本次实验的主要目的是评估人工肥料与农民使用的传统肥料之间的对比效果。为了做到这一点，他们需要针对不同的地块进行不同的施肥处理。大多数地块接受的是无机化合物的混合物（铵、镁、钾和钠等），其他地块采用的是农家粪肥、粒状家禽粪便和鱼粉的混合物做成的肥料。

最初，地块间包含了大量不同的植物物种，各个地块之间的差异不大。关键是，有别于其他洛桑实验，各个地块都没有进行补种，把余下的过程交给自然来处理。

公园草地实验已经持续了一个多世纪。在这段时间里，实验的某些因素已经发生了轻微的变化。1856 年年初制成的实验地块占了整个土地的大部分，但在随后的 16 年里，在田地的南端和西端又增加了 7 块地，使地块总数达到 20 块。这期间还有其他一些变化，最大的变化发生在1903 年，当时所有的地块被分成了两部分。它们都继续接受自 1856 年以来用过的相同肥料处理，但除此之外，每对小块地中都有一块开始施授石灰（钙基矿物肥料），这导致这些小块地中的土壤酸性开始减弱。

很快，洛桑的实验就证实了劳斯和吉尔伯特的观点，即人工肥料在提高干草产量方面和普通肥料一样好。但是公园草地实验也很快展现出他们所没有预料到的事情。不同地块的物种最初构成非常相似，但随着物种从地块中逐渐消失，物种很快开始分化。劳斯和吉尔伯特写道，物种组成的变化是如此迅速和剧烈，以至于在不到两年的时间里，"实验场[3]看起来几乎就像是用不同的种子和不同的肥料进行实验一样发生了重大变化"。

这些差异在一个半世纪后就很明显了，它们在卫星图像中显而易见。不同的地块一个挨一个并排出现，但颜色各不相同：深绿色、浅绿色，一些几乎是白色，另一些带有棕色。

在地面上，差异体现得更为明显。多年来，大多数实验行为导致了地块物种数量的减少。充足的肥料供应使生长最快的植物很快超过了其他物种，将其他许多物种排挤出地块。此外，一些肥料使土壤酸性变得很强，从而消除了在这种条件下不能生长的物种。

让我们在公园草地实验环境中走一走[4]。3号地块是一个控制区，在过去的半个世纪里，它的土壤不受额外的营养成分的影响。如果你在6月来这里参观，这里将充满了色彩和质感。红色、黄色、绿色皆有，还有各种形状与大小的花朵与茎叶。一种叫作紫羊茅的草是这里的明星。它在这个地块中有绝对的优势，它那薄而坚硬的花梗中抽出长茎，盛开着紫红色的花簇。在它周围有几十种其他草本植物，也都开有大而美丽的花朵。

图31 公园草地实验的其中一个地块

这是典型的干草草场植物，整个田地曾经都是这样的景象。但大多数其他地块不再有如此多细微的差别。一些地块上的植被可能更厚、更高，但它们长得更均匀。例如，从实验开始以来，附近的1号地块每年接受一定剂量的氮和其他矿物质。现在，这里已经没有太多的物种。一些草本植物占据了优势，比3号地块的紫羊茅成长得更高且更茂密。这个地块中的花很稀少，只是零零星星地点缀其中。

然后是 9 号地块，在过去的 150 年里，这里曾被施以硫酸铵，因此土壤产生的强酸性不仅排挤了大多数植物物种，而且驱逐了土壤中的蚯蚓和其他地下栖居者。现在这里只剩下 3 种植物了。看看 9 号地块，你会发现茂密的、毛茸茸的黄花草，这种植物在公园草地实验中的地块里非常常见。

不同的施肥处理在很多方面改变了公园草地实验的地块状态，比如改变了它们的土壤，影响了植物的健壮生长，还决定了哪些物种可以共存。从劳斯和吉尔伯特时代起，地块之间的差异就被归咎于这些生态现象，物种是否能够承受所处地块的现实条件，以及它是否能与地块上的其他物种一起生存，等等。

一个多世纪以来，没人想过要问进化过程是否会造成不同地块之间的差异，不同地块上同一物种的种群是否正在适应所处地块的条件。它们为什么会这样呢？不仅是由于达尔文的进化的冰川式速度这一思想仍然盛行，而且这些地块相互之间紧挨着，在某些情况下只隔着几英寸。当时标准的进化生物学认为，种群之间的基因交换——"基因流"将防止出现分化。花粉从一个地块被传播至另一个地块给植物施肥，或者通过风传播种子便可以来来回回地移动基因，这些因素都保证了种群在遗传上是同质的。

但一位名叫罗伊·斯奈登的年轻植物学家却不这么认为。20 世纪 50年代末，当他在威尔士开始研究生阶段的学习时，植物学家刚刚开始意识到，即使没有隔离，植物也可以迅速进化。他的博士生导师托尼·布拉德肖正在出版一部经典著作，是关于生长在老旧废弃的金属矿区之上的植物在重金属耐受性方面的进化情况的。布拉德肖发现，在有铜、铅和锌矿存在过的地方，土壤被高浓度的重金属污染，对大多数植物来说都有毒。然而，却有一些物种能够在那里生长。布拉德肖意识到，在矿山建立之后，矿址上的植物已经进化到适应了在这些有毒的环境中生活，这可以说是自然界迅速进化的第一个明显的例子。

除了快速进化，矿场植物也能够适应基因流动。在距离旧矿渣堆只有几英尺远的地方，金属浓度急剧下降。布拉德肖和他的学生发现，来自周围原始土壤的同一物种的植物不能在被污染的土壤中生长。矿区植物已经进化出对重金属的耐受性，即使它们被不耐受金属的植物传播花粉，以及播种包围，也考虑到它们不耐金属的基因，它们的花粉也不断地被吹入该区域。"基因流"显然不像一般认为的那样均质化。

斯奈登的博士工作遵循了布拉德肖的引导，他记录了白三叶草和羊茅对不同化学成分的土壤的适应性。完成论文后，斯奈登成了雷丁大学的一名教员，在那里，他被介绍到洛桑实验所，实验所位于大学东北方向的50英里处。每年，他都带着他的植物学学生参观。斯奈登在"公园草地实验"中发现了一种实验检验土壤的化学方法，可以在很短的距离和很短的时间内驱动植物进化分化。他推断，如果是这样的话，那么在公园草地实验的地块上看到的变化可能源于同一物种成员对不同地块上差异性条件的适应性分化。

只有一个问题：洛桑实验所的工作人员把实验田看作神圣的地方，因为实验田在当时已经有100年历史了。只有少数几个精选的工作人员被允许走在地块间照料植物。任何人不得收集资料或对其进行研究。科学家们监视着这些地块，琼·瑟斯顿和地块委员会虽然对斯奈登的建议持怀疑态度，但他的请求来得正是时候。委员会正在考虑停止这些实验，因为他们没有看到任何需要吸取的东西，所以让教授们做一些小小的实验又会有什么坏处呢？斯奈登被召唤到委员会面前，受到严厉的责问。最后，尽管委员会表现得很勉强，但他们还是给了斯奈登许可，允许斯奈登收集有限数量的种子。瑟斯顿用锐利的目光看着他，以确保他没有超额。

为了验证自己关于植物在不同地块上发生分化的想法，斯奈登把注意力集中在黄花草上，这种植物在整个实验田的地块里都能找到。他最初选择了自 1856 年实验开始以来用不同的化学混合物施肥的 3 块地块。由于半个世纪以来，石灰一直被施用于每个地块的南半部，因此研究涉及的 6 个次级地块在矿物质含量和土壤酸度上都有显著变化。斯奈登的假设是，在过去的一个世纪里，草地种群在进化上已经发生了分化，以适应它们所经历的特定环境。

图 32　黄花草

它们确实发生分化了。斯奈登发现不同次级地块之间的黄花草发生了巨大的变异。一些次级地块草的总重（称为"产量"）比其他地块高50%，黄花草的高度也有相当程度的变化。为了测试基因差异，他们种植了来自相邻的不同地块的种子。（这是一个真正的普通花园实验，在一个真正的普通花园中进行！）在一个大学研究园区中，在相同条件下不同地块上生长的黄花草呈现了许多不同的特征，包括花的重量、叶子的大小，以及草对霉菌的易感性，这证明了次级地块差异性的遗传基础。

不同地块之间演化的基因差异的存在就其自身而言并不证明这些变化是自适应的，这些变化也可能代表在小群体中偶然发生的随机遗传波动。为了直接验证适应假说，斯奈登和戴维斯在各种不同的土壤条件下种植植物。正如他们预期的那样，植物在那些与它们出生地具有相同化学成分的土壤中生长得最好。他们更进一步，把园艺培育的植物放回实验田。果然，比起在有着不同化学成分和植被特征的土壤中，植物在自己的地块里长得更好。结论也就变得很清楚：一个世纪以来，植物已经适应了它们在自己的次级地块上所经历的一切。

斯奈登继他最初的研究之后，又进行了两项特别的研究。首先，他和戴维斯观察了两对地块之间的界线，其中两块地块接受了112年不同的施肥处理，另一块地块接受了60年的不同施肥处理。在两条边界上，他们比较了两边的植物，它们相距只有几英寸，但是生长在化学成分不同的土壤上。其次，斯奈登和另一名学生——汤姆·戴维斯观察了5个地块，这些地块在6年前被一分为二，其中一边重新用石灰处理过，另一边则没用过。结果与他们最初的发现非常吻合。种群在很短的距离以十分迅速的方式完成了进化的分异。

斯奈登和戴维斯的兴趣点主要在于关注种群适应的速度和方式。结果，他们收集和报告的大多数数据没有特别地反映进化的可预测性问题，即便是从今天的论文中，也就是事实出现的三四十年后，想要从中提取相关的信息也是不可能的。

尽管如此，斯奈登和戴维斯至少以一种方式证明了植物的适应性不仅迅速，而且可重复性高。由于土壤组成的差异，所有植物的高度在地块之间基本不同。但反过来，黄花草适应了这种变化：在其他植物非常高的地块上，黄花草本身长得也越来越高、越来越直立，这更利于接近太阳光线，并且它进化出了比在低植被的地块上生长的黄花草更强的耐阴性。

一篇特别的科学论文首先提出一个新的想法或采取一种新的方法总是很危险的。有人会很快指出，你忽略了一些你之前吹嘘的模糊参照。但我仍会冒着风险说斯奈登和戴维斯的研究是第一个表明实验可以用来研究野外的长期进化的。

斯奈登和戴维斯关于公园草地实验的论文发表于1970—1982年，这正是生态学界认识到实验方法的重要性，以及进化生物学接受迅速进化理论的时期。因此，你可能会认为这项工作在统一这两种观点方面会起到显著的作用，这也清晰地表明了进化田间实验的重要作用。

然而情况并非如此。这些论文当然没有被遗忘，但是直到最近，它们才在植物进化学界之外广为人知——事实上，直到我开始研究这本书，我才注意到它们。当论文被引用时，通常是在上下文中体现了植物在短距离情况下应对自然选择时出现的分化状态，这种现象由托尼·布拉德肖首次提出。虽然在工作中偶尔会强调快速进化的角度，但直到最近，它都很少被当作如何在自然环境中实验研究进化的例子。

在过去的10年里，情况发生了变化。在2007年，一段用于研究进化的生态实验评论着重强调了公园草地实验。主流媒体将其与列兹尼克的孔雀鱼研究工作并列。目前，分子生物学家正在研究公园草地实验的黄花草种群，想要弄清楚当草地适应了新的土壤环境的时候，相同的基因变化是否会重复发生。这个过程大约花了 40 年的时间，但是洛桑实验所正在进行的关于野外进化实验的工作已经取代了先前的工作。

也许科学家们已经花了很长时间去理解斯奈登工作的广泛意义，但是对于恩德勒和列兹尼克的研究来说，情况并非如此。他们的工作清楚地表明进化可以在自然界中以实验的方式被研究。在科学研究中，一旦开发出一种新的方法，随着一群研究人员采用这种方法，就会出现一波使用热潮，用于解决该领域中各种悬而未决的问题。孔雀鱼实验具有创新性，因而受到了广泛关注。我们对安乐蜥的研究始于斯奈登的生态学实验方法，但后来这导致了全新的实验的开始，这项研究也是 21 世纪初进行的极少数的野外进化实验之一。直到恩德勒最初的著作发表了 20 多年、斯奈登的作品发表了 30 多年之后，进化实验的浪潮才得以出现。

图 33　围栏内网的植被情况

一些研究追随斯奈登引领的方向，以进化显微镜的尺度来进行长期的生态田间实验。最值得注意的是这些研究[5]是在洛桑西南方40英里处的另一个老庄园——西尔伍德公园进行的。在那里，生态学家米克·克劳利将兔子清除出小牧场已有20多年了。清除这些兔子对植被产生了巨大的影响：人们只需要看看篱笆围起的区域与篱笆外兔子散养区域的植被状况就能窥见一斑。在篱笆外部，植被非常矮小，看起来像修剪整齐的草地，这里的花很少，所以产生的种子也很少。植物的繁殖主要通过介质传播，例如通过奔跑的动物携带花粉让植物受精。而在篱笆内部则是另一番景象，这里表面上看起来非常荒芜杂乱，事实上植物生长十分繁茂。这里花的种类十分丰富，种子充裕，足以安然地繁衍下一代。随着时间的流逝，篱笆外的植被愈显整齐，而篱笆内的植被更加杂乱不堪。5年后，丛生的草开始占主导地位，灌木最终将接管那些没有兔子的地块。只要有足够的时间，围栏内的这些地块就会变成迷你森林。

但是，正如洛桑的斯奈登之前所做的那样，没有人会费心去问进化是否正在发生，围栏内的植物是否正在适应不同的环境。后来出现了一位加拿大多伦多大学的进化生态学家——马克·约翰逊教员。每隔几年，西尔伍德公园的研究人员就开始进行新的实验，同时继续保持旧的实验。实验的结果是兔子被排除在外的不同时间长度的一系列地块的状况。约翰逊紧紧盯住这些地块，做出了两个预测：植物不仅会适应草场中没有兔子的情况，而且适应程度会随着兔子被清除出该地之外的年份而增加。

约翰逊的一个研究生纳什·特利在项目的第一部分研究中取得领先地位。特利仔细地查看了普通酢浆草，这是一种细长的草本植物，开着艳丽的红色花朵，这种花朵的种植常常是为了给沙拉带来刺激的味道。特利测量了植物在温室里的生长速度，发现了一个非常明显的趋势：一个地块中没有兔子的时间越长，植物生长得就越慢。在25年里，在没有兔子的情况下，植物生长速度变慢了30%。

这项研究的成功使约翰逊和特利在本科生特蕾莎·迪迪亚诺的帮助下研究了其他的植物种类。4种草本植物中有3种都表现出了适应性的迹象。例如，紫羊茅叶子的数量随围栏年限的增加而减少。然而，尽管其中的3种植物都已经适应了缺乏放牧的状态，但它们是以不同的方式去适应的，并且涉及不同的特性。此外，茵陈这种草本植物并没有表现出与围栏年限相关的任何趋势性特征。

你如何看待这些研究的结果取决于你是何种研究类型的人。在西尔伍德公园的研究中，同一物种的种群大多以可预测的方式进化，与此相对，处于放牧状态中的物种处于自由状态的时间越长，它们对无兔子相伴的生活方式的适应程度就越大。但是当跨物种比较时，它们的适应方式就是不可预测的——不同的物种在相同的环境下也会以不同的方式进化。

在约翰逊和其他人改造生态实验的同时，进化生物学家最终开始集体设计并建立用于研究进化的田间实验。这些研究丰富多样且迷人。例如，康奈尔大学的马克·约翰逊[6]和同事们用杀虫剂除去食草昆虫后，在地块里种植了夜来香。8种报春花在3年的时间里以同样的方式进化，它们开花更早，并且比在原先地块中种植的报春花在种子中投入更少的防御性化学物质。

还有其他一些研究已经观察了[7]蠕虫如何适应人工围起的温暖土壤，或者昆虫如果被放置在有不同类型植被的地块中，是否会迅速演变为伪装的模式。不过还有更多的研究正在进行中。

然而下一阶段的实验尤其令人兴奋，那就是在类固醇层面的野外进化实验。我们不再将蜥蜴放在小岛上，也不再研究农田的情况。今天的进化实验学家认为这些实验对象都太大了。

第八章　池塘和沙盒中的进化

在温哥华的英属哥伦比亚大学校园南端，你会看到 20 个海蓝色的长方形。它们排列在 4 个相邻行中，纯粹的蓝色就像要溢出的水一般。长方形中一端较深，另一端逐渐变浅，从蓝色的阴影中就可以看出这些。是谁经常来往于这 20 个蓝色的水箱呢？甚至连谷歌也无法回答这个问题。然而，幸运的是，多尔夫·史鲁特可以。这位身材瘦长，总是咧着嘴笑，但有点儿害羞的加拿大人可能看起来更像是一位善良的有机牧场的农夫，而不是一位才华横溢的科学家，但是史鲁特确实是当时最杰出的进化生物学家。这些是他的水池[1]，水池中的栖居者也由他来负责。

史鲁特从没想到他会成为一名水族箱地产大亨，他设计了一个世界上任何地方都无法比拟的实验性进化综合体。他一直对大自然感兴趣，通过协助野外研究加拿大鳄龟项目来维持大学生活。当他准备大学毕业时，他得到了一份在阿尔伯达州做哺乳动物调查的工作。但在最后做决定的时候，他听了一篇关于蜂鸟生态学的精彩的研究报告，于是他意识到自己其实是想成为一名科学家。因此他选择了去研究生院。

史鲁特在这里学习到的不仅仅是博士课程。他开始在密歇根大学从

事研究工作，他的博士生导师不是别人，正是大名鼎鼎的雀类研究大师
彼得·格兰特。很快，史鲁特就发现自己置身于加拉帕戈斯群岛，他在
这里可以将自己的想法付诸实践，因为他正在研究达尔文雀是怎样适应
并利用不同的资源条件的。后来他的一系列经典论述成了当代经典[2]，
出现在教科书中，并且深刻改变了生物学研究适应性辐射的方式方法。

　　但是当他成为温哥华的博士后时，史鲁特开始寻找一种新的研究
对象。达尔文的雀鸟很好，但是加拉帕戈斯群岛离加拿大很远。更重要
的是，史鲁特想要进行这样一系列实验：不仅从自然界的模式中设计假
设，而且要通过实验来验证这个假设。这样的实验对于任何鸟类来说都
较为困难，而且由于加拉帕戈斯国家公园的严格规定，达尔文的雀类甚
至不可能进行这样的实验。

　　幸运的是，答案就在眼前。有种三脊突的小型刺鱼是完美的解决方
案：它展现出有趣的进化模式，在野外和实验室都很容易研究和操作，
在英属哥伦比亚省的湖泊中也很常见。当时，刺鱼在进化生物学界还鲜
为人知，但是现在，很大程度上由于史鲁特的工作，这种鱼已经成为进
化研究的模型生物。

　　刺鱼出现在世界的北部地区，但在英属哥伦比亚的几个湖泊中，它
们确实做到了一些在别的地方不会发生的事情。在大多数地方，你只能
发现一种三刺鱼，但是在英属哥伦比亚的 5 个湖泊中，有两种刺鱼，一
种是流线型的、游得很快的鱼种，它们生活在近岸的开放水域，另一种
是体形较胖、游得较慢、栖息在近岸底部的鱼种。这两个鱼种具有不同
的表型。开阔水域的鱼种身体两侧生有骨甲，下颚修长，可以迅速伸出
来捕捉开阔水域的猎物；相反地，底栖动物没有任何盔甲，靠着强有力
的下颚从沉积物和附着植被中吸收猎物。

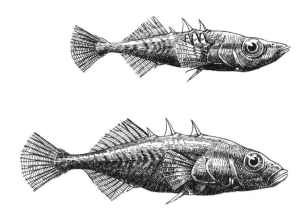

图 34　开放水域和底栖水域的三刺鱼

　　通过 DNA 对比分析，史鲁特在英属哥伦比亚大学的同事们已经表明，这两种类型的刺鱼在这 5 个湖中都是独立进化的，这与在加勒比海的安乐蜥表现出的重复适应性辐射模式相同。在其他所有湖泊中，单一的三刺鱼会同时利用不同的栖息环境，在体形上或多或少处于中间状态。相反地，开放水域和底栖物种从来都不是单独出现的；它们一般会在拥有这两种鱼的湖中同时出现。

　　史鲁特在实验室和野外分别进行的生长和觅食研究表明，来自单一物种湖泊的鱼类是多面手，它们虽然能够生活在任何地方，但是在任何栖居环境中并不显得突出。相比之下，在有两种刺鱼的湖泊中，开阔水域和底栖物种都已经变成擅长利用特定栖息地的物种。

　　史鲁特猜想是食物竞争驱动了这些模式的形成。当两个物种同时出现时，自然选择会促使这两个物种发生分化，以针对不同的生存环境，并将它们之间的竞争降到最低。但是当只有一个物种存在时，表型更为中庸的鱼类则能够更好地利用各种生存环境。

所有的数据都与这个假设一致，但是史鲁特想要的不仅仅是一致性这么简单：他想通过实验直接检验这个想法。他的计划是把其中一种栖息地的专有鱼种单独放进一个空池塘里。那么根据他的假设，在没有其他栖息地专有鱼种的情况下，实验鱼种应该发生逆进化过程，也就是说将进化到中性的多面手状态。

但是在哪里可以找到池塘呢？这倒不难，温哥华到处都是人工池塘，这些池塘中并没有刺鱼。为什么不把一些鱼放到它们当中呢？因此，该项目开始试行。史鲁特获准在高尔夫球场的两个池塘里投放一些刺鱼，并把其余的刺鱼投放在城市公园里。起初，一切进展顺利，但一年后，高尔夫球场排干了一个湖。直到今天，其他两个种群仍然稳定持续地繁衍着，但史鲁特没有对它们做太多干预。

主要原因是，在他做这个实验后不久，英属哥伦比亚大学给了他一个教师的职位。史鲁特重新回想了一下当初高尔夫球场的选择。如果他能在英属哥伦比亚大学校园里建造一系列在各个方面都或多或少有相似之处的池塘，那岂不是很好吗？它们相互之间很接近、很安全，而且不会存在错误举动的风险。

最终大学批准了这个项目，雇用了一个承包商，开始建造池塘。池塘共有 13 个，每个池塘边长 75 英尺，从岸边到中间逐渐倾斜，最深处有 10 英尺。这些池塘最初接种了来自附近的拥有两个刺鱼种的湖泊的植物和昆虫，然后由它们自由生存。被移植到湖边的树木几年后开始成长为一片深林，鸟类也欣然而来。最终，池塘看起来完全和自然的一样。有时你会忘记你就在英属哥伦比亚大学校园对面。

17 年来，史鲁特和他的实验室用这些池塘来测量自然选择是如何作用于刺鱼的，研究了哪些特性可以促进刺鱼更好地存活，以及为什么两个物种之间的杂交会处于选择性劣势。这项工作非常成功，刺鱼的研究已经成为由资源竞争驱动的进化分异的经典教科书案例。尽管如此，大多数研究工作还是在单代刺鱼之间进行，无论是测量其生存还是繁殖的情况，而没有涉及多代种群的进化结果。最后，是时候尝试进化实验了①。

为了发起这项研究，史鲁特实验室的研究生罗万·巴雷特从附近的一个潟湖里收集了海刺鱼。湖生刺鱼最初源于海生刺鱼，当英属哥伦比亚省的陆地在上次冰期末期冰川融化上升后，这些刺鱼便被困在了内陆。海生刺鱼拥有更多的板甲，并且能够适应罕见的极端温度，因此与湖泊鱼类种群的始祖环境状况比较相似。

巴雷特把海生刺鱼放在3个实验池塘中，以测试它们是否能适应淡水生活，就像海洋鱼类的后代在真正的湖泊中生存的那样。板甲的实验结果是复杂且模糊的。但是这个实验研究了第二个特征，一个与现在关注的问题相关的特征：海生刺鱼能够多快适应变化的气候条件？淡水湖的水温比海洋中的变化更大，夏天更热，冬天更冷。海生刺鱼能适应这些更为极端的条件吗？

为了找出答案，巴雷特记录了热生物学中的标准测量，即鱼失去协调移动能力时所处的高低温状态。在研究海洋和湖泊鱼类时，巴雷特发现它们所能忍受的最高温度没有差别——由于某种原因，刺鱼能够承受比它们栖息地温度高得多的温度。但在耐低温性方面，鱼群之间的差异

---

① 实际上这已经是第二次尝试了。在建造了这些池塘之后，史鲁特尝试着进行了一项进化实验，但是最终失败了，这导致他开始集中精力在一代内的自然选择方面的研究上。

较大。湖鱼可以在体温比海洋鱼低 5 华氏度 ① 的情况下维持正常功能，这种差异几乎精准匹配了两种环境下的鱼群对于寒冷耐受程度的差异。因此，巴雷特关注于低温适应性——实验中池塘的鱼会进化出更耐寒的特性吗？

答案是肯定的 [3]，而且进化的速度非常快。寒冷的冬天夺去了它们的生命，那些无法应对这种情况的鱼类也会陆续死去。仅仅两年之后，3 个池塘里的鱼已经进化出比它们的海洋祖先低 4.5 华氏度的耐寒能力，几乎与英属哥伦比亚湖中的刺鱼耐寒性相当。

这种迅速而又平滑的适应性是出乎预料的，巴雷特、史鲁特和同伴都对接下来会发生什么而感到兴奋。不幸的是，他们也没有预见到下一步的发展。2008—2009 年冬天是 40 年来最寒冷的季节，它所带来的挑战太大了，任何一条鱼都无法应付。所有的鱼都被冻死了，这让这项长期实验研究变得比原计划短了很多。尽管如此，这项研究仍清楚地证明了在实验池塘综合体中进行进化实验的能力是具备的。

所有美好的事物都会有终结，史鲁特的实验池塘也是如此。由于池塘土壤的多孔性，池塘底部铺满了塑料板，否则水就会流失。史鲁特从一开始就被告诫，这种塑料有 20 年的使用寿命，而且有效期正在迅速逼近。这是一次很好地与时间赛跑的过程，但目前还不清楚接下来会发生什么。

有时好事会发生在好人的身上。有一天，史鲁特接到一个高校领导的电话。这所大学希望收回土地，建造新的住宅开发项目，以便在温哥华房地产市场高价出售。如果学校帮他建新池塘，史鲁特愿意把实验场

---

① 5 华氏度为 –15 摄氏度。——编者注

地搬到别处吗？

这个问题的答案很确定，史鲁特得到了他最新式的刺鱼池塘建筑群，离原来的池塘只有一箭之遥。新池塘的大小和旧池塘差不多，但构造不同：新池塘是长方形而不是方形，池塘的一端倾斜到 20 英尺深，更加接近自然湖泊。

建造花了几年时间，物种形成加速器现在已经开始运行。第一项多代研究已经完成，主要研究的是捕食者在防御性状进化中的作用。5 个池塘里放满了刺鱼和捕食性喉鳟鱼，而其他 5 个池塘里只投放了刺鱼。这项实验可以在 5 代之间进行。

大约在建造新的池塘综合体的同时，史鲁特开始了一个新的研究方向，野外生物学家也由此转变成为遗传学家。史鲁特与斯坦福大学，以及其他地方的基因组专家合作[4]，参与进行了对三刺鱼的基因组测序，从而鉴定出关键性状的基因，例如拥有板甲和脊柱的特性。

由于新发现的遗传知识，池塘实验采用了双管齐下的方法，在表型和遗传水平上同时检查进化。预期的结果是捕食者的存在将推动更长的刺的进化，长刺使鱼更难被吞咽。遗传基因也与刺的长度有关。

结果如何？研究生戴安娜·雷尼森只分析了前 3 代的数据，但是结果还是充满前景的。通过观察一代内的存活率，背脊较长的鱼在有捕食者的池塘中存活得更好。这种选择导致了进化反应：现在有捕食者的池塘的刺鱼种群有更长的刺。在基因水平上的实验结果是平行的，在这些群体中，基因变异导致出现较长刺的频率增加。然而奇怪的是，骨盆脊椎长度的选择[5]更加多变，在这些池塘中，只有一些池塘中的捕食者更喜欢较长的脊椎——这种进化不确定性的原因尚不清楚。

现在还处于刺鱼实验性进化的早期阶段，但是其实结果已经非常类似于我们看到的孔雀鱼的状态了。种群对新环境的适应形式大多是相同的，但在某些特征上存在一定程度的不可预测性。鉴于研究鱼类的环境不同，这种一致性尤其引人注目，一种在特立尼达山区的自然溪流中，另一种则是在温哥华几乎相同的人工池塘中。

正当史鲁特的池塘被安排得满满当当的时候，另一项巨大的实验进化研究开始在美国内陆形成。就像一座钢制的克里斯托装置，将近半英里的金属板现在装饰着内布拉斯加州的街景，在炎炎夏日中闪闪发光，在夕阳的照耀下反射着耀眼的橙色。美国西部有各种各样的篱笆，但这一面是独一无二的：一堵方形的坚固金属墙，再分成 4 个方形的隔间。这样的结构有两个，分别位于相隔 30 英里的不同颜色的土地上。

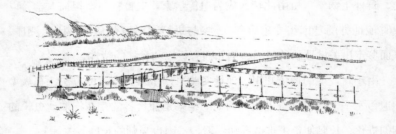

图 35　隔成 4 块的围栏

内布拉斯加州绵延起伏的丘陵和大草原以其肥沃而闻名——棕色的泥土富含各种植物精华。这也是州立大学足球队被称为玉米剥壳者的原因。但并不是州内所有的土地都如此富饶。该州大约四分之一的地区位于沙丘地带，该地区为浅色的沙质土壤，由大约 8 000 年前从落基山脉向东吹来的石英颗粒组成。庄稼在这里的长势很差，大部分地区从未被耕种过。

这并不是说沙丘上是荒芜贫瘠的。恰恰相反，这个地区生物丰富，与众不同，被世界野生动物基金会认证为自有生态区。土壤对于当地生物种群的影响不仅因为土壤肥力低，还受其浅色的影响。在世界各地，小动物的体表颜色已经进化到与它们的背景相匹配的地步，这样能更好地避免被它们的捕食者发现。在古老的熔岩流上，蜥蜴、老鼠、蚱蜢和其他动物已经进化成比其他地方的同类颜色要暗得多。相反，在浅色的土壤上，动物进化出苍白的肤色，与沙质土壤融为一体。内布拉斯加州的沙丘没有不同，只是许多物种比附近深色土壤中同类物种的颜色显得浅很多。

自从我在大学期间拜读了约翰·恩德勒关于物种形成的书以来，这种现象就一直让我着迷。恩德勒引用背景颜色匹配作为最早和最有力的证据，表明自然选择可以压倒种群间遗传交换的均质化效应。黑色熔岩和闪闪发光的白色沙子之间的边界非常清晰，你可以随意站在其中任何一个地方。老鼠、蜥蜴和蚱蜢很容易从不同的表面之间来回移动。

然而，尽管物种很接近，在不同表面上生活的种群在颜色上常常有明显差异，这通常与它们栖居的地方相匹配。这两个种群的成员可以在边界附近相遇，但是来自这种相遇的任何后代都会受到自然选择的严格筛查，并且颜色不匹配的基因很快就会被淘汰。但实际上，像内布拉斯加州沙丘及一些熔岩流都是最近才出现的环境，这一事实也表明了颜色适应已经迅速发生，为自然选择的力量提供了更有力的证据，即使存在遗传基因自由流动的情况也是如此。这些动物和生活在老矿区或生存在不同洛桑地块的植物非常类似。

关于鹿鼠的研究尤其具有影响力，这种动物以奔跑和敏捷跳跃而得名。20世纪中叶，自然学家注意到许多情况，如相邻种群出现了不同颜色的基底，并且对应着不同的毛色。假设的解释是伪装——啮齿类动物被许多以视觉导向的捕食者吃掉，所以自然选择会驱使种群在颜色上变得与它们所处的背景环境相似。

密歇根大学的生物学家李·戴斯甚至在实验室里测试了这个想法。戴斯采用了一个正常大小的房间，盖上土壤，然后投放了不同颜色的鹿鼠，以及一只猫头鹰。他的目标是观察这种鸟是否能更频繁地捕捉与土壤颜色不匹配的鹿鼠。其中一半的实验是在浅色土壤上进行的，其余的是在深色土壤上进行的。答案很明确：猫头鹰捕捉的颜色不匹配的鹿鼠是混入土壤色的鹿鼠的两倍。鸟类捕食[6]确实可能是自然选择的强推动力，并且加速推动了伪装的进化。

然而，这是一项在高度人为条件下进行的实验室研究。甚至在恩德勒的书出版 30 年后，自然选择所施加的作用仍不足以证明其对小鼠颜色所产生的影响。事实上，最强有力的证据不是来自野外研究，而是来自基因研究，基因研究发现了小鼠着色差异的原因。通过比较相邻种群关于不同颜色基底的 DNA 差异，研究人员发现遗传差异是最近才进化的，这可能是由于不同的自然选择压力造成的。但是，这仍然只是从遗传差异得出的推论[7]，而不是自然选择导致进化的直接证明。

这就是一个留着胡子的有着骑车人那种粗犷身材的加拿大滑雪流浪汉，来到内布拉斯加州沙丘[8]的原因。尽管罗万·巴雷特热衷于野外滑雪、骑自行车和攀岩，但他大部分时间都在研究进化论。巴雷特是多伦多大学一位著名的进化生物学家的儿子，他开辟了自己的道路，他才三十五六岁就已经成为实验进化学的领军人物之一。作为蒙特利尔麦吉尔大学的硕士研究生，巴雷特在实验室对细菌进行了实验研究，研究它们在面对多种新资源时如何适应。随后，他跟随史鲁特在英属哥伦比亚大学完成了他的博士研究工作。这些研究取得了非凡的成就，相关的一系列文章首次发表在知名期刊上，这使得巴雷特获得了所有可以颁发给杰出的年轻进化生物学家的奖项。(他被任命为进化生物学全明星队员，并同时赢得了欧洲和北美年度最佳新人奖。)

但这仅仅是他面临最大打击的前奏而已。在英属哥伦比亚大学的博士研究接近尾声时，巴雷特在哈佛大学的同事霍比·胡克斯特拉的实验室里了解了基因研究，证明沙丘鹿鼠进化出一种新的突变，休表可以变为浅色。将这些小鼠的 DNA 与附近深色小鼠的 DNA 相比较表明，突变已于近期出现，并已席卷整个群体，可能是在自然选择的力量下进行的背景匹配。

然而，巴雷特觉得这个故事是不完整的。如果自然选择是进化出浅色的原因，那么这种情况应该可以被直接证明。他的内心告诉他应该如何去做——采用戴斯 70 年前开创的方法。把深色和浅色鹿鼠放在深色和浅色基底上，看哪种鹿鼠能存活下来。只是这次不是在封闭的房间里做实验，而要在大自然中做实验。和刺鱼实验一样，此次研究将同步开展对表型和相关的基因问题研究。

图 36　沙丘鹿鼠

这些内容听起来很容易，但如果把计划付诸实践就是另外一回事了。池塘、溪流和岛屿的优势在于，它们是独立的单元，具有硬性边界，进行实验性的复制只是时间问题。但是在沙丘上可没有什么可以比拟的东西。如果巴雷特想在那里做鹿鼠实验，他就必须建造笼子，把实验对象放在他想要的地方。这个笼子要达到足以容纳整个鹿鼠种群才行。

研究人员过去曾尝试类似的规模较小的实验，但他们总是失败。尽管鹿鼠生活在地上和洞穴里，但它们非常敏捷。如果修筑一堵墙，它们就会顺势爬上去，所以也有人喜欢叫它们"忍者鼠"。以前的研究已经被鹿鼠的越狱挫败了。所以巴雷特的首要任务就是找到一种方法，把鹿鼠关在笼子里。

经过仔细调查，巴雷特发现问题已经解决了。生态学家和哺乳动物学家还没有发现如何控制鹿鼠，但疾病研究人员已经找到了控制它们的方法。鹿鼠是汉坦病毒的携带者，这促使科学家们在新墨西哥州设计出防止逃跑的室外笼子，在那里，鹿鼠可以被隔离足够长的时间，以保证它们没有汉坦病毒，而后可以被送到研究实验室进行研究。这个机关是26规格的镀锌钢板，光滑如婴儿的臀部，一只冒险的鹿鼠可以用爪子锁住它，并且操纵它向上和向外。在实验室的实验中，巴雷特证实小鼠的行为会受到这种薄金属的阻碍。于是他有了自己的计划。

尽管如此，目前仍然存在两大挑战：获得在适宜土地上建造笼子的许可，然后实际建造。当你考虑巴雷特计划所需要建造的笼子的大小时，这些问题就变得显而易见了。他认为每个鹿鼠种群应该至少有100只鹿鼠。根据自然状态下的密度水平，这相当于半英亩多一点儿。为了进行良好的实验设计，他希望在浅色土壤上设置4个笼子，在深色土壤中设置4个笼子，每个场地需要2.5英亩土地和15 000磅金属板。

巴雷特以博士后的身份加入了胡克斯特拉实验室，随后他前往内布拉斯加州，与凯瑟琳·林恩一起寻找研究地点。凯瑟琳·林恩是胡克斯特拉实验室进行遗传研究的博士后。发现一片合适的浅色土壤并不是什么难事，他们很快在梅里特岛国家野生动物保护区建造了笼子。

但是发现一片拥有深色土壤的地方可就难多了。毕竟深色土壤意味着土质比较肥沃。想要说服人们留出上好的 2.5 英亩耕地，以便在上面建个笼子来养鹿鼠，这可不是一件容易的事。

巴雷特挨家挨户地跟土地拥有者谈话。请记住，这里是美国中部的中心地带，是一个政治和宗教较为保守的地区，人们靠耕种土地、生产其他地区赖以生存的食物为生。现在看看都是谁在敲门。几个来自东北部的自由开放的孩子，而且都来自一些精英、常春藤联盟学校。他们其中的一位甚至不是美国人，他戴着骑车人常戴的短吻帽而不是牛仔帽到处走动。

巴雷特很快学会了不再用"进化"这种时髦的电子化世界的词汇，转而谈论物种如何去适应环境。作为农民和牧场主，当地人非常了解遗传，并且知道捕食者的一切；此外，伪装是孩提时代就开始狩猎的人的第二天性。巴雷特性格外向，非常健谈。当地人也显得很友好，甚至对他所做的一切很感兴趣。① 他们很乐意让巴雷特、林恩和小组其他成员

① 这让我想起了约翰·恩德勒曾经告诉我的一个故事，有一次他在飞机上阅读一本关于物种形成的书。坐在邻座上的人问他在读什么，然后他们开始交谈起来。恩德勒解释了自然选择、进化和物种形成的全部内容，但没有使用专业术语。那人变得很感兴趣，专心地跟随谈话的节奏，问了一些非常好的问题。最后，他想让恩德勒推荐一些书以了解更多内容，恩德勒开始回应说，最好的起点是达尔文。但是当这个名字被提及时，这个人脸红了，然后转过去，后来在剩下的飞行时间里一句话也没说。同样，美国国家科学基金会要求研究人员写一份简短的资助基金，以向公众公布。不久前，有人建议进化论生物学家不用"进化"这个词来形容这项工作。显然，许多反对者对于自然选择的基本观点没有异议，只要不用电子词来标注，他们就能够接受相关的改变。

在自己的土地上收集鹿鼠。但如果说要翻遍几英亩的土地来收集小鼠，当地人显然就有些不乐意了。

这种情况一直持续到谷物收获的季节，余下的时间不多了，巴雷特开始对这项工程不得不被搁置而感到绝望。一天晚上，在内布拉斯加州的瓦伦丁小镇，巴雷特去酒吧喝啤酒，店主把他介绍给当地的名人怀尔德·比尔，比尔长长的金发使他看起来更像一个冲浪者，而不是内布拉斯加州的农民。巴雷特向比尔讲述了该项目和寻找研究地址的过程，与其说巴雷特是在推销，还不如说他们是在交谈。令巴雷特吃惊的是，比尔说他在城外的土地上种了苜蓿，也许可以把笼子建在那里。第二天他们去看了看，这片土地非常完美。比尔对需要建造的建筑物毫不关心，至于租金，巴雷特的团队每次进城时办一次烧烤聚会就可以了。

当然，找到实验场地只是第一步。接下来，必须建造围场。巴雷特来自一个学术家庭，他并没有建筑方面的经验。巴雷特知道自己不可能在内布拉斯加州的"黄页"[①]中查找"老鼠围栏结构"。他必须自己把这一切弄清楚。

他研究了其他研究人员设计和建造的围栏。围墙必须至少高3英尺，以免鹿鼠跳出来，顶部再用3英尺高的铁丝网盖上，以免郊狼跳进来。墙需要向地下延伸2英尺，必须足够深到鹿鼠不能在下面挖洞逃跑。

很少有进化生物学家用平板半挂车运送他们的研究设备。一辆卡车从250英里外的内布拉斯加州的金博尔，运输着长10英尺、宽5英尺、0.2英寸厚的板材。他们用一台租来的挖土机先挖出沟壕，再把板材放

---

① "黄页"以刊登一个城市或地区的企业名称、地址、电话号码为主要内容。国际惯例以黄色纸张印刷，故被称为"黄页"。——编者注

进去，当地的挖土机操作员还要把板材从路边移到田里。192 根柱子用混凝土密封在地下，在相邻的金属板之间的接合处支撑着墙。整个操作花了两个星期，一共雇用了 3 个当地的建筑工人来操作机器，4 个来自当地高尔夫球场的场地管理员来帮忙挖沟，还有 7 个实验室成员来完成其余的工作。

也许这是巴雷特精心管理的功劳，也许是哈佛实验室成员努力工作的功劳，他们没有受到外界的干扰，也许当地的设备操作员应该得到双倍的荣誉，因为他们能在建筑新手面前完成这项艰难的工作。不管是谁获得了荣誉，整体工作都推动得非常顺利和迅速。当然，由于挖掘机前部装载了太多的钢板，有时导致挖掘机差点儿翻倒，有时大风把锋利的、50 磅重的钢板吹过田野，但所幸没有产生任何后果。两周后，围栏就准备好供鹿鼠白天活动了。

然而，鹿鼠并没有想象中那么听话。它们仍然住在自己的洞穴里，还不清楚即将降临在它们身上的命运。巴雷特计划在每个围栏中都投放相同数量的深色和浅色的鹿鼠。但为了做到这一点，他和他的团队必须首先捉得到鹿鼠。

活捉啮齿动物的古老方法是在下午晚些时候到田里去，在地上放许多 1 英尺长的金属盒子，将盒子的一端敞开。盒子里面有诱饵，通常是美味的种子、花生酱或其他美味的东西，还有一个水平平台。当鹿鼠或蝎子、蛇之类的其他生物在平台上走过时，活门便会"砰"地关上，动物会被困在里面。然后第二天一大早回来，你就可以捡起盒子，仔细地看看你抓到了什么。

巴雷特和他的同伴们在内布拉斯加州捕捉鹿鼠已经有相当长的一段时间了，他们收集了来自整个地区的样本用于基因研究。从他们的成功率上看，巴雷特认为快速获得他所需要的小鼠应该不会有什么问题。

然而，这些鹿鼠似乎意识到了什么，开始大量地避开陷阱。一天晚上，研究小组放出 700 个陷阱，第二天回来后发现只捉到了 2 只鹿鼠（通常情况下应该有 35 只）。本应在一两周就完成的工作花费了 3 个月的时间。不过最终围栏还是建了起来，实验照常进行。

巴雷特最后做了一个决定。这个实验是关于视觉导向的捕食者对小鼠着色的影响，但并不是所有捕食者都是通过视觉找到猎物的。有些捕食者依靠嗅觉，甚至通过热量感知。这些捕食者应该只是随机捕捉鹿鼠，这种捕食会给实验结果增加不可预测的干扰，偶然情况的发生有可能模糊了测试视觉捕食者的效果。也许它们应该被排除在外，以避免这种可能影响实验结果的因素。但这是在自然系统中进行的实验，而这些捕食者就是这个系统的一部分。巴雷特因找不到合适的处理方式而喋喋不休。

他对蛇特别关注。草原响尾蛇在沙丘中很常见。成年响尾蛇身长近 4 英尺，会捕食各种各样的哺乳动物，猎物体形可达草原犬鼠的大小。鹿鼠刚好适合成长中的响尾蛇。牛蛇可以长到草原响尾蛇的两倍大，而且特别喜欢啮齿动物。巴雷特决定把它们小心地从围栏里移走。每当碰到蛇，他都会都用捕蛇棍轻轻地夹起来，然后把蛇放到围栏外面。

但他们一直在寻找更多的蛇。到底有多少条蛇生活在这个 2.5 英亩的田地里？他们什么时候才能抓得完？最后他们终于明白了，墙并没有把蛇赶走。由于没有腿，蛇向来是惊人的攀岩强者，3 英尺高的金属墙对草原响尾蛇或牛蛇来说并不是什么挑战。巴雷特越是想尽可能快地抓住并移除它们，越是有更多的蛇爬了回来。捕蛇的工作最终还是搁置了下来。这毕竟是一个完全自然的实验。

既然鹿鼠被关在了围栏里，巴雷特所能做的就是坐等进化的发生。每隔3个月，他就会带领一个小组返回内布拉斯加州，对围栏进行检查。他们会在围栏中布置一些陷阱，看看能捉到什么。当鹿鼠被引入围栏时，每只鹿鼠都被注射了一个小标签，就像人们对猫和狗常做的那样，这是在配置一个条形码。然后扫描一下鹿鼠，如果它还是原来的那一只，那么它的 ID（身份标识）数字就会在屏幕上显示。在 10 天内，几乎所有围栏中的鹿鼠都是这样被捕获、扫描和释放的。

这次回访也是巴雷特及其团队与他们在瓦伦丁①结识的朋友重新联系的时刻。事实证明，这个地名很受欢迎。当地人几乎每天晚上都会邀请工作人员到家里吃饭。一对老夫妇无偿让一些队员住在自己家中，还给他们提供车库，用以储存设备。每次去访问，巴雷特都会举办一场盛大的聚会。

当然实验中的鹿鼠也是他们关注的重点内容。实验开始时，鹿鼠的死亡率很高，当你把动物放进一个新地方时通常会如此，这并不奇怪。当它们还在四处张望，逐渐熟悉环境时，它们便很容易被捕食者发现。此外，众所周知，搬进新的环境会给物种带来很多压力，尤其是这种迁居并非自愿，这无疑是造成高死亡率的重要原因。

但真正令人兴奋的不是死亡率，而是造成这一结果的主角。在沙丘上的每个围栏中，浅色鹿鼠平均比深色鹿鼠存活得更好，平均下来基本是二比一的水平。相反地，在深色土壤的围栏里，情况又翻转了过来，深色鹿鼠是冠军，其存活率比那些浅色的同类高三分之一。小鼠的基因对比也提供了类似的结果。在浅色沙地上，产生浅色突变的个体存活得

---

① 瓦伦丁的英文是 Valentine，该词也有"情人""心爱的人"之意。——编者注

更好，而在深色土壤上，情况正相反。正如预测的那样，自然选择正在施加影响，并且在不同的围栏中朝不同的方向演进。

15 个月后，所有的原始鹿鼠都消失了。但是种群情况依然良好，种群内基本上都是原先引进个体的后代。选择性实验现在已经成为一项长期的进化实验。

在我写这本书的时候，这个实验已经进行了 5 年，这期间差不多已经繁育了 10 代鹿鼠。巴雷特刚刚汇集了所有的结果，完成了遗传分析。他还不知道结果将会怎样，如果一开始强烈的自然选择就带有些许迹象，那么这些迹象很可能暗示着种群正在朝着相反的方向进化。然而，大自然时时刻刻充满了惊喜，所以巴雷特一直保持着开放的心态。他的论文差不多与本书同时完成，他希望研究结果能在《纽约时报》上发表。

————

野外进化实验研究只会变得规模更大、方式更大胆、更令人兴奋。已经有一项研究将二氧化碳源源不断地输送到大片的实验土地上，将二氧化碳的排放量提高到未来 50 年全球大气的预测水平。植物在这种条件下会进化吗？如果会，又会怎样进化？

20 年后，我们将会从进化实验里得到大量的数据。也许随着更多的数据补充和更新，情况会改变，但是就我们现在所知道的情况来看，总的结论已经非常清楚。当实验设定为多个种群经历相同的环境时，种群倾向于以非常相似的方式进化。这个结果对于那些被保护免受野兔劫掠的植物和那些被迫栖居于狭窄栖木的蜥蜴来说同样适用。西蒙·康威·莫里斯应该很高兴，因为这意味着进化是可以重复的。

这一结果不应完全令人惊讶。在第一部分关于趋同进化的讨论中，我注意到，联系紧密的种群或物种倾向于以相同的方式进化，因为它们在遗传上表现相似；在相同的遗传材料的基础上，自然选择倾向于形成相同的解决方案。相比之下，来自不同初始遗传结构和表型的远亲对相同环境的挑战则有可能进化出不同的适应性反应。野外进化实验总是以相似的种群开始，通常是从同一种源种群中提取的个体。结果，实验倾向于产生相似的进化结果。

这并不是说从一个实验种群到另一个实验种群的进化变化是相同的。恰恰相反，每个实验种群的进化结果总是有一定程度的差异。例如，在纳什·特利的兔子排除研究中，在创建围栏的同时，不同种群的植物生长速率常常因种群的不同而不同。例如，在 4 个 6 年生地块中，增长最快的种群增长率比最慢的要高 50%。在 9 年、13 年、25 年的种群中也发生了类似的变化。尽管从避免兔子啃食中释放相同数量的植物，这些种群在进化反应中仍存在数量上的差异。在康奈尔实验中也有类似情况：夜来香受到昆虫的影响，花期要比普通植物提早很多，但是不同地块之间进化转变的程度会有很大差异，有些植物的花期要比其他植物提早 5 倍的时间。

这种变异可能表明了进化反应的不确定程度，甚至在经历相同环境选择的近亲种群之间也是如此。和大多数科学研究一样，实验进化研究聚焦于一般性趋势，会在统计框架中进行分析。他们倾向于忽略例外，偶尔的异常种群可能会出现，但是却不容易被注意到。论文通常不报告原始数据，所以这样的离散点对读者来说甚至可能不明显。故此，在一个种群中究竟会有多少群体采取不同的途径，往往不甚清楚。

此外，研究经常测量许多不同的特征，但是只强调那些以类似方式进化的特征。那些在不同种群中以不同的方式进化出的特征不会显示统计上的显著趋势，即使它们可能是适应模式发生分异的证据，也常常容易被忽略。

当然，暴露在相同条件下的种群反应存在差异，并不一定是进化非决定论的证据。还有一种可能是，种群所经历的环境也许确实不完全相同。植物性状的变化难道不能反映对土壤成分、蜗牛数量或树荫微妙差异的适应吗？蜥蜴肢体长度的差异难道不能反映不同实验岛上灌木物种的轻微差异？

这些我们都不甚了解。野外实验最大的优点是它们完全在自然界中进行，暴露于真实世界各种不同的选择因素中。它们不是对自然的抽象，也不是自然的简化——它们真正代表了物种种群在大自然中所面对的问题。

但是野外实验有一个很大的缺点，那就是你不能控制一切。自然界是不断变化的，无论距离远近，总是存在各种差异。这些差异可以混淆对研究结果的解释。这就是为什么实验室科学家一想到要在野外进行实验就恐慌，缺乏对实验对象的控制能力使他们胆战心惊。如果你真的想知道可重复进化是怎样的，同样的选择性环境能预期产生多少相同的进化结果，那么就该在实验室里进行实验，因为在那里可以精确地控制各种环境。这样的研究是拿与真实世界的关联性来换取实验的严格性，但是为了彻底检验古尔德的假设，这可能是个值得进行交换的尝试。

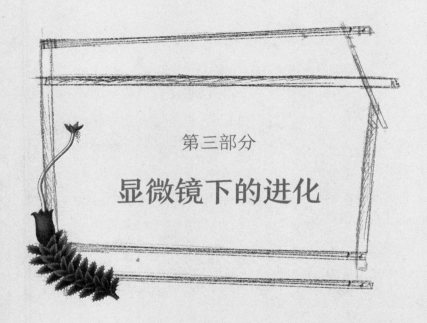

第三部分

显微镜下的进化

第九章 "重 放 磁 带"

我们来回顾一下研究进化的一些标志性地点：加拉帕戈斯群岛、奥杜瓦伊峡谷、澳大利亚、马达加斯加、兰辛等。令人惊奇的是，在最近几十年，关于进化方面最为重要的研究主要来自发生在五大湖国家中部的进化变化方面。

密歇根州立大学生物医学和物理科学大楼的6140室看起来和普通的生物实验室没什么两样。两张装有架子的大桌子摆在实验室中间，形成了3条通道。两张桌子的两边都是工作站，研究人员坐在那里，周围都是实验室科学装备：架子上摆放着装满了琥珀和透明化学药品的瓶子，成堆的培养皿，以及奇形怪状的桌面设备铺在桌子上。墙上挂满了各种各样的明信片、书虫科幻漫画、动物照片和科学名人肖像等。一块木头莫名其妙地悬挂在架子上，被两个弯曲的夹子夹住，水平悬挂着。各种小孩子的玩具和其他小玩意堆在角落里和电脑显示器后面。一个带有玻璃门的展列式冰箱里装满了化学药品和其他大型机器设备。另一面墙由延伸到天花板的大窗户组成，向外可以看到整个校园。

许多实验室都有自己的特质，这个实验室也有。屋子里的几扇窗户上贴着几张蓝色的纸，上面排列着几个大大的数字，每个窗格 1 个，几个数字连起来拼成"64000"。关于这个，我们稍后再讨论。

实验室里挤满了穿着休闲 T 恤和牛仔裤的科学家，他们大多是年轻人。但是有个年轻人显得很特别，他穿着一件深浅不一的蓝色衣服，这件衣服看起来像是实验室大衣和巫师长袍的结合体。我们也会在适当的时候再提到它。

门旁的一台笨重的设备作为实验室的焦点，同时也是实验室存在的理由。在尺寸和外观上，它类似于加油站迷你超市里的那种平开式冰柜，里面有冰激凌、三明治、克朗代克酒等。但这种设备肯定比你在服务站看到的更新奇、更有科技感，不过就算你发现里面真的有很多冰激凌和鸡腿也不足为奇。

最后，等待已久的时刻到来了，屋子主人打开了这个"伪冰柜"的盖子，让我看看里面是什么。我向前倾了倾身，温暖的气体飘过我的脸，可以肯定的是，这个金属箱里绝对没有冰棍。取而代之的是两排（每排 7 个）小玻璃烧瓶，每个瓶子都紧紧地贴在一个金属板上。这个金属平台在前后左右慢慢地来回移动，轻轻地使每个烧瓶中的少量液体上下起伏着。

不得不承认，我多少有点儿意外，甚至有点儿失望。我现在正位于过去 25 年来从事进化生物学最重要的研究之一的地方，但这里真的称得上很简朴了。这里平淡无奇，也不会给人留下什么深刻的印象。只有装着清澈液体的容器，在一个发热的"冰激凌盒子"里缓慢地来回晃荡着。

这种小容器如何产生大轰动的故事并非始于密歇根州的实验室，而是源自 40 年前在北卡罗来纳州的阿巴拉契亚山脉。在那里，一个名叫里奇·伦斯基的年轻研究生正在使用久负盛名的陷阱方法调查甲虫种群。陷阱的机制就像它的名字本身一样简单。研究人员挖了个洞，等待动物掉进洞里。你可能会认为动物没有那么愚蠢，但事实证明它们确实不太聪明。动物走来走去，一不小心就突然掉进坑里出不来了。坑的大小取决于你想抓住什么，对于甲虫来说，纸杯大小的洞就可以了，但是对于蜥蜴和蛇则可能需要水桶一样大的坑。

伦斯基长期以来都为自然界深深着迷。这位北卡罗来纳州的本地人在俄亥俄州奥伯林学院主修生物学，奥伯林分校是俄亥俄州一所以音乐闻名的小学院，同时也是一个学习科学的好地方。在那里，他迷上了利用实验方法来研究科学问题。在实验室中做研究再平常不过，但是以实验方式研究自然界的体验则是少之又少了。

就在此时，生态学领域陷入了混乱。大多数研究都是以观察和对比的方式为基础的：在多个地点收集详细的数据，然后寻找变量之间的关联来解释相似性和差异性。可能蝴蝶比较多的某个地方，蜻蜓也更多。这也许意味着，蝴蝶的丰度决定了在给定地点可以出现多少只蜻蜓。如果蜻蜓吃蝴蝶，则这种关联性的暗示就有意义，但因果关系可能相反：也许蜻蜓的丰富程度决定了蝴蝶的数量——作为一种可能的解释，蜻蜓可能吃掉了蝴蝶的捕食者，所以更多的蜻蜓意味着有更少的蝴蝶捕食者，从而也就有更多的蝴蝶。或者说蜻蜓和蝴蝶之间可能没有直接的联系，确切地说，二者的丰度是由第三个变量决定的：也许潮湿的地方对蝴蝶和蜻蜓都有积极的影响。在这种情况下，即使蝴蝶和蜻蜓不会相互影响，它们的丰度也会相互关联，因为它们都对湿度做出了反应。

这是一个由来已久的关联与因果关系的问题，最直接的方法是进行实验。如果蝴蝶种群的规模决定了蜻蜓的数量，那么改变前者的数量将会导致后者数量的变化。实验设计非常简单直观：去一些地方，增加或减少蝴蝶的数量，看看蜻蜓种群会做何反应。当然，你看到的任何变化可能只是侥幸的现象，因为这种变化可能是由天气或其他外部变量驱动的。为了排除这种情况，你需要一个对照区，在该对照区内，除了不改变蝴蝶的数量，其他操作都相同。如果你在实验区而不是对照区得到响应，你就有证据表明蝴蝶的数量影响蜻蜓的数量。然而，实际上，一对实验点是不够的，任何差异仍然可能造成随机波动。因此最好利用一组站点对蝴蝶种群进行操作，另一组站点用于控制，以确保任何趋势都是一致的。当然，你需要以同样的方式来随机地对待任何一组实验区，以免实验结果被任何偏见影响。

在 20 世纪 70 年代末，包括席尔伍德庄园的米克·克劳利在内的一群生态学家正在推行实验方法，他们认为几十年的观测性生态研究导向并不正确，需要找到一种更强有力的方法。他们认为，在自然界中进行实验可能是困难的，但这样做是必要的。这次运动的领导者之一是北卡罗来纳大学的纳尔逊·海尔斯顿，年轻的伦斯基在 20 岁大学毕业后被拉到他的实验室里。

海尔斯顿对需要解决的问题，以及解决问题的机制都有普遍的兴趣，他始终坚持实验方法是最重要的。伦斯基对生态系统是如何运转的有着浓厚的兴趣，而阿巴拉契亚山脉的甲虫是一个很好的研究对象。

伦斯基的博士研究集中在北卡罗来纳州森林中两种常见甲虫的丰度上。伦斯基有两个问题：物种是否为资源而竞争，人类行为是如何影响环境的，如甲虫群落会因森林被砍伐而受到怎样的影响？

伦斯基分两个阶段来探讨这些问题。他先采用了经典的比较方法。他调查了多个地点并采集了甲虫。通过这些数据，他可以看出哪些因素与昆虫物种的丰度相关。然后，为了检验针对这些数据提出的假设，他建造了大型围栏进行实验。在实验中，这些因素（如甲虫密度、森林与开阔地等）都可以改变。

这种方法听起来简单，但工作量却非常大。通常需要挖一个 4.5 英寸深的洞穴，然后放入一个塑料杯，才能做成单个陷阱。听上去好像也不是很糟糕。但是有一项研究，共挖了 192 个这样的洞，在另一项研究中共挖了 64 个。两个月来，伦斯基每天都匆匆赶往研究地点，然后从一个杯子走到另一个杯子，核实里面的东西，取出来，仔细检查，然后释放杯子里面的生物。

设置和运行实验也是费力的。实验所需要的方形围栏规格不同，有的实验需要边长 5 英尺的围栏，而有的实验需要 20 英尺的——需要通过将铝埋入地下来建造。围栏内的甲虫须定期监测，幸运的甲虫每次被捕获时都用手喂养，看看它们的大小和繁殖情况是否受到食物供应的限制。有些实验短则两周，长则 3 个月。

项目的两部分结合得很好，通过观测研究，实验总体上证实了提出的假设。结果表明，森林中的甲虫比伐木之后空旷地带的甲虫表现得更好，物种之间的食物竞争可能是调节其种群的重要因素。

和博士论文一样，伦斯基的研究取得了巨大的成功。整个研究共促成 6 篇论文发表，其中 3 篇发表在该领域的顶级期刊上，这充分表明这项工作的质量之高，伦斯基的前景一片光明，未来可期。

然而，一切并没有想象中那么美好，伦斯基对他的研究计划并不感到兴奋。他的兴趣在研究生阶段发生了变化。关于进化论的一系列发人深省的课程，与志趣相投的研究生关于吃豆人游戏的讨论，还有星期五晚上的啤酒，激发了他对研究有机体如何适应环境的兴趣。因此，他着手寻找一种更适合研究进化变化的有机体，尤其是一种他比较欣赏的，能够经受得住实验方法验证的有机体。

在研究生院里，伦斯基了解了一个关于微生物遗传学的经典实验。[①] 他说："我认为，只要我打算研究一些新生或不熟悉的事物，微生物所具备的模型系统的优势，在其他领域也同样可以体现价值。"因此，一名鞘翅目学家就这样变成了微生物学家。

伦斯基加入了研究实验种群进化的科学家的大军。自20世纪初以来，他们已经进行了成千上万个这样的实验，而且实验结果惊人的一致。对于任何可以进入实验室并繁殖的生物体，对任何性状的倾向性选择几乎都将导致进化沿着预测的方向快速发生。这些研究不仅包括你期望的性状，如体形、颜色、果蝇屁股上的鬃毛数量，还包括许多其他性状，如老鼠对蛀牙的抗性、果蝇朝光飞行的倾向及对于酒精烟雾的耐受性等。在大多数情况下，一个种群中任何性状的变化或者施加较强的人工选择性干预，都会得到进化的响应。

其实同样的方法已被用于生产我们熟悉的农场动物和农业植物，但它们与其野生祖先几乎没有相似之处。例如，墨西哥类蜀黍是墨西哥高地玉米的始祖，有一只长4英寸的"耳朵"，也许有12粒玉米，且外皮坚硬，这与我们每年夏天享用的玉米棒上甜美无比且没有任何保护的玉米粒相去甚远。工厂饲养的鸡每年能产300多个蛋，远远超过它们的丛林鸡祖先。同样地，人工选择也从始祖狼身上培育出了大丹犬和吉娃娃。

---

① 1943年的论文《细菌从病毒敏感性到病毒抗性的突变》表明，细菌遗传和动植物一样属于基因遗传，突变是随机发生的。萨尔瓦多·卢里亚和麦克斯·德布鲁克均以此项工作获得了诺贝尔奖。

人工选择对科学、农业和人类福祉都有裨益。但是，作为对于自然进化的模拟过程，它是不完整的。伦斯基刚完成他的博士工作，就意识到有两种方法可以使实验室研究更加贴近自然界中真实发生的状态。

首先，当我们想到进化时，我们会想到几千万年以来发生的事情。然而，实验室内的选择研究通常只持续几十代，便足以看到强大的进化反应，并可以了解很多内容，但是它相对于自然界的时间跨度来讲实在是微不足道。当然，原因也很显而易见：人类的科学事业没有那么长，更不用说科学家为了得到实验结果所需的资助金周期，以及撰写论文的补助金周期了。此外，用于此类研究的有机体——果蝇、小鼠等——具有数周至数月的世代次数，从而限制了研究结束之前可能历经的世代数量。伦斯基意识到，需要一个具有非常短的生命周期的有机体，一个能够随意地穿越几代的有机体，才能快速积累变化以研究其长期进化结果。

其次，选择通常是由研究人员或育种者直接施加的。想要挑选出肉更厚实的牛吗？那么就挑选出最健壮的动物，然后只让它们进行一代又一代地繁殖。这看似是个很好的方式，可以研究选择在产生进化变化方面所起的作用，但在自然界中，实际情况并非如此。

在野外，选择的力量并不会强烈到只有极少数表型极端的个体存活和繁殖。相反，对任何给定性状下的选择通常都更加柔和，而且施加于不同性状上的众多选择压力一般会同时发生，有时甚至以矛盾的方式发生。速度最快的老鼠可能比速度慢的老鼠存活率高 10%，但这可能意味着许多速度快的老鼠不能做到这一点，而一些速度慢的老鼠也可能会侥幸活下来。而伪装得最好的老鼠也有类似的优势，但是速度快的老鼠不一定伪装得好，所以选择性压力可能会发生冲突。总的结果是，选择的力量往往是非常微弱的，它具有一定的概率性，这与实验室选择研究非常强烈和确定的方式大不相同。

实验室选择的另一种非自然表现形式，从本质上讲，通常是随时间变化的。在某一年，肌肉发达的鹿可能会有优势，但它在下一年可能会生存得非常艰难，而瘦弱的鹿会存活下来。确实，随着种群的进化，它们自己可能改变选择性环境——在稀有状态时受到青睐的特性在普通情况下可能不再提供优势。或者随着种群的进化，它们可能会改变它们的环境——海狸水坝就是一个极端的例子——这些变化可能会反过来影响选择性过程，某些从前不受欢迎的性状可能会脱颖而出。这个过程与实验室选择研究中代代相传的一致性选择压力也非常不同。

伦斯基意识到，解决这些问题的方法是存在的，这个策略已经逐渐成形，但还没有充分发挥出它的全部潜力。这种方法是利用微生物在实验室中通过实验研究进化。微生物的世代很短，有的只能生存 20 分钟或更短，这个时间跨度给人类研究进化提供了很多机会。而且，研究人员可以让这些有机体接触一个新环境，而不是像大多数以前的实验室研究那样指导选择性过程，在这个新环境下，这些有机体最初可能并不容易适应。毋庸置疑，基于这些条件，选择会推动进化发生，但整个过程会像在自然界中发生的那样，由实验环境而不是研究者来决定物种存活和繁殖。

一些微生物学家从 20 世纪 40 年代就开始这么做了，但是他们这么做不是为了研究进化机制，而是为了理解微生物的内部工作原理。主要的想法是让微生物暴露在恶劣的环境中，看看它们能通过何种生化或生理技巧存活下来。另一种狭隘但行之有效的方法是，研究人员使用分子生物学技术使微生物的某些机制失效，并观察种群如何进化出补偿性的工作机制。通过这种方式，人们可以很好地了解 DNA 是如何工作的，以及细胞是如何发挥作用的。但是在大部分情况下，这种方法的实践者对进化领域并不感兴趣；相反，他们使用进化迭代来研究细胞如何工作。这种现象在 20 世纪 80 年代初开始改变，当时伦斯基刚好完成了他的研究生学业。

将时间快进 6 年，到 1988 年。年轻的伦斯基在马萨诸塞大学布鲁斯·莱文实验室拿到了博士后奖学金，布鲁斯·莱文是当时微生物学领域的巨匠，也是使用微生物实验来研究进化的少数人之一。[①] 在加州大学担任教员后，伦斯基开始着手实施自己的研究计划，利用对大肠杆菌的实验室研究，实现他采用新方法完成长期进化实验的设想。

每个大肠杆菌个体只由一个微小的细胞组成，通常大约 1 微米长，当食物充足时，这些细胞可以每 20 分钟分裂一次。大肠杆菌的微小尺寸意味着即使是一个很小的烧瓶也可以容纳数以亿计的菌体。群体中的个体越多，发生突变的个体可能就越多。而且一个种群的突变越多，偶然出现特别有用的突变的可能性就越大，这种突变会受到自然选择的青睐，并让整个种群更好地适应环境。因此，人们已经预想到大肠杆菌会比其他寿命更长但种群规模更小的实验室生物更容易进化了。

实验室科学家因为几十年来一直在研究大肠杆菌，所以知道它能生存的环境。基于这些知识，伦斯基能够设计出一种它们可以容忍的环境，但这将是一个挑战，其中有足够的空间进行进化改进。

另外，我想说明的是，与大肠杆菌一起工作并不危险。的确，大肠杆菌经常见诸报端，它因为食物中毒而爆发，可以导致一些非常严重

---

① 除了莱文，伦斯基还特别提出林超、丹迪奎曾和巴里·霍尔也是这个领域的先驱。

的、偶尔致命的疾病。但是包括伦斯基的研究在内的大多数菌株类型都是无害的。事实上，大多数人的消化道中会携带大量有益的大肠杆菌菌株，它们在那里要做重要的工作，例如生产维生素 K2 和消灭有害细菌。此外，实验室菌株已经适应了在玻璃瓶中生存，并且已经失去了在人类体内生存的能力，因此它们绝对不会构成威胁。伦斯基和他的实验室成员在典型的实验室里工作，甚至不戴手套，更不用说穿生化服了。

1988 年 2 月 24 日 [1]，南加州阳光明媚，异常温暖。伦斯基拿起一个典型的实验室培养皿。大肠杆菌像其他细菌一样无性生长，每个细胞分裂成两个完全相同的子细胞。当大肠杆菌细胞被置于培养皿表面时，它开始不断地分裂，最终产生一小堆数以百万计的细胞，这些细胞都是第一个建立细胞的相同后代。这些细胞被称为菌落。伦斯基拿起的培养皿底部覆盖着一层黏黏的、半透明的营养明胶，表面生长着数十个这样的菌落。所有这些菌落都是由一株叫作 Rel606[1] 的大肠杆菌实验室细胞生长而成的。伦斯基拿起一根消过毒的小金属针，轻轻地随机触碰了某些菌落，在针尖上收集了数十万个相同的细胞，然后把针尖浸入有 10 毫升液体的无菌玻璃瓶中。这样，一个长期的种群就诞生了。重复了 11 次之后，他把这一打烧瓶放进那个"伪冰箱"中[2]，将温度设定为98.6华氏度（约为 37 摄氏度，就像我们的内脏一样）。

在这个实验中还有一个更重要的因素。研究大肠杆菌的人员使用各种不同的菜单来维持其微观能量，一些用的是标准的生化实验室营养

---

① "Rel"来自伦斯基最初的计划。

② 第 13 瓶没有大肠杆菌的烧瓶，被用来作为一个对照以检测污染。几年后，又增加了第 14 个烧瓶，这样一来，在我参观实验室时，我看到了两排烧瓶（每排有 7 个）。

物，如酵母粉或乳蛋白，还有一些是外来品，如有羊血或猪脑、猪心的肉汤。伦斯基所实验的大肠杆菌在饮食上有两点并不寻常。第一，在它们液态的生存环境下，唯一可以利用的食物是葡萄糖，这是一种被许多有机体用作能源的糖形式。[①] 第二，与大多数实验室制剂不同，食物的供应非常有限，以至于种群数量每天都在迅速扩张，直到持续 6 小时后葡萄糖被耗尽。这时，细胞停止了分裂，静静地等待着。第二天，实验室成员将从每个烧瓶中虹吸出 0.1 毫升液体，代表烧瓶内容的 1%，也就代表了大肠杆菌种群的 1%（大约有 5 000 万大肠杆菌），然后将液体喷射到带有 9.9 毫升新鲜葡萄糖溶液的新烧瓶中（实验室科学家使用"介质"一词表示富含营养物质的环境）。这样新的循环就又重新开始了。

自 1918 年以来，用于做实验的大肠杆菌一直是研究的主体。然而，这个实验的特定条件，特别是低水平周期性耗竭的葡萄糖水平，对微生物来说是新奇的。据推测，这种环境产生了强大的选择性压力，迫使有机体有效和快速地利用稀缺资源。然而，与大多数选择实验不同，伦斯基并没有决定胜负，也没有挑选出哪些微生物可以存活到下一代。相反，他让这些微生物以它们自己的方式决定出一系列最有用的特质。出于这个原因，伦斯基称这个项目不是一个选择实验，而是一个长期的进化实验——简称 LTEE。

在实验开始时，任何一个群体的所有个体在遗传上是相同的，它们都是来自母细胞的完全相同的后代。此外，因为初始培养皿中的不同菌落没有太多时间产生突变，所以不同种群的初创者虽然来自不同的菌

---

① 其实人类也是如此。当我们抱怨血糖很低时，我们指的就是溶解在血液中的葡萄糖量。

落，但在遗传上也是相同的。这意味着 12 个实验烧瓶中的内容在遗传上基本上是完全均质的，种群内或种群之间不存在遗传变异。[①] 只有经过一段时间，当突变发生时，变异才会在种群内出现，从而赋予种群彼此遗传分化的能力。

这就是伦斯基用于解决野外进化实验所面临的问题的研究方法。从一个烧瓶到另一个烧瓶的环境是完全相同的，至少在人为情况下是可能实现的。此外，种群本身不断地自我拷贝使得基因完全相同。这是古尔德思维实验的真实写照。将"磁带"同时"播放"12 次，然后并排放置在冰激凌箱里。它们有着相同的起点和相同的环境。这些同步进化的"磁带"会导致平行的进化结果出现吗？或者突变的随机性会导致进化朝着不可预知的方向发展吗？决定论与机会论，谁会占据上风？

长期的项目研究可以为任何人提供一次当历史学家的机会。你可以回顾研究的进展情况，不仅要注意研究结果是如何随着研究的进展而出现的，还要注意如何去解释研究成果，即从研究中得到的信息是如何随着时间的流逝而变化的。这种追溯调查的方式决定了一个人在学术生涯要么成名，要么出局。为了取得成功，科学家们必须定期报告他们的结果，这意味着长期的实验将留下丰富的具有延续性的论文线索。

伦斯基的长期进化实验也不例外。当我坐下来写这部著作的时候，这个实验已经进行了 28 年。随着先前提到的实验室窗户上数字的倒退，已经出现了 64 000 代，这块"里程碑"在几个月前刚刚出现。看一下伦斯基在密歇根州的网站，你就会发现这个项目已经衍生出了 75 部科学

---

① 事实上，这并不十分准确。伦斯基将一个突变引入半数种群中，以防发生交叉污染时，不同种群无法被区分。突变没有表型效应，因此不会受到自然选择的影响。

著作。

其中第二篇著作发表于 1994 年，也就是实验开始 6 年后，文章总结了第一万代的结果。最近，伦斯基和迈克尔·特拉维萨诺在实验室拿到了他们的博士学位，他们在《美国国家科学院学报》上撰文指出[2]，12 个大肠杆菌种群都已经适应了它们所在的新环境，这是根据每日被转移到新鲜培养基后，种群规模增加的速率来衡量的。然而，种群适应性提高的程度因种群而异：在极端情况下，有些种群比初始种群速度快 60%，而另一些种群只比初始种群多产 30%。大肠杆菌细胞也比祖先种群大，但增大的体积各不相同：一些种群细胞体积增加了 50%，而其他种群则增加了 150%。伦斯基和特拉维萨诺由此得出结论，这些种群以不同的方式适应新环境，这是在不同的烧瓶中发生的不同突变的结果。正如他们所说的，"我们的实验证明了偶然事件在自适应进化中的关键作用"。

伦斯基在第二万代菌种繁育后再次回顾了实验的进展。这些种群在盛宴与饥荒交替的环境中生活得越来越好。种群增长速度已比初始种群快 70%。不同种群在生长速度上仍然存在差异[3]，但这被称为"微妙的变化"，并且不被强调。因为故事的主线是，所有种群都表现出相同的趋势，朝着更快的增长速度发展。类似地，虽然没有关于细胞大小的新的数据报告，但是报告却强调了细胞体积的平行增加。对于种群之间的可变性，也没有太多的关注。

此外，伦斯基实验室在比较种群方面也有所发展，而且有许多令人兴奋的新发现。所有 12 个种群都失去了在含有另一种糖——D 型核糖的瓶子里生长的能力，这表明细胞的生化机制正在以同样的方式改变。对遗传学不同方面的若干详细比较表明，在几乎所有种群中都发生了相同的变化。由此得出的结论是，不仅种群在生长速度和细胞解剖学方面以相同的方式进化，在基础生理学和遗传学方面也是如此。

伦斯基在 2011 年回顾了一下 5 万代的进化，并重申了这一说法："令我惊讶的是，进化确实是可重复的[4]……虽然亲缘关系在许多细节上确实存在分异，但我还是被它们进化的平行轨迹打动，许多表型性状甚至基因序列的变化都非常相似。"

就在伦斯基开始他的科学生涯的时候，另一个年轻人正在上他的第一堂大学科学课。和伦斯基一样，保罗·雷尼[5]也对生物学着迷，他先是在新西兰坎特伯雷大学学习林业，然后学习了植物学。然而，与伦斯基不同的是，雷尼在完成本科学业后并没有攻读研究生。相反，作为兼职爵士音乐家，他已经养活了自己几年。当时他去了伦敦，开始了为期一年的欧洲游历，表演、探险、去酒吧工作，不断地体验世界。回到新西兰后，他继续靠吹萨克斯管维持生活，但最终还是屈服于女友家庭的压力，在一家乳制品公司当了销售经理。然而，这仅仅持续了 3 个月，雷尼认为销售牛奶和与杂货店经理们开会并不是他想要的生活。像现在的许多年轻人一样，他决定回到学校。他四处寻找合适的硕士课程，在商业蘑菇生产相关的研究中找到了一个机会。

作为这个项目的一部分，雷尼了解了一种被称为荧光假单胞菌的菌落，它不仅在蘑菇生产中发挥了重要的作用，而且具有美丽的彩虹色。他开始研究这些细菌，让它们在培养皿中繁殖。随着工作的进展，他注意到了一些意想不到的事情：细菌似乎随着时间的流逝在小盘子里逐渐发生了变化。一些失去了着色，开始变得透明，同时失去了毒性。其他细菌已经在盘子中分化出了多种类型。

他对此很感兴趣，甚至把它当作与蘑菇相关的主要工作持续研究着。他继续尝试新的生长介质和环境，观察细菌如何适应不同的环境。拿到硕士学位后，他又继续攻读博士学位，随后他去了英国，继续从事与蘑菇相关的博士后工作，先是在剑桥，然后是在牛津。

在牛津，一切事情都被归集在一起。荧光假单胞菌是一种生活在土壤和水中的细菌。雷尼的工作之一是收集和检查来自不同宿主植物的细菌菌株的样本。这样的菌株可以在当地树林中的甜菜叶子上被收集。

雷尼把这个样本放到实验室里。他把菌株放进一个充满基础营养素的玻璃烧杯里。经过一个周末的休假，雷尼回到实验室，发现细菌在液体的顶部形成了厚厚的、黏稠的细胞"垫"。进一步的调查显示，当在肉汤中保持原样时，细菌会分化成 3 种不同的类型，分别占据烧杯的不同部分。这非常有趣，一个单一的始祖类型细菌最终产生了 3 种类型的菌株，而且它们似乎已经适应了利用不同的环境。这是一种微型的自适应辐射。

雷尼关于实验室适应性辐射的记叙很新颖，但真正吸引人的是雷尼一次又一次地重复实验，把嗜糖细菌放进肉汤里，任其自由发展——每次都会出现同样的 3 种寄居类型的细菌。

当雷尼第一次把细菌放进烧杯时，它们又圆又光滑，在整个肉汤中都能找到。他称之为"平滑型"。然而，随着另外两种类型菌种的演变，平滑类型的菌种很快被限制在汤的内部。第一种细菌是圆形的细胞，有巨大的沟纹，起皱的边缘黏在一起，在肉汤的顶部形成垫子。雷尼开始称它们为"褶皱传播者"。另一种细菌像平滑细菌一样，非常圆，但是覆盖着浓密的茸毛，因此被称为"绒毛传播者"。和褶皱类细菌一样，绒毛状细菌也聚在一起，在表面形成一个垫子，但它们会沉到烧杯的底部。当病毒攻击皱纹状细菌时，它们会周期性地在表面重生一层细菌。

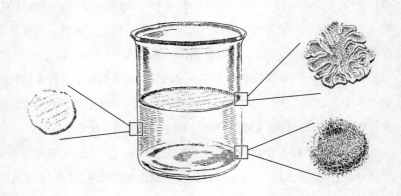

图37   在雷尼的实验中，荧光假单胞菌分为3种不同形状的假单胞菌：平滑型（左）、褶皱传播者（右上）和绒毛传播者（右下）

产生这种多样化适应性的原因也是显而易见的，毕竟氧气是一种限制性资源。始祖平滑型细菌在肉汤中游弋，耗尽氧气，导致皱纹的进化，然后绒毛扩散型细菌则可以利用肉汤表面的高氧水平。以昆虫为食的蜥蜴物种适应不同的栖息地以最小化竞争，吞噬氧气的微小细胞也同样这么做。

伦斯基在LTEE中证实了在单一物种下的趋同进化，不过他让研究更深入了一步：同样的自适应辐射在重复发生。把一个荧光假单胞菌放进一个烧瓶里，烧瓶里有一组特定的营养物质，让它单独待几天。你会得到平滑型、褶皱型和绒毛型细菌的混合物。3种类型不仅会出现，而且会以可预测的次序出现，褶皱型细菌首先会占据优势，绒毛型细菌紧随其后。但它并没有得到更多的复制。

雷尼在牛津大学读了6个月的博士后，一边工作，一边弄懂了其中的基本原理。他为自己所做的事感到兴奋和自豪，并在研究实验室的半年会上首次介绍了这项工作。这些会议是在该研究所所长的办公室里举行的，所长是一位著名的病毒学家，像他那个时代的许多分子生物学家一样，他对任何不能完全专注于理解分子运行机制的生物学研究都抱有蔑视态度。

雷尼的演讲进行到一半的时候，所长打断了他的讲演，告诉他这项工作毫无意义，因为这项工作仅仅能证明发生了什么，并没有阐述清楚导致不同类型细菌出现的分子层面发生的变化。研究所禁止雷尼再从事相关方面的深入研究。

这对雷尼来说无疑是毁灭性的打击。但是按雷尼的话来说，他自己也是个"顽固的怪咖"，严厉的压制反而坚定了他将故事探寻到底的决心。他还在从事相关的研究工作，只是由"地上"转移到了"地下"。

偶然论与决定论辩论中的一个主要问题是偶然事件的重要意义，即偶然事件能在多大程度上影响未来。当然，这样的事件对人类历史和进化来说同样重要。在保罗·雷尼的故事中，偶然事件也发挥了应有的作用。在实验室会议后不久，雷尼得知了一位牛津大学的访问学者，一位居住在牛津长达 1 年的休假研究员——里奇·伦斯基。

雷尼专门安排了一次会面来介绍自己，但是一次会见后来变成了许多次会见。伦斯基与雷尼心胸狭窄的上司不同，他看到了这项工作的意义。除了提供鼓励和建议，伦斯基还写了一封信，强烈支持雷尼攻读博士后以继续从事这项工作。雷尼在 1994 获得了这个职位，并且全职致力于假单胞菌的研究。

一年后，伦斯基主持了微生物种群生物学领域著名的戈登研究会议，并邀请雷尼发言。这是假单胞菌研究工作的第一次公开展示，雷尼把他发现的一切都投入其中。这次演说是一次巡回演出，但是他的研究项目不同于当时正在进行的任何活动，因此似乎与科学家大会无关。雷尼给 3 个专栖菌种起过的宠物名字——"褶皱传播者"和"绒毛传播者"听起来更像是儿童读物里的东西，而不是一项重要研究计划的一部分，所以对雷尼的演说也没起到太大的帮助作用。也许设计一些无聊的、技术性的术语会更好，比如"II 型增生形式——皮洛斯"之类的术语。无论如何，作品新颖、有趣的名字，以及雷尼自己的演讲风格，都为演说引来了很多笑声。直到今天，雷尼都不确定有多少人是和他一起笑，有多少人是在嘲笑他。

　　然而，总的来讲，大家对于雷尼的工作还是认可的，雷尼得到了鼓励。第二年，牛津大学聘请他担任讲师（相当于美国助理教授），为期两年的博士后研究金变成了 5 年。资金变得充裕的雷尼聘用了他自己的博士后研究员，那是他在戈登会议上见过的迈克尔·特拉维萨诺，这个年轻的研究员是伦斯基实验室的老手。特拉维萨诺和雷尼共同完成了[6]这项工作，两年后在《自然》杂志上发表了他们最经典的论文。

　　伦斯基的长期进化实验和雷尼复制的微生物适应性辐射创造了进化生物学的一个新分支。起初，这项工作仅限于几个实验室。但这一阶段并没有持续多久。学术代差很短，实验室的后继者迅速成长、羽翼日渐丰满，并建立了自己的实验室。到 20 世纪 90 年代末，伦斯基的一些学生已经是教职员工了，他们继续在其他机构进行长期的实验性进化研究。此外，其他人也独立采用了这种方法，不仅扩大了研究者的基础，而且扩充了所研究生物的多样性。在伦斯基将大肠杆菌喷入 12 个烧瓶的 25 年后，数十个（也许是数百个）实验室正在进行实验性进化研究，这足以使所有研究性会议都致力于这一主题。

　　这些研究大多是短期的，例如假单胞菌的实验只用了 10 天。但是，越来越多的研究人员正在效仿伦斯基的方法，延长实验的时间。

当然，LTEE 是这类工作的先驱，值得考虑的是如何保持长期的实验性进化研究的运转。28 年来，每天都有人在伦斯基实验室进行转移，把每个种群从废弃的环境转移到新准备的一批葡萄糖培养基中。虽然实际的过程只需要几分钟，但是过程的组织和执行还是让人印象深刻。这项工作日复一日地持续着，无论是在假期还是在暴风雪期间，无论是疾病还是各种生活琐事都没有停止项目的运转。伦斯基实验室的每个人都认为长期任职的实验室主管尼尔贾·哈杰拉是使项目运行如此之久的功臣。

在 28 年中，只有 3 次转移工作没有按照他们的日常节奏进行。第一次是在 1991 年，伦斯基实验室从加利福尼亚大学欧文分校搬到密歇根州。搬迁实验室是个大工程，这种情况需要中断项目。这么长时间的中断不是问题。大肠杆菌和许多微生物一样具有超强的耐力。它可以被冷冻起来，就像科幻电影中的宇航员一样进入假死状态，然后解冻并复苏，这期间并不会有什么损耗。因此，LTEE 被施以冰冻状态，然后由卡车运送到全美各地。9 个月后，细菌种群被解冻，实验又在当初的地方重新开始。

第二次和第三次停工时间较短：在 2007 年和 2010 年冬，实验室的每个人都外出度假了，因此项目被暂时搁置。尔后这种情况再也没有发生过，而且在过去的 7 年里，这个项目每天都在继续。

实验进化研究者在研究设计和所要解决的问题方面采取了各种各样的方法。尽管如此，这些研究大多还是遵循了伦斯基－雷尼的路径，并在相同的环境中建立了复制种群，以探讨进化是否会在所有种群中并行发生。

鉴于 LTEE 和雷尼的研究都发现复制种群的进化方式大致相同，那还有什么理由让我们相信其他实验不会产生相同的结果呢？换句话说，如果让两种初始条件相同的种群去适应相同的环境，那么它们为什么不会以同样的方式产生适应性呢？

这里需要考虑两个因素。第一，为了进化，种群需要遗传变异。如果没有变化，就没有改变的能力——毕竟自然选择的机制是支持某种变异胜过其他。如果没有变化，那么选择就没有什么用处了。由于这些种群最初缺乏遗传变异，所有随后的进化都基于实验开始后发生的突变。反过来，这意味着种群的进化过程可能是由每个复制过程中发生的突变而形成的。种群间的进化差异可能只是因为不同的种群发生了不同突变的结果。

进一步来讲，突变在一个种群内是否能够发生，主要取决于突变发生的顺序——如果种群中已经发生了某种突变，那么后来的突变有可能就是不利的，或者出现正好相反的情况，这种突变的形成要建立在其他突变已经发生的基础上。因此，即使在两个种群中发生了相同类型的几种突变，但由于突变发生的先后次序不同，进化的结果也会产生差异。

第二，影响种群是否并行进化涉及是否有多种方式解决环境带来的问题。正如我们在第三章中所讨论的，如果面临相似环境的物种能够进化出以相同的功能来应对环境的不同表型（如良好的游泳能力可能来自强有力的尾巴、前腿或后腿），或者如果存在多种不同的功能去适应选择性环境（对新捕食者的反应，进化出长腿以便更好地逃脱或伪装以避免被发现），那么物种就不会出现趋同性的进化。但我们也看到，由于遗传的相似性，紧密相关的种群比远亲更可能以同样的方式进化。

因此，鉴于这些考虑，我们在微生物进化的实验研究中期望得到什么呢？在伦斯基和雷尼的实验中，大部分复制种群的进化方式都相同。这难道是一个普遍规律吗？

正确评估这个命题并不容易，因为研究总是以不同的方式验证进化的。最明晰的研究是研究种群的特性，看看它们是否以类似的方式重复进化，例如大肠杆菌实验中的大细胞或 3 种不同的假单胞菌细胞类型的研究。

另一种在实验中常用的微生物是常见的烘焙酵母——酿酒酵母。几个世纪以来，它都被人类用于烘焙、酿酒和酿造。最近，这种酵母又扮演了另一个角色：分子生物学研究的模型生物。酵母和我之前讨论的其他微生物物种不同，它是真核生物，就像我们人类一样，它们在每个细胞中都有一个自我封闭的细胞核来存储 DNA。这使得它们的生命机理与人类和其他大型生物更加贴近和相关。

尽管它们有细胞核，但每个酵母个体只由一个细胞构成。至少通常情况是如此。现任明尼苏达大学实验室主任的迈克尔·特拉维萨诺带领一组研究人员，想要研究从单细胞到多细胞的进化转变，这是生命进化史上的一块重要的里程碑。这种变化是如何发生的，对于进化生物学家来说是一个特别有趣的问题，因为它涉及单个有机体失去自主权，为了共同利益而进化，从而形成一个有机整体。为什么最初独立的细胞会聚集在一起，形成一个多细胞有机体，而其中只有一些细胞可以繁殖？仔细想想你自己的身体——你的大脑、眼睛、腿，整个身体都有细胞。但是，只有少数的细胞，即卵细胞或精子中的细胞，能够进行繁殖并将其DNA 传给下一代。但是你的其他细胞里有什么？这是一个由来已久的问题。特拉维萨诺想通过实验室的进化研究来洞察这一切。

但是该如何激发单细胞生物联合起来呢？研究人员认为，通过选择较大的规格，将促进细胞群聚拢形成更高质量的进化。特拉维萨诺的团队早期经历了惨败，直到他们信心满满地制订了一份胜利的计划。他们设想如果把较重的物质放入充满液体的试管中，它们会沉得更快，于是建立了一种装置，让细胞在离心机中旋转 10 秒。然后将那些最快落到底部的细胞提取出来，放入试管中，在接下来的 24 小时内进行繁殖。之后，他们再次进入另一个旋转周期，每天重复这个过程，大概进行了两个月。这种快速下沉的选择机制如预期般那样有效，最终所有 10 个种群的体形均有所增加。

正如科学家们希望的那样，这些细胞黏在一起，形成了多细胞、雪花状的团块。此外，所有 10 个群体发生融合的机制也是相同的。它们并不像酿造啤酒时那样由单个酵母细胞聚集在一起，而是由多细胞聚集体通过增殖过程的变化而进化的。酵母通常会像大肠杆菌一样繁殖，一个细胞分裂成两个细胞，各自再进行分裂增殖。然而，在雪花状的细胞群中[7]，分裂过程只是最初的情况，并不完整。最初一个细胞分裂为两个，但子细胞仍然彼此相连。其结果是，随着细胞继续分裂，整体结构在不断生长。

这个实验不同于伦斯基和雷尼团队的工作，因为研究人员在实验过程中直接施加了人工选择，而不仅仅是把有机体放入一个新的环境，任其自然生长。按照伦斯基的说法，这是一个选择性实验，而不是一个长期进化实验。尽管如此，特拉维萨诺的研究结果所传达的信息与伦斯基和雷尼的工作成果相似：当面临相同的选择环境时，种群会以相同的方式独立进化。

与特拉维萨诺、伦斯基和雷尼的工作不同，大多数长期的实验室进化实验并不测度表型特征。原因很简单：这是项非常困难的工作。微生物很小，要精确测量它们的解剖学或生理学结构通常是一项费时费力的任务。因此，在这些研究中，通常不会评估表型以相同方式进化的程度。

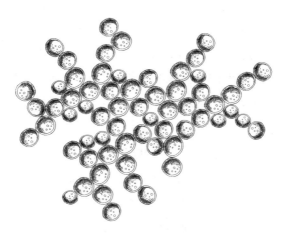

图 38 特拉维萨诺实验中形成的雪花型酵母聚集体

相反，大多数研究采用一种或两种互补的方法来检验进化的可重复性。一种方法是将种群的增长率与始祖种群的增长率进行比较。随着时间的推移，种群趋向于更好地适应新的环境，因此种群的大小，也就是单个细胞的数量会增长得更快。许多研究发现，不同的实验种群的适应性增长率也是类似的。回想一下，伦斯基实验中的平均增长率大约是70%，不同种群之间的速率变化很小。

另一个团队对大肠杆菌的研究[8]也得到了类似的结果。研究人员建立了 114 个种群，并使它们在高温下繁殖了 2 000 代。热浴缸里严酷的生存环境也许导致了种群生理性适应的变化，但是生理机能并不是检查项目。相反，研究人员报告说，与初始菌株相比，生长速度非常稳定地加快了大约 40%。

大量的实验结果告诉我们，实验种群在面对相似的环境时，会以相同的速率增加适应的能力和程度，但是我们不知道它们是如何做到的。也许它们增加的适应性是相似的，因为它们进化出了相同的特征，但也可能通过进化出刚好相等的不同特征来实现这种适应能力。

检测可重复进化的第二种方法是比较实验复制品之间发生的遗传变化。现在，我们可以非常廉价且快速地测序许多个体的整个基因组。这样的研究经常会发现，遗传变化主要发生在实验种群的相同基因中。例如，在 114 个热浴实验种群中，有 65 个种群的某个特定基因发生了突变。此外，即使突变发生在不同的基因中。它们也经常发生在具有相同功能的相关基因中。伦斯基的研究也得出了同样的结果。

当考虑实验种群的遗传对比时，需要注意几个问题。首先，在几乎所有的情况下，实验种群获取相同基因突变的频率比预料得高，但这与种群在基因进化上完全相同的情况相差甚远。例如，在任何两个大肠杆菌种群的热浴实验中，某个种群中突变的基因在另一个种群中只有 20% 获得了突变。因此，从统计学意义上看，实验种群倾向于以类似的方式遗传进化，但是不同的种群之间也存在着许多进化的差异。

其次，即使两个群体获得同一基因的突变，突变本身通常也不相同，而是代表基因内不同 DNA 位置的变化。一种合理的推测是，这样的突变会产生类似的表型变化。然而，同一基因中的不同突变对基因功能的影响可能会明显不同，因此可能导致不同的表型结果。由于没有表型数据，我们还不能确定这种判断是否正确。

尽管存在这些值得注意的情况，但我们还是可以认为微生物进化实验有很多可重复性。伦斯基和雷尼的实验是最有名的，但总的来说，其他的实验也得出了类似的结论：种群以大致相同的速率去适应环境，并且它们主要通过进化出类似的适应能力来适应环境。它们倾向于使用相同的基因束来实现并行的结果。这些结果表明，进化总是遵循相同的路径，至少在宏观水平上，在面临相同选择压力下的相同种群通常将以非常相似的方式进化。

只有一种情况例外。

第十章 烧瓶中的突破

LTEE 要求实验中的烧瓶在一年中的每天都要更换，包括周末和假期。大多数实验室成员都承担了这个责任。实验室负责人尼尔贾·哈杰拉仔细地训练新手如何将大肠杆菌从葡萄糖耗尽的瓶子转移到新的烧瓶中并像鹰一样盯着他们完成最初的几次转移动作。每个月，哈杰拉都会制定一份时间表，分配周末和假期的任务。

2003 年 1 月下旬一个寒冷的星期六，伦斯基实验室成员蒂姆·库博轮值 LTEE 周末班。他以前也做过很多次这样的工作，但是在一个冰天雪地、狂风大作的日子里，他还是更愿意待在家里。尽管如此，他在使命的召唤下最终还是来到了实验室。

库博非常享受这份工作。这项实验已经进行了 14 年，并取得了一系列重大的科学发现。通过将细菌从贫瘠的家园转移到新的、短暂的、资源丰富的容器中，他觉得自己其实正在记录着一段科学史，这在进化生物学编年史中很重要。在这风雪交加的日子，他并没有想到自己将会成为那段重要的历史的一部分。

一天早上，他如往常一样来到实验室开始工作。他走到装满无菌玻璃器皿的橱柜边取出新的烧瓶。每个烧瓶上都盖着一个倒置的小玻璃烧杯，这是为了盖住烧瓶上面的孔，以防止任何经空气传播的细菌落在烧瓶中并污染瓶中的内容。库博在给烧瓶贴上标签后，抓起了一瓶预制的培养基，小心翼翼地将 9.9 毫升培养基灌注到每个新烧瓶中。

现在到了最重要的转移时刻。饥饿的微生物已经安静地苦等了一整天。幸运的是，它们中的一小部分会被邀请参加一场"新宴会"，它们在那里将重新开始消耗能量、分裂和征服新环境。库博走到孵化箱旁，取出存储长期进化实验用的种群的烧瓶，把它们放在盘子里，带到实验室的长凳上。在那里，少量的培养液会从旧瓶子中被吸出，并滴入相应的新瓶子中，从而开始新一天种群数量的增长。库博的惯例是一次取出两个烧瓶，快速地看一看，然后把它们放到盘子里。他自称是个"怪胎"，他把这个任务变成了挑战，目标是要用最短的时间把微生物从旧环境带到新环境中。

随着烧瓶中大肠杆菌细胞数量的增加，液体变得不那么清澈了，每天的转移之后，你可以直接看清瓶中的状态，但是到了第二天，观察到的液体就会变得模糊。库博的任务是确保每个烧瓶中的液体都适度浑浊，如果太清澈，就表明前一天的工作出问题了，烧瓶中没有细菌；太浑浊则意味着细菌数量激增，可能是其他菌种污染的结果。这是一项惯常的任务，在 3 年里，库博还从来没有遇到过哪个一天期的烧瓶是一点儿都不模糊的状态。

库博把头两个烧瓶从柜子里的金属平台上拿了出来，确保烧杯贴放在烧瓶顶端。乍一看好像没有什么问题。第二套烧瓶看起来也是一样的。接下来是包含标记 Ara−3 和 Ara+3 的种群的烧瓶。当他举起这些烧瓶时，他被震撼了，但是他看到的却是一个巨大的惊喜。Ara−3 烧瓶中的液体不透明且黏稠。这种不透明度预示着细菌数量的激增。考虑到每天提供大肠杆菌的有限营养，这本来是不应该发生的。

在实验的 14 年中，以前发生过几次类似的爆发事件，主要是由于拧紧螺钉导致另一种微生物滑入烧瓶，这种微生物更擅长充分利用瓶中的环境。这种失误是可以预见的问题，伦斯基实验室早已有所准备。每天当一个种群被转移到新瓶子（我们称之为 F1）后，旧的瓶子（F0）就被放在冰箱里保管一天。如果第二天发现新烧瓶（F1）可能因受到污染而变得浑浊，则倒掉该烧瓶的液体，并从冰箱中的旧烧瓶（F0）中取出一些样本放入当天新的烧瓶（F2）。从本质上讲，实验跳过了一天——很可能是污染发生的那一天——尔后将前一天旧烧瓶的内容注射给当天的新烧瓶。按照实验室规程，库博确实做到了，他使用了星期五的冷藏瓶 Ara–3 样本，将其注入新的 Ara–3 烧瓶中。

伦斯基安排的周末值班是两天，所以库博星期日又回来了。令他吃惊的是，Ara–3 号烧瓶的内容又变模糊了。他的好奇心被激起了。库博从烧瓶里取出一小块样品，在显微镜下观察。他希望看到少量的大肠杆菌细胞和大量其他类型的细菌——污染物，不管它是什么样的污染物，但是这些细胞看起来都像大肠杆菌。无可否认，大多数细菌在显微镜下看起来都像大肠杆菌，所以还不能轻易给这次观察下结论。尽管如此，库博还是很激动，他认为可能要有大事发生。

实验室对于持续性污染也有相关方案，也就是说，即使使用前一天烧瓶中的内容，污染仍然还是会发生。谁知道污染物是什么时候滑进烧瓶里的？它们可能已经在那里待了好几天，但是经过一段时间，数量已经积累到了爆发的临界水平。实验室不太可能为类似今天发生的事件而保留那么多烧瓶，毕竟冰箱的空间很有限。所以，如果即使使用前一天的烧瓶内容也没能解决污染的问题，那么下一步就要实施 B 计划了。

遵循实验室的操作流程，时间又稍稍倒回去了点儿，把时间节点设定在过去大约 3 个星期。这种方式可行的原因是大肠杆菌具有很强的耐低温能力。这种微生物能够处于假死状态，然后解冻复苏，这允许实验停止一段时间，但它也允许研究人员保存来自实验中先前时点的样本，如果需要的话就可以恢复其活性。

每当培育 500 代菌种（大约培育 75 天），伦斯基实验室成员就小心翼翼地把烧瓶中未使用的 99% 的细菌种群移到精心标记的玻璃瓶中，并将它们置于 –112 华氏度（–80 摄氏度）的超冷冰箱中。在过去，当实验事故发生时，研究人员只是去冰箱取回最近时点标记的存档样本，并从那时起重新开始实验。

保存样本的冰箱名为阿瓦隆（凯尔特神话的极乐世界，据说亚瑟王及其部下的尸体被移往该岛），复制的样本被保存在名为"凯夫豪瑟""瓦尔哈拉""谢斯纳"的备用冰箱中。这些名字有什么重要意义吗？我也不知道。根据扎克·布朗特的说法，这些备用冰箱是"根据神话和传说中的地方命名的[1]，在那些地方，伟大的英雄们长眠于斯，直到它们再次被召唤"。

在以前的所有推定的污染案例中，当实验室从阿瓦隆的样本重新开始实验时，问题就消失了，复活的种群表现正常，烧瓶是正常的、清澈透明的。

但这次情况却不太一样。仅仅过了几个星期，浑浊的情况又回来了。深入检查证实了污染不是事情的起因。相反，烧瓶里原有的栖息者正处于数量暴增之中。来自 Ara–3 烧瓶中的大肠杆菌正以某种方式进化，使它们增长到 10 倍于正常种群的规模。

Ara-3 内的细菌种群规模太大，无法由每天提供的最低量的葡萄糖来支撑。显然，这个种群中的微生物已经进化出以肉汤中的其他东西为食的能力，这些物质一直存在，但在其他种群中，没有一个能够有效利用这种物质。最明显的候选者是柠檬酸盐，它是柠檬酸的衍生物，也是它的存在使得柠檬的味道如此酸涩。

从理论上讲，柠檬酸适合作为大肠杆菌的能量来源。事实上，当没有氧气时，大肠杆菌能够从环境中摄取柠檬酸盐并享用它。但是在有氧环境下，大肠杆菌不吃柠檬酸盐。原因在于，将柠檬酸盐引入大肠杆菌细胞的工作落到了一种蛋白质身上，它被称为转运体。它能伸出细胞壁，阻挡柠檬酸盐分子，并将其拉回内部，在那里，它们被消化了。这种蛋白质是由一种叫作 citT 的基因产生的，这种基因只有在缺氧的环境中才会变得活跃。为什么会进行这种特定的演化仍是未解之谜。

大肠杆菌在有氧情况下不能利用柠檬酸盐的情况是普遍和绝对的，据此这个发现被认为是用于确定细菌是否是大肠杆菌的诊断实验工具。据科学作家卡尔·齐默说，大肠杆菌是"地球上被研究得最深入的物种[2]"。然而，尽管在过去的一个世纪里，研究人员对这种生物进行了无数次实验，但迄今为止，实验室大肠杆菌在氧气存在的条件下进化出了使用柠檬酸盐的能力，仅有一例情况在此前被报道过，这要追溯到 1982 年。

柠檬酸盐在实验培养基中的出现是一种历史的侥幸。先前的研究人员在大肠杆菌的实验中加入了柠檬酸盐，并且由于柠檬酸盐在过去运行的机理一切正常，所以伦斯基一直卡在尝试和验证这个机理上。当了解了 1982 年的研究后，他开始考虑某个种群是否真的可能适于利用柠檬酸盐，但是这个想法随着一代又一代的大肠杆菌都没能破解柠檬酸的屏障而逐渐消失。

直到第 33 127 代的出现，事情开始有了转机。曾经的污染已经被清除了，柠檬酸被有效利用，接着成为很明显的猜想。最初的测试是积极的：当 Ara–3 瓶内的样本被置于一个含有柠檬酸盐但是没有葡萄糖的烧瓶中时，这些样本仍能存活下来并且生长得很好。

在这一点上，弄清 Ara–3 中发生状况的工作被交给了另一位博士后——克莉丝汀·伯兰，这是一位拥有耶鲁博士学位的分子遗传学专家。她把这项富有挑战性的工作处理得无懈可击。她先排除了存在这样一种污染物侵入种群的可能性，这种污染物在正常的检测方法中是看不见的，并且它能够食用柠檬酸盐。接下来，她必须确定吞食柠檬酸盐的大肠杆菌是否绝对来自 Ara–3 内。因为这个种群有可能是被其他族类的大肠杆菌污染了，而且这类大肠杆菌已经知道如何使用柠檬酸盐。她对 DNA 的分析表明，该群体包含一些特定的突变，这些突变长期以来一直是 Ara–3 的特征。

那么只能得出一个结论：在伦斯基实验室的烧瓶中生活了 14 年的这个单一种群已经取得了重大的进化飞跃。不知何故，通过突变和自然选择的正确结合，种群进化出了一种适应性，正如人们所知，这种物种在野外生存的数百万年中从未产生这种适应性。[①] 这种适应性转化的进化意义是如此之大，以至于伦斯基提出了这种菌株可能正在成为新物种的想法。这种情况只发生在 12 个种群中的一个。即使到现在——经过了十几年 3 万代的繁殖之后——这种能力在其他任何菌种中都没有演化出来。这对于进化的可预测性及平行性来说，意义重大。

———————————

① 自然界中少数大肠杆菌群体能够在有氧环境中使用柠檬酸盐，但这是因为它们能够从其他微生物物种中清除必需的基因，而不是自己进化出这种能力。

斯蒂芬·杰·古尔德认为自己提出的"重放磁带"的想法只是个思维实验，他觉得这个想法永远无法实现。"坏消息是[3]我们不可能做这个实验。"他曾这样写道。但事实上，这在微生物系统中是可能实现的。冷冻和复活微生物的能力意味着我们可以拨回时钟，"重放磁带"。始祖种群的冰冻样本可以被复苏，并回到进化活动中，我们可以看到结果是否与第一次相同。这是利用微生物进行研究的一个主要优势，伦斯基承认他最初建立实验时没有充分意识到这一点。他以为自己正在建立一个与古尔德的隐喻相似的复制品——平行进化 12 个种群，但是从早期时间点恢复微生物种群的能力意味着他真的可以"重放磁带"，回到过去重新开始。

因此，2004 年冬，一个名叫扎克·布朗特的 27 岁研究生按下了重启按钮，那时他刚来到伦斯基实验室。布朗特是一个说话温和的格鲁吉亚人，他没有来密歇根州和伦斯基一起工作。但是他原本希望加入的实验室并不适合他，所以他就去寻找其他机会。布朗特喜欢伦斯基实验室假设驱动的方法，而在伦斯基眼中，布朗特是一个"认真聪明[4]，有点儿安静，出于好奇和对知识的热爱而积极地从事科学事业"的年轻人。

布朗特刚好在恰当的时刻来到实验室，伯兰已经证实了 Ara–3 瓶内的大肠杆菌已经进化出使用柠檬酸盐的能力，但是这引出了更多的问题。起初，布朗特在伯兰的领导下负责这个项目的一部分，但当伯兰和丈夫搬到中国后，伦斯基把整个项目交给了他。他们两人都没有意识到这将是一个长达 10 年的工作，这份工作不仅为布朗特赢得了博士学位，还使他获得了数年的博士后研究和国际荣誉。

布朗特穿着他标志性的扎染实验室外套开始工作。此时，数以万亿计的大肠杆菌在实验中存活或死亡。因此，消化柠檬酸盐的能力（伦斯基实验室术语中的"Cit+"①）似乎不可能是单一突变的结果：如果单个基因的改变能够产生这种能力，考虑到在实验过程中必须发生的数十亿次突变，Cit+ 肯定会较早地出现或在多个群体中进化。

更有可能的替代情况是，Cit+ 能力的进化需要一个接一个地发生一些遗传变化。至少在原则上，区分一种突变或几种突变的共同作用有可能导致 Cit+ 的进化。布朗特回到了阿瓦隆的冰冻化石库，这次是为了看看他能否让 Cit+ 从缺乏摄取柠檬酸盐能力（被标记为"Cit–"）的始祖 Ara–3 种群中再次进化出来。如果柠檬酸盐进化需要引入特定的先验突变，那么只有相对较近的种群才能进化出 Cit+，因为只有那些种群更易于突变。相比之下，如果只需要一次突变，那么在从实验中的任意点复苏的任意始祖种群中，都应该同样有可能进化出 Cit+ 的能力。

布朗特对等待实验结果感到厌烦，所以当实验进行时，他尝试了另一种技术，那是一种对 Cit+ 能力的进化更敏感的技术。在这种方法中，从不同时间点冷冻的种群样本中再次提取细胞，并且生长为产生超过 100 亿个细胞的多个种群。然后将这些种群放入培养皿中，其中柠檬酸盐是 3 周内唯一可以吃的东西。在这些条件下，只有稀有的 Cit+ 突变体才能生长并形成菌落。在布朗特检查的 3 200 个种群中，只有 13 个——大约 3‰ 的概率——进化为 Cit+。而且布朗特再次发现，其中大多数种群都是较近的世代，最早的来自被冻结的 2 万代的种群。

从这些回放中可以清楚地看到两个结果[5]。第一，Cit+ 的进化很少发生，即使维持在相同条件下的种群中也是如此。第二，柠檬酸盐的消

---

① 布朗特承认，按照微生物学惯例，它应该是"cit+"。但是当他们发现自己的错误时，他们已经迷恋上了大写字母 C，所以坚持使用它。

化能力不是由单一突变赋予的，而是由几次突变赋予的，所有这些突变显然很少发生。在 2 万代标记为 Cit+ 能力的后续演进阶段之前，种群中肯定发生了一些进化。这种罕见情况的必要组合解释了为什么 LTEE 实验中一个种群需要超过 3 万代才能产生这种能力，以及为什么这种能力在其他 11 个种群中再也没有出现过。

对布朗特项目的描述并不能准确地说明获得这些结果所耗费的工作量。在进化生物学界，他因自己坐在莲花宝座的照片而闻名：双腿交叉，闭上眼睛，食指和拇指在冥想中画出圆环，他穿着五颜六色的长袍，站在一个由多达 13 000 个培养皿组成的巨大的培养皿塔前。每一个培养皿都是这些实验的某个过程中所使用到的。

从布朗特开始研究该项目到发表第一篇论文公开这些研究结果的这个阶段，大肠杆菌已经历了 5 年，以及 40 万亿个细胞的繁衍。到 2008 年夏，他已经进入了该项目的下一个阶段，想要弄清楚发生突变的究竟是什么。

长期实验的一个优点是新技术能力的出现，这使得研究人员在后期阶段能够推动进行一些早期只存在于想象中的工作。其中的一个有效进展是能够方便和廉价地测序整个有机体的基因组。当基因组测序在 20 世纪末首次成为可能时，获得生物体的整个基因序列将花费数百万美元，耗费数年的时间。但是到 2008 年，费用是 7 000 美元，等待的时间只有一个月。[①] 由于这种便利性，布朗特和实验室的同事们开始对 Cit+ 和 Cit– 标记的大肠杆菌进行测序，以确定其对柠檬酸盐消化能力进化的遗传变化。

---

① 　到 2013 年，费用还不到 2007 年的 1%，但是在质量方面却有了大幅提高。

我不会详述生物技术的细节，但布朗特又花了 4 年的时间获得了他的博士学位，并留在伦斯基的实验室作为博士后研究员。通过运用他的分子魔法 [6]，他能够弄清楚发生了什么。

为此，布朗特对来自整个实验历史中所有种群的 29 个大肠杆菌细胞的基因组进行了测序。在 Cit+ 种群中共享了一个在任何 Cit– 种群中都未见的突变。你可能会回想起，大肠杆菌在没有氧气的情况下自然可以通过开启 citT 基因来捕获柠檬酸盐，这会导致细胞产生转运蛋白，从细胞膜伸出并锁定附近的柠檬酸盐分子。在 Cit+ 大肠杆菌细胞中发生的情况是基因得到了复制。在大多数生物体中，这种现象时常发生：当产生新的细胞时，DNA 便会自我复制，有时复制错误会导致产生两个复制的基因，一个基因附着在另一个基因的末端。

通常，当含氧量较低时，产生柠檬酸螯合转运蛋白的 citT 基因将被激活。相比之下，rnk 作为一种在染色体上靠近 citT 发生的基因，将在含氧量较高时被激活。只是，当 citT 基因的第二次拷贝被意外创建时，它最终被放置在 rnk 基因的激活开关旁边。在氧气存在的情况下，citT 拷贝与 rnk 一起被激活。DNA 复制过程中分子的错误拷贝的发生使得 Cit+ 大肠杆菌能够在氧气存在的情况下摄取柠檬酸盐。

由于布朗特的工作，我们现在很清楚为什么 Cit+ 尽管如此有益，却很少在长期进化实验的种群中进化。这期间发生了一些几乎不可能发生的事情。由于关键基因的改变使柠檬酸盐变得可利用，这些基因也可复制，结果整个基因的一部分被额外复制到基因组中。此外，不仅必须复制 citT，而且复制品必须配置在适当的位置，以便在有氧环境中被激活。布朗特的重放实验显示，在合适的遗传背景下，这种突变确实会发生，但它们很少发生。

　　然而，这种稀有性并没有充分表明 Cit+ 进化的不可能性。不仅 citT 基因必须自我复制，而且拷贝必须到达正确的位置，这种复制也只有在已经准备好的种群中发生时才会导致 Cit+ 的进化。为了让 Cit+ 成为可能，必须先有一些别的东西发生进化才行，而这些东西在 2 万代中没有出现在 Ara-3 烧瓶中。

　　寻找"增强型突变"①或突变，也就是让后续 Cit+ 进化成为可能的突变，是一项具有挑战性的任务。又过了 3 年，布朗特在得克萨斯大学奥斯汀分校的合作小组最终发现了一种增强突变，并找出了为什么它最初受到自然选择的青睐。（但要记住，自然选择没有远见，它并不会因为某种突变在未来有用而去支持它。因此，这种增强突变要么一定具有与柠檬酸盐的利用无关的益处，要么是偶然进化而来的，而这在大群体中是不可能的。）即使现在这项工作还没有完全完成，似乎还有第二种突变[7]与增强 Cit+ 的进化有关，这种突变在得克萨斯州仍在进行研究。

　　类似的故事还有很多。除了增强和突变赋予了摄取 Cit+ 的初始能力，在 Cit+ 能力的进化中还有第三阶段。一旦发生基因复制，Ara-3 就可以利用柠檬酸盐，但利用能力很差。这种突变没有提供很大的优势，因此它不受自然选择的倾向性支持。事实上，在 1 500 多代的种群中是存在这种突变的，只是频率很低。只有当另一个突变事件发生时——Cit+ 突变的进一步复制，使得个体具备有氧激活基因的多份拷贝时——柠檬酸盐的利用率才能够提高到足以使性状迅速在种群内传播。布朗特的分析表明，第三个事件并不像前两个那么罕见，但是它仍然需要一段时间才能在种群中发生。

---

① 布朗特创造的术语。

Cit+ 的传奇对理解进化过程有重要意义。一方面，它说明了重要的进化进展是如何发生的。通常，任何复杂的特征，比如眼睛、肾脏都不是单一突变的结果，这种突变从一开始就形成了新的结构。而且，这种创新通常需要通过几个连续的步骤分阶段进行。

另一方面，Cit+ 的故事表明进化不一定是可预测的，"重放磁带"不一定导致相同的结果，Cit+ 不仅只在伦斯基的 12 个种群中的一个种群中出现了进化，而且在布朗特的重放实验中，这种进化发生的概率也极小。结论非常明确：一组突变，以正确的顺序发生，则可以产生重大的影响，使进化沿着一条不同的、未重复的路径进行。

"机遇与必然之间的张力。"[8] 这就是里奇·伦斯基描述他与大肠杆菌 30 年研究计划背后的关键问题。事实上，LTEE 在解决这一问题上已经取得了显著的成功，产生了一个又一个令人着迷的发现。但是它的影响远远大于这一研究项目的科学成果。在其他早期先驱者的帮助下，LTEE 已经催生了整个研究领域进行类似实验，即建立由相同的起源者复制的种群，在同样的条件下产生多元化的发展。

虽然目前许多实验正在进行中，但是大量的工作已经让研究成果的轮廓变得越来越清晰。而且情况比伦斯基在 1988 年所预料的微妙得多，他肯定来自机会主义阵营，期望像 Cit+ 这样的结果成为某种规律。但恰恰相反，需求性往往会取得最终胜利。面临相同的自然选择压力的实验种群通常以相同的方式适应环境，从而产生大致相似的适应能力。

进化尽管存在相似之处，但仔细观察会发现进化的路径并不完全相同。适应性通常是大同小异的。不同种群的皱纹散布器在形状和结构的微小细节上因种群而异；酵母虽然都用来提高它们沉降到底部的速度，但在大小和结构上却大不相同。

进化在基因水平上也存在差异。不同种群的表型相似性通常是由同一基因的突变引起的。但情况并非总是这样，有时不同基因的突变会产生相似的表型结果。例如，最近在保罗·雷尼的实验室所做的工作[9]已经表明，有16种不同的遗传途径可以产生皱纹扩散的表型。其至当这些突变存在于不同群体中的相同基因时，真实的变化也很少相同。正如我们将在第十一章中看到的，这种表型趋同背后的遗传不确定性对随后的进化有重要意义。不过，这些研究主要还是围绕平行进化来展开。也就是说通常情况下必然性还是会战胜偶然性的。

在这些实验中，完全不同的进化反应是罕见的，但是Cit+的故事并不是唯一的例子。在另一项大肠杆菌的研究中[10]，一个不同的研究小组发现，他们的大肠杆菌种群有一半分化为两种类型，其中一种使用乙酸酯的效率高于另一种。在一个LTEE种群中也发生了类似的分化。另一个例子来自一项研究，其中一些实验性病毒群体进化出一种全新的方式来攻击大肠杆菌。这些例子表明，相同条件下的进化重放在一个迭代到下一个迭代时仍然可以产生不同的结果。这不常见，但确实会发生。

从细菌层面进行进化实验的天才之处在于大量的进化过程可以在短时间内完成，至少是在人类可观测的范围内完成。如果在果蝇身上进行6万代的实验可能需要1 000年，而在小鼠身上进行类似的实验可能需要10倍以上的时间。

然而，这些实验的时间可能都算不上很长。6万代从地质学的角度来看只是匆匆一瞬。物种延续了数百万年。也许这些实验虽然比之前的任何实验都长得多，信息量也更大，但还是不够长久。伦斯基也承认这一点。

如果伦斯基的学术后代将LTEE持续几十年，我们可能会发现什么？当然，实验的时间越长，出现罕见的、不太可能但是有益的突变组合的可能性就越大，也会导致更多 Cit+ 情况的出现。也许 300 年后，在 60 万代中，LTEE 中的所有 12 个种群都将变成 Cit+。从长远来看，短期内看似不可预测的事情也许是不可避免的。

在 2002 年，在 Ara–3 的种群以自己的方式吞噬柠檬酸盐之前，LTEE 似乎是进化可预测性的有力证明，是对古尔德所吹嘘的偶然性的有力反证。然而现在，从这些研究中得到的信息来看，结论似乎并不那么清晰。在 Cit– 中的 11 个种群表现得如此一致是否可以表明进化通常是可重复的？或者说 Ara–3 表明古尔德才是正确的，进化是不可预测的？真正的答案是：两者都有。

在我整理这本书期间的一次采访中 [11]，伦斯基又回到了 30 年前他最初的观点。在注意到 LTEE 的 12 个种群中发生的许多并行变化之后，他还注意到了其中的差异，不仅是 Cit+，在一个或一些种群中还发生了若干其他变化。"在这种并行性或可重复性的背景下，LTEE 运行的时间越长，我们就越能看到每个种群都在遵循自己的路径，"他说，"这两组力——随机的和可预测的，好像形成合力，产生了我们所谓的历史。"

第十一章　点滴改变和醉酒的果蝇

让我们再次回忆一下古尔德之前说过的话："我将这种实验称为[1]'生命倒带'。你按下倒回按钮，确保清除之前所发生的一切，回到过去任何时间和地方……然后让'磁带重新播放'，看看是否会出现和原有状态一样的重复情况。"

这正是扎克·布朗特所做的。通过微生物学的魔力和伦斯基实验室的深冷器，布朗特能够实现"倒带"，重新创造过去已经存在过的条件，然后让进化过程再次发生。

但那真的是古尔德想要的吗？毕竟，古尔德的书名暗指了《生活多美好》中的关键场景，乔治·贝利的守护天使在影片中向他展示了如果乔治从没存在过，贝德福德的生活将会多么不同。

天使克拉伦斯·奥德博迪的策略不是简单地把磁带回放到早些时候，然后按播放按钮，而是在倒带的时候改变了一个关键特征：乔治·贝利的存在。因此，《生活多美好》的故事并不等同于布朗特的实验。奥德博迪没有说："让我们回到过去，一切从头再来，看看这个城市的历史是否能以同样的方式展开。"相反，他问道："如果情况稍有不同，特别是如果你没有去过那里，历史会不会有所不同？"

古尔德以不同于他先前对重放实验的描述的方式总结了《生活多美好》带来的启示："这个宏伟的 10 分钟场景[2] 既是电影史上的一个亮点，又是我所见过的关于偶然性基本原理的最佳例证，'重放磁带'产生了完全不同但又合乎情理的效果。小而明显的微不足道的变化，例如乔治的缺席，导致了一连串累积的差异。"古尔德把这个启示应用到进化论上，在他的早期方案中增加了一个重要的附带条件："任何重放[3]，只要一开始就发生一个看似微不足道的变化，就会得到拥有完全不同形式的但又同样合乎情理的结果。"

布朗特把他的研究描述为古尔德倡议的直接实践。更直接地讲，整个 LTEE 项目被描述为古尔德思想的直接类比，唯一的区别在于重放过程同时在多个烧瓶中发生，而不是按时间顺序发生。难道伦斯基宣称对古尔德的忠心是错误的吗？[1]

约翰·贝蒂是个很不错的人。他看起来热情友好，有点儿像长辈，蓄着胡子，下巴结实，发际线稍微后退，穿着破旧的皮夹克或开襟羊毛衫，显得随意放松。他是一个土生土长的得克萨斯人，也许这就是他现在是不列颠哥伦比亚大学科学哲学教授的原因。

科学哲学家对科学如何运作感兴趣。不是关于蜥蜴或中微子的特定知识，而是注重科学过程，即科学家如何研究自然现象、提出想法、检验他们的假设、拒绝某些假设、完善其他假设。

进化生物学对于科学哲学家来说是一个特别的挑战。它不符合科学

---

① LTEE 对古尔德的忠诚在布朗特第一篇论文的脚注中得到了证明，作者指出 Ara-3 重放实验在古尔德去世 3 周年（2005 年）时开始，在他诞生 66 周年（2007 年）时结束。

如何运作的标准概念，它本身更像是一幅漫画，其中某个关键的实验可以决定性地解决问题。相反，进化生物学还涉及历史，找出过去发生的事情，提出不符合实验方法的问题。我说过，研究进化论就像一个侦探故事，一个乌托邦式的故事，其研究方法与历史研究有很多相同之处。这是贝蒂的诸多兴趣之一，正如他在自己的网站上所说的关于历史与科学之间的区别，"进化生物学像与前者一样与后者类似"。

他长期关注偶然性在进化生物学中的作用。所以当古尔德出版了《奇妙的生命》，着重强调了历史和偶然性在进化中的作用时，贝蒂很自然地就注意到了这本书。

随着岁月的流逝，科学家们开始研究古尔德的想法，贝蒂又重读了《奇妙的生命》。尔后，他意识到其他人都错过了一些重要的事情。在古尔德的书出版 17 年后，贝蒂发表了一篇论文，指出古尔德混淆了他所说的"偶然"一词的含义。

贝蒂认识到这个词在普通用法中有两种不同的含义。第一个是不可预测性——"我们必须为所有突发事件做好准备。"在古尔德的"重放磁带"层面上，不可预测性意味着什么？并不是因为环境中不可预知的事情发生了，比如洪水或者闪电，导致进化以不同的方式发生。这并不重要，因为"倒带"隐喻的前提是一切都是相同的，不仅是环境，还有相同的外部驱动力。

如果"重放磁带"的环境相同，那么不可预测性在哪里呢？贝蒂指出了明显的可能性：突变发生的差异。生物学家通常认为突变是不可预测的。我们知道，基因组中的某些部分经历的突变要比其他部分多得多，并且某些环境——例如暴露于宇宙射线中或一些化学物质——可以影响突变率。但是，我们不能预测哪个 DNA 片段会经历突变，更不用说突变会是什么了。出于所有的可能性和目的性，将突变视为不可预测的随机的发生是合理的。[1] 因此，我们希望重放种群可以经历不同的突变历史。

问题是这种不可预测性是否会导致进化的不确定性。进化需要遗传变异，因此，具有不同变异的种群可以以不同的方式进化。考虑一下每个个体都有蓝眼睛的种群。在这一点上，种群不能进化出不同颜色的眼睛——没有一个个体具有任何其他颜色的遗传变异。但是如果在一个种群中产生了棕色颜色的突变，那么这个种群就有可能进化成棕色眼睛。然而，在另一个种群中，棕色眼睛突变可能不会发生，但是绿色眼睛突变可能会发生，这会让该种群以不同的方式进化。如果突变是不可预测的，并且特定突变的发生影响了进化的方向，那么进化的倒退可能导致不同的结果。

这正是 LTEE 所解决的问题。至少在这种情况下，答案非常明确：在很大程度上，即使突变的历史是不可预测的，进化也是可预测的。从相同的环境开始，你通常会，但绝对不会总得到非常相似的结果。

但是"不可预测性"只是偶然性的一层意思。正如贝蒂所意识到的，还有第二种意义存在。这指的是所谓的"因果依赖"，即事件的发

---

① 有些人可能认为，如果我们把"磁带"重绕到完全相同的点，所有的一切都是完全相同的，那么突变的历史也会是一样的。也就是说，突变必须有某种物理或化学原因。因此，如果环境确实完全相同，那么结果必须相同。这种观点的思想历史可以追溯到法国数学家皮埃尔－西蒙·拉普拉斯，从定义上讲，这意味着"重放磁带"将导致同样的结果。但是这种观点忽略了在量子力学水平上存在真正不确定性的事实，因此不确定性至少有可能来自亚原子到分子水平。无论如何，为了讨论问题的需要，我认为突变是不可预测的，突变是复制种群中非平行进化的潜在来源。

生基于首先发生的另一件事情——事件 B 的发生取决于事件 A 的发生。你的存在就是一系列事件发生的综合结果，它源于你父母的相见，他们经历了相爱的各个阶段，一直到他们在特定的时间结合在一起，才促成你的出现。如果改变这些事件，你就不会在这里。也许是别人——也许是你父亲其他的精子使母亲的卵子受精——代替了你，但那个人不是你。你的存在取决于所有这些事件的发生。

在《奇妙的生命》一书中，古尔德有力地阐述了这一观点：

> 历史解释采取叙述的形式[4]：E，这个要解释的名词，因为 D 出现在前面，相应的 C、B、A 在更前面。如果这些早期阶段中的任何一个没有发生，或者它们以不同的方式发生，那么 E 就不存在。（或者以实质上改变的形式存在，E 就需要有不同的解释。）因此，E 是有意义的，并且可以被严格解释为 A 到 D 作用的结果。
>
> 我说的不是随机性……但是，这是所有历史的中心原则，即偶然性。历史解释……关于不可预知的先行状态序列，其中序列的任何步骤中的任何重大变化都会改变最终结果。因此，这个最后的结果取决于之前的一切——不可磨灭的、决定性的历史印记。

这就是古尔德所说的"点滴改变"的意思。C 的微小改变，将不会导致 E 的发生。

"偶然性"这两种含义之间的差异似乎只是语义问题。但是，贝蒂认为，这些不同的定义对于我们如何看待进化决定论有着重要的意义。一方面，偶然性的不可预测性观点表明进化从本质上来说是不确定的——从完全相同的环境开始，经历相同的环境变化，但是结果可能仍然不同。另一方面，因果依赖视角看的不是开始，而是结束。像康威·莫里斯这样的决定论者会认为，结果是预先注定的，有一些适应性的解决方案会重复地发展，而不用在意种群从哪里开始，以及沿途会发生什么。古尔德的反驳是并非如此：最终的结果严重依赖于它之前的特定环境。

正如伦斯基的 LTEE 在实验进化领域起到了催化作用，进而产生一大批志同道合的研究者一样，贝蒂的论文对科学哲学家也产生了类似的影响。在随后的 10 年里，哲学工作的"家庭手工业"已经出现，争论着"偶然性"一词的语义的细微的差别，并且推测出古尔德所想的更加细微的差别——在某些情况下，甚至是牵强附会的解释。

然而，古尔德的语义模糊性很重要，因为它的含义超出了大学哲学系。尤其是古尔德声称"重放生命磁带"只是一个"思维实验"，但是微生物进化论者证明不是这样的：LTEE 和随后的大部分研究被明确地设计成进行古尔德认为不可能的进化重放实验的方法。然而，正如贝蒂所证明的，古尔德在"重放"的准则下，实际上融合了关于偶然性和决定论的不同观点。正如贝蒂所展示的，不同的研究者使用了偶然性的不同含义，从而构建了根本不同的研究方案。

我在前两章中讨论的研究都遵循 LTEE 的一般规律——从相同的种群开始，将它们置于相同的环境中，并研究它们遵循相同的进化路径的程度。这显然是对偶然性的不可预测性定义的检验。当古尔德说要从相同的起始条件"重放磁带"时，所有的种群都要一代接一代地经历相同的环境，看看结果是否为可预测的相同。

但是，关于偶然性的因果依存概念，进化的结果严重依赖特定历史进程的观点又是怎样的呢？古尔德给出的解释很明确："只要改变任何

早期事件 [5]，无论这些事件看起来多么无足轻重，进化也将驶向不同的轨道。这种情况或多或少也暗含了历史的本质，也即历史的偶然性。"

　　这就是古尔德所认为的那些无关紧要的微小变化。他说我们不只是回到过去，从同样的条件重新开始。相反，我们要改变过去的一些东西，无论是在开始的条件下还是在路上发生的事情。正如一位生物学家所说，古尔德的观点可以重述为"追溯到 5 亿年前 [6]，将一只三叶虫向左移动 2 英尺，看看进化是否以同样的方式展开"。

　　设计这样一个实验似乎很简单。简单地在相同的环境中建立一组种群，然后将它们置于各种不同的标记下，看看它们是否仍然会并行发展。

　　这些微小的变化会采取什么形式？让我们以 LTEE 为例，研究人员可以做些什么来测试进化的结果对变化的环境的适应性？下面是我想到的一些想法（当然请记住，并非所有的种群都经历过相同的扰动。这些实验的目的是测试扰动与不经历扰动的种群相比是否改变了进化过程）：在室温下留一个烧瓶 1 个月，而不是把它放回恒温箱中。用 0.001 毫升培养基而不是普通的 0.1 毫升培养基接种烧瓶；将烧瓶放入设有内置灯的培养箱中；将 3 倍于正常葡萄糖比例的葡萄糖放入肉汤中两天；将粉红色染料放入肉汤中。这些只是我头脑中的想法，它们来自对微生物科学一无所知的人。毫无疑问，微生物学家可能会提出一组更有趣的扰动实验。

　　我不太清楚这类实验研究，这不难理解。这些研究需要很多努力来建立和运行。毕竟，正在讨论的扰动是相当小的。它们似乎不会产生任何持久的影响。因此，这似乎是一个低概率获得令人兴奋的结果和高概率获得预期结果的实验。这类结果通常不会引起太多的注意，甚至很难发表。由于这个原因，像这样的研究可能就没有吸引力，特别是对于那些需要出版物来推进其职业生涯的年轻科学家们来说更是如此。

尽管没有人明确地检验过古尔德"对变化环境的适应能力"假说，但一些研究人员还是从拥有不同基因的种群着手取得了一段研究进展。我们不知道这些种群为什么不同，我们没有记录它们的不同变化，但不管怎样，它们经历了不同的历史，这些研究在探寻它们衍生的差异是否影响未来的进化。或者换一种方式来说，面对相同环境的不同基因群体会以同样的方式进化吗？

举个极端的例子。假设有两种狗，一种是由像雪纳瑞和吉娃娃这样的小狗组成的，另一种是大狗，像灰狗和德国牧羊犬。再假设它们遇到了一种新型的大型食肉动物，比如老虎来到了这里。（也许它们是生活在一个岛上，而老虎是从大陆过来。）这两种犬可能以不同的方式适应这种捕食压力，小狗会变得善于伪装而不引人注目，大狗会进化出更长的腿，以便更快地逃跑。当然，不难想象，这两个种群不同的遗传结构会促使它们以不同的方式适应新的捕食威胁。

20 世纪 80 年代中期，在果蝇的实验室实验中，研究人员首次研究了遗传差异对暴露在相同选择压力下的种群进化的影响。人们知道，让香蕉变得过熟后，果蝇将聚集在腐烂的水果周围。水果腐烂的第一个阶段就是发酵并产生酒精。结果，果蝇生活在充满酒精烟雾的环境中，就像在酿酒厂里度过一生一样。如果果蝇喝太多酒，会怎么样？就像你和我一样：起初它兴奋地四处奔跑，撞到东西。然后它蹒跚，摔倒了。最后它掉下来了，没有站起来。宿醉的感受也好不到哪儿去。果蝇飞起来了，然后又掉下来了。好像一切都慢了下来。也许，它发誓要戒掉酒精一段时间，直到抵挡不住下一根过熟的香蕉的诱惑。

我们人类对酒精的接受程度是不同的，至少有些差异是遗传性的。假设果蝇也是如此，加利福尼亚大学戴维斯分校的博士后弗雷德·科恩开始研究果蝇是否能够进化成对酒精更耐受的昆虫。更确切地说[7]，他想知道来自不同地方的种群是否会以同样的方式进化，或者不同种群之间的遗传差异，无论出于什么原因进化，是否会导致它们以不同的方式适应。

作为哈佛大学的研究生，科恩研究了果蝇的种群生物学，还研究了同一物种的不同种群在遗传上存在多大差异。科恩在新英格兰大学工作，他把自己关在实验室里，研究别人送给他的果蝇。

但是当他搬到加利福尼亚时便开辟了新的前景。如果一个人要在实验室里一辈子盯着小瓶装的果蝇，他至少可以出去自己收集果蝇。特别是在西海岸，在那里收集果蝇需要到风景区的公路旅行。而且当他刚刚与一位特殊教育的老师结婚时，他不仅能忍受昆虫学的怪癖，还能享受收集果蝇的乐趣。

所以在1982年夏到达戴维斯后不久，科恩一家便开着一辆大学的汽车，开始向北行驶，蜿蜒穿过俄勒冈州，顺利进入华盛顿州。他们的目标是去横跨西海岸的地方收集果蝇。最终，这些样本将被用于选择性实验，以观察地理上分化的种群是否能以相同的方式适应相同的选择压力。但是首先，科恩夫妇必须抓住果蝇。

如果你想捕捉果蝇，你会去哪里？果蝇喜欢发酵的水果，所以你需要找一个有腐烂水果的地方。我听说科学家们从快餐店后面的垃圾桶里收集标本，但是科恩有一个更好的主意，他应该去寻找水果本身的来源。所以他和妻子沿路散步，寻找果园。记住，这是在互联网时代之前。他们不能上网搜索谷歌地图寻找最近的农场。相反，他们开车在可能的地区转来转去，直到遇到一个果园。

农民们出乎意料地接受了这对开车而来的年轻夫妇，允许他们绕着农场四处追逐果蝇。事实上，他们很奇怪这些讨厌的小害虫居然有一些价值，它们可以帮助我们学习一些可能很重要的东西。科恩很高兴能够告诉他们，果蝇实际上并没有对人类造成任何伤害。

一般情况下你会怎么抓果蝇呢？当我第一次想到这个问题的时候，我想象着拿着一张蝴蝶网四处乱窜，盘旋着，俯冲着，在半空中抓住一只果蝇。我试着用蝴蝶网捉了一次，确实很有趣。但果蝇则不然。取而代之的是，你要摆满一桶美味的水果，等待黄昏，等着果蝇被施以魔法的时刻。这有点儿像在下午 5:30 的鸡尾酒会上拿出虾和卡军酱，除此之外，开胃菜是各种各样的香蕉，把熟香蕉、活酵母和葡萄汁混合在一起，让酵母生长直到气味刚好，令果蝇无法抗拒。然后你要做的就是把一张网放在水桶上，轻敲水桶把果蝇吓到网上，扭动手腕把网合上，果蝇就被缠住了。没过多久，你就会有成瓶的果蝇。

在两次实地考察的过程中，科恩夫妇参观了大量的农场和果园，最终从圣迭戈到温哥华的这一片西海岸地区选择了 9 个地点建立了实验室。（一名同事贡献了加拿大的样本。）回到戴维斯后，科恩让每个种群进行酒精耐受性选择，每代只培育出对酒精最不敏感的果蝇。

这听起来很简单，但是如何测量酒精对果蝇的影响呢？如果实验对象是人类，你可以给一群人几杯烈性酒，然后测量他们走直线、说话连贯等方面的能力，就像警察对待疑似酒驾的人一样。你可以对果蝇做同样的实验，让它们暴露于某种浓度的酒精烟雾中，看看它们是如何反应的。但问题是这种方法会非常乏味。这种选择实验通常涉及每个种群中数百只果蝇。观察这些果蝇几分钟再收集数据的方式需要花费大量的时间。

　　幸运的是，科恩的朋友肯·韦伯是一个有进取心的哈佛研究生，他想出了一个解决方案——测醉仪！它的工作原理是这样的：把1 000只果蝇放入一根4英尺长的玻璃管中，在顶部密封。果蝇喜欢高高地悬挂，所以它们会向上移动，四处飞翔和爬行。在管道的顶部插入一根橡胶软管，该软管稳定地将酒精烟雾吹入，通过底部的另一根软管排出。随着时间的流逝，果蝇变得醉醺醺的，但有些比其他的醉得更多。当它们喝醉了，它们就失去了飞行的能力，开始坠落。在管道内部有一系列倾斜的架子，这些架子为翻滚的果蝇提供了一个重新站立的机会。结果，稍微有点儿醉的果蝇可能瞬间开始坠落，但通常都能够在架子上稳定住自己。但是一旦果蝇喝得烂醉如泥，它们就会无能为力，从一个架子上滚下来，最终掉到管子的底部，落在屏幕上，然后就可以被取出来了。最终，只有最耐受酒精的果蝇留了下来，而且它们是幸运的赢家，允许彼此交配以产生下一代。

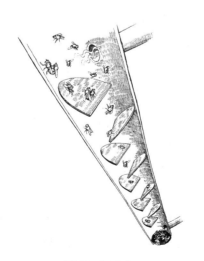

图39　测醉仪

在实验开始时，酒精耐受性就存在差异，一些果蝇烂醉如泥，几秒钟内就到了管子底部，而另一些果蝇在半小时后还在飞行。平均每只果蝇[8]大约12分钟后就醉倒了，而北方种群的果蝇比南方种群的果蝇能持续更长的时间。

在经历了24代繁殖之后，所有种群都进化出相当大的酒精耐受性。但是这种增长在所有种群中都不一样：大不列颠哥伦比亚省的果蝇在坠落前平均飞了将近50分钟，而南加州的果蝇幸运地飞到了40分钟。换言之，受同样的选择因素的影响，北方种群的适应程度比南方种群大得多。由于种群间的细微差异，结果产生了更大的差异。基因不同的群体对相同的选择压力有不同的反应。

研究人员最近在酵母研究上也进行了类似的实验[9]。他们从6种非常不同的环境中分离出芽殖酵母，包括橡树、仙人掌、姜汁啤酒和女性阴部，然后将每株菌株的3个样本放入含有葡萄糖（作为食物来源）的实验室小瓶中。在多样化的栖息地中，种群是否以完全不同的方式对于新的葡萄糖饮食进化出同样的适应能力？在经历了5个月，300个酵母世代之后，研究人员测量了每个群体的一系列特性，包括生长速率、群体大小、细胞大小、葡萄糖消耗速率，以及摄取的葡萄糖转化成更多酵母细胞的速率。尽管所有性状都发生了实质性的进化变化，但种群继续表现出相当大的变异：它们在性状的价值上不仅没有趋同，而且在某些情况下，它们随着适应共同环境而变得更加不同。

这两项研究与前面讨论的研究的主要区别在于，在来自第十章的LTEE类研究中，种群最初是相同的。相比之下，在这些研究中，实验种群开始时是不同的，在未知的时间段内分别进化后，原种群积累了遗传和表型差异。结果很明显，当它们最初完全相同时，种群通常以相同的方式对选择做出反应；当它们开始不同的时候，进化反应可能非常不同。这里要给古尔德记上 1 分：当条件在初始状态下发生改变时，可能会导致不同的进化过程。

但是这些结果多少有点儿令人不满意，因为我们不知道到底是什么导致种群分化的。是什么构成了这些变化，为后来的分歧搭建了舞台？一种显而易见的可能是，某种自然选择压力影响着某个特定的种群，对这种选择的进化反应导致基因改变。改变后的基因库可以影响随后的进化方向。

如果肯花时间，在实验室中测试这种更具体的场景是很简单的。让初始相同的种群在多代繁殖中接触不同的环境。然后，一旦它们适应了不同的环境，就将它们全部暴露在相同的新的选择性环境中，看看它们是否适应了类似的环境，或者它们的进化差异是否导致它们以不同的方式适应。

令人惊讶的是，这类研究很少进行，而且结果也是喜忧参半。在一些研究中，尽管最初存在差异，但种群已经演化成非常相似的种群，从而消除了先前存在的差异。但在其他实验中，尽管经历过相同的环境，但种群并没有出现趋同。换言之，它们展现了偶然性的特征：过去发生的事情影响将来发生的事情。从这样的研究中不难推断出古尔德的笔记和书名——对过去事件的进化适应可以影响随后的进化轨迹。

但是，两个种群不必经历不同的环境才能发生遗传差异。即使面临类似选择压力的种群，可能也无法以完全相同的方式适应。正如第十章中所讨论的，微生物进化实验表明即使遗传变化非常相似——通常涉及相同的基因——DNA 水平的变化也通常因种群的不同而不同。这种微小的遗传差异是否可能使种群在将来发生不同的进化？

————

进入 LTEE 的第两千代，12 个种群增长到大致相同的适应度。伦斯基在针对该实验结果发表 [10] 的第一篇论文中，建议所有种群都以同样的方式进化。尽管如此，他认识到另一种解释是可能的，即种群正在寻找不同的方法来适应它们的新条件，并且适应率恰好在所有种群中都差不多。

这两种可能性导致了对种群遗传学的不同预测。平行适应假说表明在群体中发生的遗传变化基本相同，而差异适应假说表明群体经历了非常不同的遗传变化。但这要追溯到 20 世纪 90 年代初，那时研究基因和基因组还只是白日梦。如何有效地辨别这两种可能性还是一个难题。

解决这个难题的任务落在了迈克尔·特拉维萨诺的身上。在雪花酵母和皱纹传播者之前，特拉维萨诺的研究生涯始于伦斯基实验室。特拉维萨诺最初以细胞生物学背景的技术人员身份来到实验室，对仓鼠卵巢细胞及其致癌原因进行了研究。回想起来，他意识到自己在进行实验性的进化研究，但他却不这么认为。相反，他们试图找出是什么原因导致了细胞转移，寻找对特定实验措施可重复的反应。

在当时的背景下，LTEE 实验照常进行，特拉维萨诺思考应如何评估进化可重复性的程度。在与伦斯基的合作中，特拉维萨诺设计了一套很精良的实验以探明 LTEE 实验中的 12 个种群是否以相同的方式产生适应性。他们意识到，问题的关键在于将种群放在其他环境中来观察它们是如何幸存下来的。如果所有种群都能以同样的方式适应 LTEE 的条件，那么它们在新环境下的存活率应该也是相同的。如果种群中进化出不同的遗传基因去适应 LTEE 的环境，那么它们适应新环境的方式也是不同的。

为了验证这个想法[11]，特拉维萨诺采集了 2 000 代 12 个大肠杆菌种群的样本，并将它们置于不同的环境中。他没有给它们提供葡萄糖作为能量，而是给培养基提供了不同类型的糖：麦芽糖。

在 LTEE 的前 2 000 代中，所有种群都变得更加精通于使用葡萄糖，因此它们的生长速度远远快于它们的祖先在食用葡萄糖时的生长速度。这种对葡萄糖的适应如何影响它们利用麦芽糖的能力？为了将它们与原始状态进行比较，特拉维萨诺深入冷冻档案，复苏了初始的 LTEE 种群，并测量了它们在麦芽糖基础上的生长情况。

从平均情况来看，种群使用麦芽糖的能力并没有改变。但是这个平均数掩盖了从一个种群到下一个种群的巨大差异。实际上，有 5 个种群在使用麦芽糖方面比它们的祖先更差。这些群体对使用葡萄糖的适应是以较少利用麦芽糖为代价的。但需要注意的是，在 LTEE 实验过程中，种群从未接触过麦芽糖——麦芽糖使用能力的降低只是在适应增加葡萄糖摄取量期间发生变化的附带结果。相反，其他 7 个群体使用麦芽糖的能力有所提高。

这意味着到 2 000 代的时候，12 个 LTEE 种群在遗传方面的差异很大。尽管它们在葡萄糖上的生长速率在不同种群之间大致相同，但这种均匀性掩盖了种群之间进化的遗传差异中的潜在异质性。

特拉维萨诺自发表这项研究以来，已经进行了许多概念上类似的项目，结果基本相同。尽管复制的种群在暴露于相同的选择条件时似乎以类似的方式去适应，但是将它们置于新的环境中揭示了新条件下导致异质反应的隐蔽遗传变异。换言之，外表可能具有欺骗性——在相同的环境中，从相同的出发点进行进化并不像看上去那样具有确定性！

要进入下一个问题并不需要很多步骤。假设种群在一种环境中进化了多代。那么在这段时间内产生的差异是否不仅会影响它们在新环境中的最初表现，还会影响它们随后适应新环境的能力？很少有研究者提出这个问题，特拉维萨诺的研究仍然是基准。

特拉维萨诺在发现 LTEE 实验中的 12 个种群在麦芽糖环境下的初始反应存在异质性后，让种群去适应这种新的资源。除了培养基中提供的营养物是麦芽糖而不是葡萄糖，这个实验以与 LTEE 完全相同的方式进行。就像 LTEE 一样，经过 1 000 代之后，所有种群都比原始祖先更好地适应了麦芽糖的利用。此外，适应程度与每个群体的初始适应度有关，那些在麦芽糖中开始表现不佳的种群在适应性方面比起最初表现良好的种群有了显著提高。事实上，这种影响是如此之大，以至于在实验结束时，所有种群对麦芽糖的适应性几乎相同——种群间适应性的最初差异大大减少了。

尽管如此，有些差异仍然存在——在实验开始时最善于利用麦芽糖的种群比起最初食用麦芽糖最差的种群仍然增长了约 10%。细胞大小也非常相似。这种趋势有一定的相似性——最初细胞最小的两个种群经历了最大的增长，而细胞最大的种群却大幅减少。但还是存在了很多不一致之处：一些初始细胞大小相似的种群以不同的方式发生了进化。

换言之，种群间对麦芽糖适应程度的初始差异具有持久的影响。经历了 1 000 代，对于麦芽糖的适应性仍未能消除遗传分异的信号。

从古尔德的角度来说，这个结果是深刻的。如果种群暴露于新环境，即使它们平行进化，正在积累的隐藏差异也可能引导它们向不同的方向发展。

《奇妙的生命》产生了巨大的科学影响。尽管这本书是为公众而写的，但它在将近 4 000 篇科学论文中被引用，数量巨大。"重放生命磁带"

已经成为词典的一部分，因为每个人都知道这个短语的意思，所以没有对其进行解释。

然而，尽管约翰·贝蒂因为谦虚而没有直接说出来[1]，古尔德用他的比喻真的把事情搞糟了[12]。古尔德指示"按倒带按钮……回到过去的任何时间和地点……然后让'磁带'再放一遍"这种说法很清楚。但这根本不是古尔德的意思，至少古尔德的意思远不止这些。

为了检验古尔德的想法，已经发展出了两个主要的独立研究项目。按照他的说法，LTEE 和类似的研究已经重新录制了"磁带"，要么恢复祖先种群，要么重置空间，一个烧瓶接着另一个烧瓶。

另一种方法已经实现了古尔德所说的情况，即使那并不符合古尔德引人入胜的比喻。这些研究将种群置于有微小差异的条件下，以观察扰动对进化的弹性有多大。是否不管结果如何，进化总是会到达相同的终点，还是说进化会取决于初始的条件，以及中途所发生的变化？

这两种方法的平均结果是不同的，这并不奇怪。如果种群开始时完全相同，并且经历相同的环境，它们通常会以或多或少相同的方式进化。突变是随机发生的，这种随机性将导致种群的分化，偶尔会很多，但通常只是很小的，只要它们保持在它们已经适应的环境中。

相比之下，如果它们在开始时不同，或者经历过不同的事件，那么种群更有可能分化。令人惊讶的是，很少有研究者[13]研究这种情况，古

---

[1]　在这个问题上，我可以用第一手权威人士的话说，因为我自己也是贝蒂那种太好而不能被批评的态度的受益者。在关于古尔德的意见的论文中，他以我在加勒比海蜥蜴进化方面的工作为例。贝蒂在他的论文中指出，我写的东西没有逻辑意义。然而，他的论文并没有详述这些，而是写出了我随后向他解释的内容，所以不管我的论文中写了什么，它毕竟是有意义的。

尔德也用他的措辞强调了这种情况，但这些研究显示，有时进化的结果将非常不同。

贝蒂的结论是，这两种方法是互补的。第一种方法调查一开始相同的种群是否会发生分化，而第二种方法询问一开始不同的种群，或经历不同的事件，是否会趋同于发生同一进化结果。

或者我们可以将第一组实验看作第二组的一个子集。由于突变发生的不同，即使开始相同的种群最终也会出现分歧。这些差异既是历史的结果，又是外部事件驱动变化的结果。一旦出现这种遗传差异，它们是否会导致种群进一步分化，还是说这些种群仍然会以相同的方式产生适应性？

然而更大的问题是我们希望解决哪些问题。如果哲学家有兴趣，他们可以问问那些有着相同经历的种群是否会以相同的方式进化。但对于博物学家、天体生物学家和斯蒂芬·杰·古尔德来说，问题就不同了。在自然界中，种群从来没有完全相同的起点，它们也从来没有经历过相同的历史事件序列。当这些种群在类似的环境中出现时，像康威·莫里斯和其他人建议的那样，自然选择是万能的，足以取代不同的遗传结构和不同的历史吗？或者正如古尔德所主张的那样，选择被限制在历史记录的范围内，被以前发生的事情限制了可能性，因此每次都可能产生不同的结果？

实验室的进化实验在澄清这些问题和向我们展示不同的进化可能性方面做了出色的工作。但它们的主要优点也是它们的主要缺点：它们仅限于实验室的人工操作。通过设计，实验室的实验得到了很好的控制，一个烧瓶与另一个烧瓶完全相同。尽可能排除如系统噪声等外部原因，使调查集中在所研究的因素上。这对于运行良好的实验来说至关重要。

　　但是正如我们已经看到的，大自然是复杂的、无法控制的。完全相同的环境的想法是可笑的，风吹来，昆虫飞进来，头顶上的鸟儿排出发芽的种子。毫无疑问，对于过去控制一切的实验室科学家来说，这太过分了。但这就是自然现象。

　　这些就是古尔德所说的各种细微的事件：由于某些事件或条件发生改变，"重放磁带"的结果就会和原来的十分不同——种子、暴风雨、小行星。如果我们能够利用微生物进化实验的力量，将它们与自然界的偶然性结合在一起，那么我们就能真正地测试时间和地点的偶然性所起的作用。事实证明，我们可以做到这一点，同时也能了解微生物的进化是如何影响人类社会的。

第十二章　人 类 环 境

　　铜绿假单胞菌是一种广泛分布的狡猾的细菌，它的适应性很强，能在泄漏的石油表面和漂浮中的航天飞机上茁壮成长。它能使植物、线虫、果蝇、鱼和许多哺乳动物感染。对人类来说，它与烧伤、创伤、泌尿道和眼睛的感染都有一定程度的相关性。

　　铜绿假单胞菌真正喜欢的是潮湿的地方，这使得人类的肺部成为一个有吸引力的着陆点。对大多数人来说，这不是问题，我们只是咳嗽，然后吐痰。但对于那些患有囊性纤维化的病人来说，情况就不同了。囊性纤维化患者有异常厚的黏液，这使得将它们从肺部清除是一件很困难的事。铜绿假单胞菌和其他细菌利用黏液团形成垫子（称为"生物膜"），这些垫子会潜入黏液腺和缝隙中，使它们难以被根除。结果将导致肺部感染、肺炎、肺损伤，并经常诱发死亡——80%的囊性纤维化病人的死亡都与铜绿假单胞菌有关。

　　大约在2000年，医生们意识到，这个故事不仅仅涉及铜绿假单胞菌对囊性纤维化患者的增殖及钻入肺道这么简单。相反，这种微生物的致命性部分归因于后定殖进化，因为它适应了新的气动栖息环境而变得难以移除，而且进一步增加了对肌体的伤害。

这一发现改变了囊性纤维化患者的治疗方式。在过去，患有慢性肺炎的人被召集到一起，经常去特别定制的囊性纤维化夏令营和医院病房。现在我们意识到，这可能是最糟糕的方法：这种聚集有助于将高度进化的毒性铜绿假单胞菌菌株从一个个体传播到另一个个体。现在，我们尽可能地防止囊性纤维化患者之间的接触，特别是在医院中。

因此，今天大多数患有囊性纤维化的人不是从其他患有囊性纤维化的人那里感染的铜绿假单胞菌，而是从周围的环境中得到的。从微生物的角度来看，每个囊性纤维化个体都是一个传播机会，每个铜绿假单胞菌的定殖都是一个独立进化的事件。当然，这引出了一个现在熟悉的疑问：当铜绿假单胞菌菌株适应相似但不完全相同的环境时，人类的肺是否能以类似的方式进化？

理论上，这个问题可以在实验室中进行测试，就像在前3章中讨论的许多微生物实验进化研究一样。的确，这样的实验已经进行了[1]。几位有进取心的加拿大研究人员创造了人造肺叶，制造出一种黏性的、黏稠的物质，它类似于囊性纤维化患者肺部的黏液。然后研究人员把铜绿假单胞菌放入盛满黏液的培养皿中，观察它们是如何适应环境的。

和大多数微生物进化实验一样，复制的铜绿假单胞菌种群在适应新环境的方式上表现出许多相似之处。但是所有的种群都来自同一培养皿中的微生物，它们都起源于相似的基因。相比之下，囊性纤维化患者的铜绿假单胞菌菌株可能因人而异。

在大多数囊性纤维化患者被感染的情况下，我们不知道铜绿假单胞菌的环境来源。这种定殖途径很有可能是偶然的，也许一个人从水龙头上感染了这种微生物，而其他人可能是从观鸟的途中，或是从一片沼泽地里感染了这种微生物。这些铜绿假单胞菌菌株可能会适应非常不同的环境，可能在遗传上存在差异。正如我们从先前的研究中了解到的，当实验从具有异质进化和生态背景的种群开始时，种群可以以独特的方式适应。因此，我们不能期望不同的囊性纤维化菌株以相同的方式适应不同的人群。

但有一点是肯定的：侵入囊性纤维化患者呼吸道的细菌会发现情况与外界大不相同。不仅会有一个积极的免疫系统来对付入侵者和试图使入侵者致残的抗生素，铜绿假单胞菌还必须与其他各种竞争性的细菌种类和黏稠的黏液涂层抗衡。自然选择的压力非常强烈。

此外，人类的呼吸系统提供了许多不同的环境，从鼻窦到支气管和肺泡等。因此，有许多不同的生态位可以利用：不同的气流、湿度、氧含量、表面结构、黏液丰度和抗生素浓度。这种变化，以及人与人之间存在的差异，都可能导致不同的铜绿假单胞菌菌株以不同的方式适应，不仅在囊性纤维化患者之间，甚至在他们的体内也是如此。

当然，铜绿假单胞菌的不同菌株如何产生适应性并不是一个学术问题。实验室中绝大多数对于进化可重复性的测试仅仅是出于好奇的缘故。来自橡树和妇女阴道的酵母菌是否适应于生活在充满葡萄糖的培养皿中，也许是进化生物学家感兴趣的问题，但是细菌是否以同样的方式适应囊性纤维化患者的肺部具有现实的后果，细菌的进化越具有重复性，研究人员就越容易开发出新的药物和治疗手段。

在缺乏伦理的世界里，研究人员会故意用不同的铜绿假单胞菌菌株感染囊性纤维化人群，并仔细监测细菌的进化。当然，在现实世界中，哪怕仅仅是设想这样的实验都是令人厌恶的。但从本质上而言，这种情况一直在持续，因为囊性纤维化患者一直受到铜绿假单胞菌的攻击。

21 世纪初，哥本哈根囊性纤维化中心的研究人员对这种自然实验进行了研究。作为中心治疗计划的一部分，囊性纤维化患者每月产出痰样，用以检查是否有铜绿假单胞菌的存在。检测呈阳性的患者将立即接受治疗，这种治疗的方案有时对根除细菌是有效的。

尽管这些流程是为了治疗的目的而设立的，但它们却在无形中成了良好的进化研究。该中心的临床医生可以立即检测到铜绿假单胞菌的感染，然后定期监测和重新采样长达 10 年。通过比较在不同时间从同一患者身上采集的样本，工作人员可以绘制出细菌的进化进程。

丹麦的研究员们 [2] 从 34 名儿童及年轻人身上测序了超过 400 份铜绿假单胞菌的样本。在一些情况下，不同个体的菌种非常类似，这意味着细菌已经从一个个体传播到另一个个体身上，即便诊疗中心已经尽了最大的努力阻止这种传播。[①]

然而，绝大多数的细菌基因组彼此非常不同，这表明患者是从不同的环境菌株中独立获得铜绿假单胞菌的。那么，问题是这些细菌的进化途径究竟有多相似。

通过比较铜绿假单胞菌在不同时间点个体的 DNA，研究人员可以记录在细菌侵染人体之后发生的基因变化。总的来说，他们发现了12 000 多次突变，平均每个定殖菌株超过 300 次。

问题是要弄清楚这么多数据背后的意义。哪些变化代表了对新占领的人体肺环境的适应，哪些是无适应意义的随机变化？[②] 铜绿假单胞菌的基因组包含 5 000 多个基因和 600 万个 DNA 片段。尽管研究取得

---

① 为了支持这种可能性，访问记录表明，在一个患者被感染之前，其他相关患者也同时在诊所。

② 许多突变对表型既无影响，又无结果。

了实质性的进展，我们对细菌基因组如何工作的理解仍然非常有限。因此，丹麦研究人员并不知道他们所检测到的 1.2 万个基因变化带来的全部后果。

面对这种困境，研究人员有了灵感。他们推断，占据相似环境的种群的趋同进化是适应性进化的有力证据。此外，微生物会趋同地利用相同的基因来适应类似的环境。在寻找与铜绿假单胞菌适应人体生存相关的基因时，为什么不尝试寻找那些在不同囊性纤维化患者中反复突变的基因呢？

研究人员对这些突变进行了分类，列出了在同一基因中产生突变的菌株的数量。总的来说，突变发生在将近 4 000 个基因中，其中三分之一的基因在多个菌株中有突变。当然，两个菌株可能只是偶然获得了同一基因的突变。统计分析将阈值设为 5，在许多菌株中，相同基因发生的突变几乎不可能随机发生。[①]

在超过 5 个菌株中，有 52 个基因获得突变——记录中有 20 个菌株中的一个基因经历了遗传变化。研究人员认为这 52 个基因是可能趋同适应的候选基因，用他们的话说就是"候选的病理适应基因，其中突变优化了病原体的适应性"。

检验这种方法有效性的方式之一是看它是否检测到了涉及铜绿假单胞菌适应性的基因。事实上，他们发现的基因中有一半是先前已经鉴定的基因，最显著的是参与抗生素耐药性进化和生物膜形成的基因。依靠趋同性的做法确实能够检测出与病原体适应性相关的基因。

这项研究带来了有一定前景的结果，它鉴定了一些以前没有与囊性

----

① 这里只是一个轻微的简化，因为实际的截止情况要根据基因的大小而变化。

纤维化适应相关的基因。其中有 7 个基因的生化功能[3]已经为人所知，因此现在的研究重点是如何通过突变改变这些功能来使铜绿假单胞菌适应囊性纤维化患者。此外，19 个趋同基因的功能还完全未知。显然，如果我们不知道一个基因的机理，我们就无法知道该基因的变化如何使它们适应人类的肺部环境。弄清楚这些基因如何运作显然是首要事项。

我很希望能够以"趋同进化拯救囊性纤维化患者"这个标题来结束这个故事，但我们还没有达到这个目的。尽管如此，研究趋同进化仍然已经超越了学术意义——它可以帮助我们掌握致病有机体如何攻击人类，或许还能帮助我们设计出对抗它们的疗法。

同时，这项研究的结果与进化的可预测性和偶然性问题有关。大多数被鉴定的基因在至多 17 名患者那里经历了突变。此外，由于依赖于趋同性，该分析无法识别仅在一个或少数患者中发生的适应性突变。铜绿假单胞菌适应囊性纤维化患者的总体重复性相对较低。这种不可重复性是否是突变的随机性、不同感染菌株的不同遗传构成、患者之间的生物学差异或对肺的不同部位的适应性造成的，还有待确定。

另一项研究[4]也出现了相似的结果。博克霍尔德氏菌在 20 世纪 90 年代初对科学界来说还是个新发现，这种细菌在波士顿一家医院感染了 39 位囊性纤维化病人。正如在丹麦进行的铜绿假单胞菌的研究一样，来自同一患者的重复样本允许研究人员追踪每个个体内的微生物的遗传变化。

与铜绿假单胞菌的研究一样，博克霍尔德氏菌也有很多突变。鉴于这种细菌的隐蔽性，要找出大多数改变的结果是困难的，所以哈佛医学院的塔米·利伯曼领导的小组在多个囊性纤维化患者中寻找重复突变的基因。他们鉴定的 17 个基因包括 11 个已知与抗生素耐药性和疾病发展有关的基因。但是有 3 个多重突变基因的功能是完全未知的，另外 3 个从未与肺病有关。如果没有这些信息，没有人会认为它们在博克霍尔德氏菌感染中是重要的。目前，研究小组正在对其中的几个突变进行研究，以了解它们的病理状态如何。

与铜绿假单胞菌的研究一样，只有一半的患者有相对较少的基因发生了突变，因此总体可预测性也很低。通过聚焦于多个患者中趋同突变的基因，这项研究并不能识别仅仅发生在一个或少数患者中的适应性变化。

这两项研究都是针对囊性纤维化进行的，因为囊性纤维化患者易于感染。常规监测为研究人员提供了感染早期阶段的样本，这使他们能够检查细菌如何随时间产生适应性。然而，大多数疾病不能提供来自每个个体的多个样本。在许多情况下，这样的样本甚至没有用，因为许多细菌到达最新的受害者时已经有了病原适应性——这些细菌已经在别处发生了进化。

识别趋同遗传变化的另一种方法是跟随进化生物学家的导向，构建一个发育体系来研究性状进化。通过比较毒性菌株和无害近亲，医学微生物学家寻找仅在致病菌株中进化多次的相似变化。

在大多数情况下，研究人员用这种方法来研究耐药性的遗传基础。例如，结核分枝杆菌（Mycobacterium tuberculosis）是导致结核病的主要细菌，已经多次进化出抗生素耐药性。一个国际研究小组[5]对 123 株结核分枝杆菌的基因组进行了测序，其中 47 株表现出对用于治疗结核的抗生素药物的耐药性。正如所预期的一样，系统发育的结果证实了抗生素耐药菌株并非彼此紧密相关；相反，对药物的耐药性已经趋同地进化了很多次。

在整个样本中，研究人员鉴定了近 25 000 个 DNA 的位置，这些 DNA 至少在一个菌株中发生了突变。然后，研究人员将注意力集中在多次进化的突变上，这些突变主要发生在具有抗性的菌株中。极端的情况是有一个突变在 8 个有抗性的菌株和无抗性菌株中发生了独立进化。

这项研究非常成功。结核分枝杆菌基因组的 11 个区域先前已被鉴定为具有抗生素耐药性的突变。但除此之外，还发现了另外 39 个以前未被怀疑参与结核病的区域。这其中有 11 个基因的功能已被确认。这些基因中有几个与决定细菌细胞壁的通透性有关，表明这种变化在某种程度上可能与抗生素的耐药性有关，也许是为了使抗生素更难进入细菌细胞。其余 28 个变化是功能未知的基因。目前研究正在进行，以更好地理解这些变化如何导致抗生素的耐药性，以及最终如何防止或对抗这种进化。

这些研究中的趋同程度并非很普遍。即使最极端的趋同病例也只涉及一半以上的菌株，大多数趋同突变的基因只发生在少数菌株中。事实上，大多数基因只在单一菌株中突变。在趋同与偶然的争论中，这些数据似乎对古尔德有利。

对于生物医学从业者来说，这场辩论没有抓住要点：做出一些预测远比什么都不做要好得多。即使不是所有的微生物都适应同一基因的变化，一些微生物确实在以相同的方式进化。通过了解适应机制，我们可以针对特定的病灶基因设计出药物对策。通过从患者身上取样，我们可以快速地测序微生物基因组，并找出诱发感染的菌株是否存在基因改变。如果是，就采取相应的治疗方案；如果不是，则寻找其他可能的原因。罗伊·基肖尼的工作在这个问题上十分重要，他从技术角度表达了这种观点，他认为，"即使是一个适度的预测力[6]也可以通过告知药物的选择、单药或联合疗法的偏好，以及施药节奏来改善治疗的效果。在选药方案上也应选择对耐药性进化最有弹性的基因型治疗方案"。

这只是备受吹捧的"个性化医疗"的一个方面，医生可以识别个体疾病的特定原因，然后进行相应的治疗。一些微生物病原体会趋同进化的事实让这种方法更加可行。

对病原菌的比较研究不是理解微生物进化及其对人类健康影响的唯一途径。进化实验对于启发我们理解微生物的进化很有价值，也被用来寻找可预测的方法，以了解微生物如何攻击我们和挫败我们，并提出对策。

这些研究大多使用伦斯基、雷尼、特拉维萨诺等人开创的一般方法研究抗生素耐药性的演变：面对各种各样的微生物侵扰并观察它们如何产生适应性。在最基础的层面上，这些研究在不断寻找重复的进化模式。如果微生物以同样的方式一次又一次地进化出耐药性，那么研究人员就可以集中精力阻止这种特定的进化反应。

这种研究工作的价值的一个特别明显的例子来自基肖尼在哈佛医学院的实验室，那也是进行白僵菌研究的地方。在这个实验中，我们的老朋友[7]大肠杆菌被放置在特别设计的生长室中，并暴露于氯霉素、多西环素或甲氧苄啶 3 种抗生素中的一种中，其进化反应持续了 20 天（约350 代大肠杆菌）。每暴露于一种抗生素之下都要重复 5 次。

这次研究的目的是观察抗生素耐药性的进化。最初，所有来自同一始祖的细菌都不具有耐药性，并且在抗生素的存在下生长得很差。但很快，耐药性开始进化，细菌的生长率开始提升。

微生物种群对药物的适应模式非常相似。对于所有 3 种抗生素，5个复制种群的耐药性稳步增加，多达 1 600 倍的种群暴露于氯霉素中。

在实验结束时，研究人员对 15 个种群中的每个群体的细胞基因组进行了测序，并将其与始祖种群的基因组进行比较。

与先前大多数由相同菌株启动的微生物适应性实验研究一致，暴露于甲氧苄啶的 5 个种群以非常相似的方式进化。甲氧苄啶通过阻断大肠杆菌中的二氢叶酸还原酶（DHFR）基因发挥作用。因此，大肠杆菌的对策是修饰 DHFR，使得药物更难识别基因，并促进酶的产生。5 个种群的变化几乎都发生在 DHFR 中。总的来说，在该基因中检测到 7 个不同的突变：这些突变之一发生在所有 5 个群体中，还有一个发生在 4 个群体中，除了一个突变，所有突变都发生在至少两个群体中。除了 DHFR 基因的突变，只有 3 个额外的突变发生，每个突变发生在不同的基因中，并且每个突变只发生在一个群体中。

鉴于特定突变的重复进化程度很高，研究人员在实验的每一天都对每个群体的 DHFR 样本进行测序。他们发现突变发生的顺序是一致的，相同或相似作用的突变总是先于其他突变。换句话说，大肠杆菌中甲氧苄啶耐药性的进化是高度可重复的。

接触其他两种抗生素的种群接受测试的结果非常不同。尽管在实验结束时，每种药物对应的 5 个复制品中耐药性进化的程度是相似的，但是对于遗传变化的实验揭示了各个种群中的突变已经发生了进化。

为什么大肠杆菌对于一种药物以类似方式重复进化，但是对其他两种药物的反应却不可预测，研究人员还尚未弄清楚。无论如何，结果表明设计抗生素耐药性问题的一般解决方案对甲氧苄啶来说比其他两种药物更容易。

我之前提到过，有些科学家不喜欢实验室墙壁之外的杂乱研究。太多的环境干扰，太多的令人困惑之处，以及各种无法控制的变量等。对于趋同进化，这种关注尤其合适，如果环境不同，那么趋同的缺乏可能只是不同选择性压力造成的结果。最近一项对溪流刺鱼的研究就发现了这个问题。起初，得克萨斯大学的研究人员对独立水道的种群之间缺乏趋同性感到困惑。但是当他们仔细观察时，原因就变得清楚了：河流之间水质和植被的变化可以解释鱼类种群之间的表型差异和趋异情况[8]。当然，这样的解释在另一种情况下也适用：微妙的环境差异可以解释栖居在不同个体的结核分枝杆菌或铜绿假单胞菌菌株中缺乏趋同性，或者说在任何情况下都没有趋同性。

一些科学家甚至怀疑[9]在受控的实验室研究中也缺乏趋同反应。也许一根试管与另一根试管之间哪怕是最微小的差别——温度的一小部分或者来自附近窗户的稍微强一点儿的阳光——都足以导致不同的选择压力，从而导致趋异的适应性。

但是这些基于实验室的怀疑论者对进化可预测性研究的趋同进化方法提出了更深刻的批评，这与我一直回避至此的一个重要问题有关。到目前为止，我几乎可以互换地使用术语"可重复性"和"可预测性"。但是它们是一样的吗？更重要的是，仅仅因为趋同进化是重复进化的现象，这难道不是研究进化可预测性的好方法吗？

有些人却不这么认为。例如，一位欧洲科学家写道，可重复性"是一种弱形式[10]的可预测性，因为过程的确定性只能在回顾中确定"。换句话说，真正的预测是先验的，它基于对正在研究的系统的详细理解，而不是简单地看到重复发生的事情并预测它还会再次发生。

这些科学家不会仅满足于观察岛屿上的大象小型身躯的重复进化，他们还希望能够通过理解岛屿环境如何影响体形的进化来预测进化性的减少。即使在实验室的进化实验中，当种群暴露在相同的条件下时，仅观察到细胞大小总是增加或相同基因所包含的突变也是不够的。他们希望在运行实验之前能够指定预期的结果。

在宏观层面，科学家们总是做出这样的预测。从第一原理出发，这个方法就是戴尔·罗素在恐龙假说中所做的。基于他对解剖学的理解，他能够预测在兽脚亚目恐龙中选择较大的大脑将如何导致解剖学结构的其他变化，最终促使外观类似人类的有机体的出现。

长期以来，生理学和生物力学领域的研究人员一直以更为复杂的方式研究解剖设计与生物功能之间的关系。对于需要快速机动的鸟来说，最好的翅膀形状是什么？短小而粗壮，就像一架喷气式战斗机。在寒冷的地方居住，最佳的身体比例是多少？结实的、肢体短小的，以最小化表面积，减少热量散失。

这些预测是独立于实际进化做出的。随后，它们可以与自然进行交叉检验。这些预测在某些情况下被证实了：自然选择似乎确实有利于最优解。在其他情况下，理论和自然并不会一致——要么是理论脱节，要么是某种约束阻止了自然选择塑造最优解。这些约束本身可能是一个有趣的主题：也许不会发生合适的突变，或者自然的权衡受到了阻碍。也许解决办法根本不可能出现——例如，没有生物利用核裂变作为能源，轮状生物结构也极其罕见。

在处理微生物时，根据第一原理进行预测更加困难，因为这些细胞的生化和分子机制还不是很清楚。当在基因水平上工作时，这种困难就变得更加复杂了，就像现在大多数微生物工作者一样，因为大多数基因的功能仍然是个谜。想想结核病和慢性肺炎调查中鉴定出的所有基因，它们的功能是完全未知的，要事先预测它们如何参与微生物病原体的适应性进化是相当困难的。

当然也有例外。一种是大肠杆菌的抗生素耐药性基因。β－内酰胺酶基因可以产生一种酶，即 β－内酰胺酶，它进化后可以攻击抗生素，如青霉素、氨苄西林、头孢噻肟和许多其他抗生素，使它们丧失药效。由于这个原因，β－内酰胺酶基因及其产生的酶已经被深入研究，人们对其比大多数微生物基因及其产物都有更深刻的了解。

最近的一项研究调查了基因中发生突变的多样性[11]。通过分子欺骗，研究人员使大肠杆菌细胞产生上万种不同的突变。他们选择了 1 000 种，并测度了它们对抗生素耐药性的影响。一些突变没有多少区别，少数一些突变是灾难性的，而绝大多数具有中等轻微的有害影响。

因为 β－内酰胺酶被研究得非常深入，所以研究人员能够确定每个突变如何影响酶的功能，即通过分子改变其形状的方式、活性水平及它的稳定性等。然后，他们将这些变化与对抗生素耐药性的影响相关联，并发现其间存在一种强烈的关系：酶的变化越大，与耐药性的相关性就会越强。换言之，研究人员能够从一种突变开始，弄清楚这种突变是如何改变它所产生的酶的，并且从这些变化中准确地估计抗生素的耐药性将受到怎样的影响。正是这种方法可以让研究人员预测像大肠杆菌这样的微生物在面对新的环境时将如何进化。

但是像这样的例子更多的是例外而不是一种普遍规则。在大多数情况下，我们不知道哪些基因负责适应能力。即使我们知道涉及哪些基因，我们通常对基因如何工作知之甚少，更不用说特定突变产生的影响了。也许有一天，我们能够很常规地预测哪些突变会适应性地进化，但那一天还很遥远。

在缺乏这些综合信息的情况下，研究人员有时会使用不完整的数据进行预测。例如，哈佛大学的研究人员指出，一株大肠杆菌能够承受抗生素头孢噻肟的剂量，比清除非耐药菌株所需的剂量大 10 万倍。遗传分析表明，这种高水平的抗性是获得 β-内酰胺酶基因的 5 个突变的结果。

　　研究人员关注了这 5 个突变，并调查是否从缺乏任何突变的非抗性菌株开始，自然选择必然会导致 5 倍突变菌株。然而，他们没有进行进化实验，而是用 5 种突变的所有可能组合创造了大肠杆菌菌株。他们测量了每个菌株对头孢噻肟的耐药性，并询问："对于每个菌株而言，是否存在某种突变，如果添加该突变是否会增加耐药性？"例如，对于具有两个突变的菌株，添加其他 3 个突变中的任何一个是否会增加抗性？不管怎么说，答案都是肯定的。所有带有一个突变的菌株最终都会添加第二个突变，所有带有两个突变的菌株都会添加第三个突变，以此类推。不管突变出现的顺序如何，5 个突变菌株都是不可避免的结果。作者总结说："生命'磁带'[12] 可以被大量复制，甚至可以被预测。"

　　作为遗传水平上进化决定论的一个例子，这项研究引起了人们的广泛关注。但是有一个问题：这项研究仅限于在超级耐药菌株中发现的那些突变。那么其他突变呢？它们能投入这项工程中吗？

　　为了找出答案，荷兰一组研究人员进行了一个进化实验，这意味着全部突变都是限定在实验中发生的，而不是局限于先前研究的 5 个焦点性突变。在突变的自由市场中[13]，超级菌株肯定会进化吗？荷兰研究小组以现在熟悉的方式设计了他们的实验，将 12 个最初相似的种群在该药物的作用下繁殖几代，并量化了适应性进化的程度。

　　在实验过程中，种群对头孢噻肟的耐药性增加，但程度不同，有 7 个种群变得比其他 5 个种群更具耐药性。科学家对每个种群的基因组进行了测序，发现在 7 个具有高度抗性的种群中，相同的 3 个突变以基本相同的顺序进化。① 相比之下，这 3 种突变中的至少一种在其他 5 个群体中未能进化。

哈佛大学超级菌株的研究表明，微生物学中的一个特殊突变 G238S 是赋予菌株对头孢噻肟耐药性的唯一最有效的突变。在荷兰研究小组的研究中，所有 7 个高耐药性种群都进化出了 G238S，还有 3 个稍微落后的种群也是如此。荷兰研究人员仔细观察了两个未能进化出 G238S 的种群，并确定了它们获得的第一个突变，其中一个种群是 R164S，另一个群体是 A237T；其他 10 个群体中没有一个进化出这些突变。② 此外，由于在超耐药菌株中发现的 5 种突变中均未发现这些突变，因此它们未被纳入哈佛研究小组的研究中。

荷兰研究小组随后再次开始实验，但是他们的研究这次从具有这两种突变之一的大肠杆菌做起，其中 5 个种群具有 R164S，5 个种群具有 A237T。同样，头孢噻肟耐药性随着时间的推移而增加，但 10 个种群的耐药水平都大大低于第一个实验中 7 个最具耐药性种群的耐药水平。值得注意的是，这些群体中没有一个进化成 G238S，但是它们确实包含在 G238S 群体中没有发现的许多其他突变。

G238S 与 R164S 和 A237T 不兼容的原因还不完全清楚，但是似乎突变导致酶以不同的方式折叠。一旦第一种突变改变折叠模式，第二种突变就将导致新构型的破坏性改变，因此突变并不会在合并中产生。这就好比折纸：一旦你开始想要折出一头大象，你就不能中途改变而折一

---

① 对于另外两个超五突变，由于实验设计中固有的技术原因，一个突变的进化被排除，但是第五个突变的进化失败是一个谜。

② 这些名称描述了氨基酸位置的变化。第一个字母是初始的氨基酸，数字是指在基因中的位置，第二个字母是由突变引起的新氨基酸。

条金鱼。

荷兰研究人员的研究是历史偶然性的一个完美的例子，一个偶然事件从根本上决定了随后的进化结果。偶然出现 G238S 的种群可以向一个方向发展，并且发展出高水平的抗性。但是首先发生其他突变的那些种群则被排除出这条路径，一旦它们被建立，G238S 就不再是有益的，而是适应性进化采取的一条不同的道路，一条通向更劣质、抗性更低的目的地的道路。哈佛大学研究小组的实验并不是为了寻找其他基因，因此他们没有发现对头孢噻肟的适应程度是不可预测的。

哈佛大学和荷兰研究人员的研究方法和结果之间的对比说明了为什么很难在遗传水平上对进化进行先验预测。基因组太大了，太复杂了，无法分离出所有相关的突变，并预测哪些突变会相互影响及如何影响。仅仅因为某一组突变导致高度适应性的结果，并不意味着这些突变必然会进化。在通常情况下，会有很多不同的方法产生相同的基因型，回想一下产生荧光假单胞菌皱纹传播体的 16 种不同的遗传途径，以及同样多的解决相同环境问题的不同解决方案。想要提前弄清楚哪些最可能发生，哪些不太可能发生，是超出我们能力范围的。

许多非常聪明的人都在研究这个问题，无论是在分子水平还是理论水平上。所以，也许像天气一样，我们对于进化的预测能力将会提高，然而，目前我们的能力是有限的。反过来，这意味着预测进化的最好方法就是通过进化时间或进化实验的结果来观察过去发生的事情。

微生物适应性研究的结果表明一定程度上的可预测性是存在的，这种重复性可以作为制订对策的基础。当然，微生物不是唯一对我们有害的当代生物。昆虫和啮齿动物侵入草坪和农田的杂草，吃掉我们的庄稼，蚊子传播疾病，所有这些生物都有一个共同点：它们在进化上超越了我们控制它们的能力。① 就像微生物一样，它们的成本是以数十亿美元和数万条生命来衡量的。

杀虫剂（广义上还包括除草剂②）抗性的演变与抗生素抗性的演变有许多相似之处。像许多微生物一样，害虫已经进化出各种各样的方法来战胜我们的化学武器，包括改变行为来尽量减少与杀虫剂的接触；改变外部皮肤以防止杀虫剂进入；进化出将杀虫剂转化为其他物质的方法，或将其隔离在身体不重要的部位，或迅速将其排出体外；或改变杀虫剂靶向的分子结构。由于这些无数的可能性，同一物种的种群在接触特定杀虫剂时常常以不同的方式来适应。

许多杀虫剂在商业上是成功的，因为它们往往用相同的生化路径去攻击众多的害虫。结果，许多物种进化出类似的往往是相同的手段来挫败这些攻击。例如，许多蚊子[14]已经进化出相同的 DNA 变化，以适应杀虫剂狄氏剂。类似地，超过 30 种不同的昆虫[15]，包括苍蝇、跳蚤、蟑螂、蛾子、蓟马、蚜虫、甲虫和亲吻虫，都获得了相同的 DNA 变化，从而对拟除虫菊酯类杀虫剂产生抗性。

与微生物一样，当害虫进化出对杀虫剂的抗性趋同机制时，我们的反击能力也会增强。源自苏云金杆菌的杀虫剂就是一个很好的例子。由于未知的原因，这种土壤微生物能产生令昆虫致命的蛋白质。科学家已经鉴定出这些蛋白质，并将它们用作杀虫剂。最初，这些被称为 Bt 的杀虫剂被喷洒在作物上，但是自从 20 世纪 90 年代末以来，一些作物品种已经被基因工程改造以自行生产蛋白质。现在种植 Bt 作物的农田的

---

① 例如，近 600 种节肢动物对某几种杀虫剂产生了抗性。

② 对于那些技术含量更高的药剂，也包括杀真菌剂、杀幼虫剂、杀啮齿动物剂、杀软体动物剂、杀螨剂和任何你能想到的其他杀虫剂。

数量惊人[16]。2013 年，全世界种植了 2 亿英亩 Bt 作物，这其中包括了美国三分之二的玉米，以及主要生产国四分之三以上的棉花。

对 Bt 毒素的耐药性在实验室的实验中，以及在小范围的野外中很容易实现进化。Bt 毒素通过与昆虫肠道中的蛋白质结合而起作用。耐药性主要由干扰这些结合蛋白产生的突变形成。例如，在 3 种毛虫的许多种群中，由于能产生被称为钙粘附素的毒素结合蛋白的基因突变，它们已经进化出了一种 Bt 毒素的耐药性[17]。类似地，7 种毛虫[18]通过突变，会趋同地进化出抗性，这种突变会破坏肠道蛋白质，从而将分子运输到细胞膜上。

认识到少数基因中的突变重复进化对于以多种方式对抗抗性的进化有重要意义。人们可以定期筛选害虫种群以寻找特异性抗性突变的出现。这些筛选包括检测田间或实验室选定种群中发现的突变的方法。当早期检测到这些等位基因时，可以采取管理措施，防止突变普遍化。

更普遍的是，发现种群以同样的方式重复进化抗性可以刺激对作物中的 Bt 基因进行遗传修饰以规避这种机制。例如，研究人员一旦意识到昆虫通过阻止与钙粘蛋白的结合而进化出抗性，他们就修饰 Bt 毒素，使其与其他蛋白质结合，完全绕过钙粘蛋白。

这并不是说趋同是一颗神奇的子弹。即使在像 Bt 毒素这样的情况下，筛查也只能有效地发现先前检测到的趋同性突变。同一基因上的其他突变可能不会被发现，涉及其他基因和耐药机制的突变要少得多。对于其他许多杀虫剂，抗药性已经趋同进化的知识可能不会导致新方法的产生。

我们对环境的影响远远超出了抗生素和农药的使用——我们正以无数的方式改变世界。有时，我们施加的挑战太大，导致物种减少和灭绝。但在其他许多情况下，自然选择正在起作用，物种正在适应它们的新环境。

由于人为造成的趋同进化的第一个被明确的因素与我们的环境污染有关。植物对于重金属污染土壤的适应，以及飞蛾在污染地区进化出较深的颜色，是两个较早的典型案例，还有更多的案例等待被证实。一个特别容易理解的例子 [19] 是在北美洲大西洋沿岸的海洋河口发现的一种小鱼。大西洋鳉鱼是恩德勒和列兹尼克在特立尼达研究的物种的远亲，这种鱼能够在其他物种无法忍受的高污染地区繁衍。由加利福尼亚大学的科学家领导的一个研究小组研究了分布在东海岸的 4 个耐污染种群，确认它们已经独立地改变了相同的生理途径，使得它们对包括二噁英在内的许多高度污染物不敏感。基因组分析表明，同一组基因中的突变在所有 4 个群体中都有助于这种适应。

当我们把动物从种群中转移出来用于商业或体育活动时，人类也会施加 [20] 强烈的选择性压力。在许多情况下，猎人会瞄准具有特定特征的个体。结果是针对具有这种特性的个体进行强有力的选择，并且在许多情况下，种群会趋同地进化出类似的响应。例如，猎人更喜欢最大、最健壮的标本。因此，许多物种进化出较少的修饰与防御性武器也就不足为奇了，包括大角羊和黑貂羚羊的小角、鹿角的减少和大象象牙的减少。事实上，一些大象种群现在出现了许多完全无牙的个体。

同样的现象也出现在渔业中。针对鱼的不同身形有着不同的捕鱼方法：例如，大多数渔网诱捕较大的鱼，但让较小的鱼通过。结果就对个头较小的鱼群产生了选择性优势。因此，许多不同鱼种的最大尺寸还不到过去体形的一半大。例如，加拿大圣劳伦斯湾最大的大西洋鳕鱼 [21]，从 20 世纪 70 年代初的 70 磅减少到今天的 12 磅；马萨诸塞州海岸的鳕鱼如今的体形几乎一样小，与 19 世纪末在圣劳伦斯湾被捕获的 200 多磅的鱼相比则相形见绌。[1] 这是一个重大的经济问题，因为一个种群中的鱼的数量不会增加以弥补身形较小的鱼类。结果鱼类的产量就自然而然地下降了。

一个关键的问题是，如果我们把环境恢复到原来的状态，种群是否会趋同地回到它们祖先的状态。在某些情况下，它们确实如此。例如，许多地方的斑点蛾一旦回到没有空气污染问题的环境中，就会重新进化出斑驳的面容。然而，在其他情况下，回应却不太一致。例如，一旦选择性捕鱼和狩猎被缩减，鱼类通常不会再进化出更大的尺寸，大角羊也不会再进化出更大的角。对于这种进化的不对称性，有许多可行的解释。比如，在丰渔期捕捉体型较小的鱼要比枯渔期选择体形较大的鱼划算得多。或者，收获可能已经将生态系统推向了一个新的平衡，在这个平衡中，较大体形的物种不再受到青睐。例如，其他物种可能已经扩大其种群以接管先前被收获的物种使用的资源，在这种情况下，即使在收获停止之后，选择性压力也可能永久地存在。

如同杀虫剂和抗生素一样，趋同进化只是我们理解物种对变化环境的反应，以及我们如何改善环境的一部分。尽管如此，当这种趋同现象确实发生时，趋同明确地界定了问题的框架，并引发了一系列应对策略。事实上，为了防止鱼类尺寸的减少，科学家们设计了许多方法，包括开发出一种对体形不具备选择性的渔网，将捕捉上来的体形最大的鱼

---

① 科学家们争论这些身体尺寸和象牙、鹿角这样的特殊结构的减少在多大程度上代表了进化的变化。移除具有最大结构的最大个体的行为导致即使没有发生基因改变，存活者也不会那么富有天赋；此外，表型可塑性也可能是部分原因。然而，至少在其中一些情况下，这些进化性减少的遗传基础已经建立。

扔回海中以保证它们的基因可以遗传下去，或维持大型鱼类可以繁衍的无渔区，并将其大身形的基因输出到渔区。

毫无疑问，随着科学家们越来越多地研究物种如何应对全球变化，我们将会发现更多的趋同进化反应的案例。最大的问题是全球变暖。迄今为止，很少有研究能令人信服地证明气候变化导致进化适应，但这种情况正在迅速改变。我不知道自然种群中趋同的例子，但一项长达7年的蠕虫实验研究发现了与温暖土壤相关的重复性遗传变化。我预言这只是冰山一角，不久之后，我们将会发现许多生理、行为和解剖学上的变化在脆弱的物种中会趋同地进化。

与减少过度捕捞渔业的规模相比，在这种情况下，我们面临的挑战是利用从趋同中收集的信息，不是为了防止进化，而是为了增强其有效性。提前预测采取什么样的形式去干预是困难的，但它们可能包括将特别有效的基因引入缺乏它们的种群中，并用多种改变环境的方式来增强频繁进化的行为和生理适应性。

从更普遍的意义上讲，我们正站在一个新时代的门槛上，在这个新时代中，我们具有引导进化进程的前所未有的能力。新分子技术的发展——也是近期最重要的进展，即CRISPR①——基本能够引导野生种群的遗传进化。目前，人们正在计划对蚊子进行基因改造，使其不能向人类传播某些疾病，比如疟疾。这是一个勇敢的新世界，公众提出了许多反对意见，包括实用方面的和道德方面的。这些担忧是有根据的，但也有潜在的好处。我们不仅可以为我们自己的利益设计物种，而且通过引入允许它们适应变化的世界的基因，我们也许能够帮助物种获得自救。

---

① CRISPR 是一项基因编辑技术。

我们如何才能知道应该将什么基因引入面临特定环境挑战的物种中？当然是趋同进化！通过寻找对其他物种重复起作用的解决方案，我们能够识别出对濒危物种进行基因拯救的最佳候选方案。这种理想世界是否会到来还有待观察，但如果确实如此，趋同进化可能将发挥重要的作用。

命运　机遇　人类的必然

纳美人身高 1 英尺，它们长着长尾巴、尖耳朵，生活在半人马座阿尔法附近的星球上。《阿凡达》中蓝皮肤的类人猿拥有丰富多彩的生态系统，与地球上十分相似。当然，这些动物有时会有额外的腿或脸，就像锤头鲨，但在多数情况下，它们就像我们熟悉的动物一样：豹子、马、猴子、翼龙、雷兽①、鸟类和羚羊。茂盛的植被¹似乎直接出自亚马孙热带雨林，与地球上的植物非常相似，因此一位植物学家提出了一个带有科学名称的分类。

《阿凡达》注重细节，制作精美，是该类型电影区别于其他电影的主要特点，也是它获得奥斯卡最佳艺术指导、最佳摄影和最佳视觉效果的原因。但是从生物学角度来看，《阿凡达》和大多数以其他世界为背景的电影很相似。从《星球大战》到《银河守护者》等，大多数星际科幻电影在它们的世界中充斥着在外观和生物学上与地球上的进化生物非

———————————

① 古代犀牛的庞大的近亲。

常相似的生命形式，甚至还会出现一些更奇特的类型，如一些可怕的捕食者，它们所展现的特征也可以追溯到人类物种生物学。

的确，在大多数情况下，唯一真正不同的电影生命形式是基于与地球上完全不同的生物学。这些故事取代碳作为基本的构建元素，假定生命是硅基，甚至是纯能量的，主要由晶体、星际原生质或能量波长构成生命的基本物质。

天体生物学家认为，如果存在外星生命，那么它们很可能是碳基生命，因此其化学性质与地球上的生命类似。那么，让我们把讨论限制在许多类地行星可能出现的碳基生命形式上，我们现在知道，这些类地行星存在于银河系的其他地方。这些行星上的生态系统中可能有与地球上相似的物种吗？我们是否应该期待，正如许多电影所暗示的，西蒙·康威·莫里斯所说："我们在这里（在地球上）看到的东西[2]是很普遍的，我更确切地怀疑，我们在任何类似的类地行星上会发现什么？"

康威·莫里斯和其他人基于两个论点提出这一主张。首先，趋同的普遍性表明自然选择倾向于对环境提出的常见问题产生相同的解决方案。其次，物理定律是普遍的，至少在我们的宇宙中，它们规定了某些适应环境的最佳方法，而这些方法并不限定于我们的世界。康威·莫里斯补充了第三个更具推测性的论点：一些在地球上进化的生物分子，如DNA、叶绿素（用于植物光合作用）、视蛋白（用于检测视觉系统光的分子）和血红蛋白（用于在血液中传输氧气）可能是碳基材料体系中最好的组成结构。康威·莫里斯和其他人认为，在其他行星上也会出现类似的基本构造单元。

我基本同意外星居住的生命形式也有很多像地球上一样的趋同的例子。就像在我们这里一样，其他地方的生命体也需要获得能量，既要维持自身的生长，又要消耗额外的能量。它们也会有感官来感知外部刺激。还有一些生命也需要活动。

地球上的物种非常擅长完成这些任务，所以如果在其他星球上也有类似的事情发生，我们就不会觉得奇怪。这尤其正确，因为重力、热力学、流体力学和其他物理现象无处不在。生物需要快速移动通过致密介质，将身体进化成流线型来最大化它们的性能。动力飞行需要产生一些升力，这是翼型结构的专长。聚焦光最有效的方式是采用像相机一样的结构，比如在动物世界中已经进化多次的眼睛。

因此，地球和外星生命之间可能至少存在一些相似之处，特别是在那些与地球最相似的行星上。如果相同的分子构建模块在其他生命形式中进化，那么这种趋同可能会被加强，但是使用相同的分子需要表型趋同的程度仍不清楚。

尽管会出现一些趋同的情况，但我预计外星生命在很大程度上与我们在地球上看到的截然不同。进化实验和对趋同进化的思考告诉我们，远亲的物种即使暴露在相同的条件下，往往也能以不同的方式进化。

其他行星上的物种肯定属于远亲。不仅生命形式会从不同的起点进化，而且即使生命是基于碳的，并且遗传密码是基于 DNA 之类的东西，遗传和进化的规则也可能非常不同。也许一个人可以将在生活中获得的特征遗传给后代。由于有性生殖而发生的亲本基因的重组可能不会发生，或者它们每次交配可能涉及 3 个、10 个或 100 个个体，而不是我们通常意义上的两个。据我们所知，基于同一物种的个体会竞争有限的资源，而自然选择对比可能不起作用。也许物种内部和物种之间的合作是进化的动力，不相关联的物种可能根本不存在。鉴于生命组织可能存在的这些差异，进化似乎不太可能在不同的行星上遵循相同的路线。

行星之间也有很大的差异。如果里奇·伦斯基是万能的[①]，他就会简单地创造出十几个地球，把它们放在相同的太阳系里，等几十亿年，然后回来看看在他投放的相同的地球上，生命是如何相似或不同的。但是直到伦斯基或其他人想出如何进行这个实验之前，我们还无法比较不同星球上的生命是如何进化的。

我们过去认为地球是独一无二的，没有其他地方有像它那样的存在。我们现在知道自己错了。似乎每周都有另一则关于发现更多可居住的系外行星的消息。根据这些发现推断，仅在宇宙角落——我们的银河系内，这类行星的数目就达到了数十亿。

但是请记住，一个被认为适合居住的星球的要求相当广泛，主要的标准只是它能够维持液态水在宽泛的温度区间和各种条件下存在。因此，这些行星在其他各种属性上高度可变：温度、大气组成、辐射负荷、重力和地质组成等。

我们已经认识到物种种群即使暴露在相同的选择压力下，由于经历的条件不同，它们也倾向于以不同的方式进化。来自大肠杆菌、刺鱼及果蝇等例证都只经历了稍有差异的环境。更不用说，跨行星间的差异化环境更将引导进化朝着不同的路径发展。

猜想已经足够多了。我们需要做的就是对比一下新西兰和世界上的其他地方，去看看进化中的世界，以及它们是如何做到这一切的。以较广的视角来说，鸟类和哺乳动物之间并没有太多的区别。它们不但都是碳基生物，都携带 DNA，而且同是脊椎动物的它们在生理功能方面也有很多相似之处。新西兰的动物群与澳大利亚、安德烈斯、塞伦盖蒂，

① 不过到目前为止，我知道他并不是。

以及其他地方都有着显著的不同。没有人会拿新西兰和这些地方进行比较，并且说进化会以类似的方式进行。

或者我们拿恐龙与当今世界上的动物进行比较——恐龙时代的霸王龙、剑龙，以及 100 英尺长、70 吨重的蜥脚类动物，再来看看今天的大象、袋鼠、猫科动物，还有蓝鲸等。也许三角龙和今天的犀牛十分相像，鸵鸟龙看起来与鸵鸟十分酷似，但是在绝大多数时候，主宰中生代的动物还是和今天取代它们的动物有着巨大的差异。

图 40　空前绝后的中生代主宰者们

如果连地球上的生命在不同的时空都进化得如此不同，那么就更不能指望其他行星上的生命与地球上进化出的生命是平行的了。卡尔·萨根在他的畅销书《宇宙》中写得好："一些人，比如科幻小说作家 [3] 和艺术家，已经对其他生物可能长什么样子进行了猜测。我对大多数展现的外星景象都持怀疑态度。在我看来，它们似乎过于依赖我们已经知道的生活方式。任何特定的有机体都是由一系列密不可分的阶段形成的。我不认为其他地方的生命会像爬行动物、昆虫，或者人类一样。"

人类，或者说类人的生命是否注定会进化出来？康威·莫里斯并不是唯一做此声明的人，但是他的表述最为具体。他认为，即使没有发生小行星撞击事件，一旦地球在 3 000 万年前冷却下来，哺乳动物仍然会繁盛起来，仍然会进化出人类。但是这种说法也违背了进化的事实，如果人类的进化是难以避免的，那么为什么人类的进化只发生过一次？

让我们再次回想一下鸟类王国新西兰，那里的鸟类已经以自有的方式进化了 800 万年。人形动物在哪里？即使是哺乳动物，最接近的进化过程也是小几维鸟的出现。澳大利亚从地质学的角度上讲也有独立的进化轨迹，进化始于哺乳动物，但是最接近人类的哺乳动物是袋鼠，它既没有人类的聪慧，又不具备人类的其他特征。

即使是灵长类动物存在的地方，人类也无法进化。狐猴在 4 000 万年前漂浮到马达加斯加，这是一个伟大的进化故事，由此产生了广泛的物种。尽管在人类最早的原始人起源于我们的猿类祖先之前的数千万年里，狐猴已经开始多样化，但它们还是没有繁育出任何甚至是稍显人性化的物种。南美洲与世界其他地区隔绝了大约 5 000 万年，直到几百万年前巴拿马地峡的崛起。大约 3 600 万年前，猴子从非洲依靠木头或其他植被漂过来，被冲上岸。它们也变得非常多样化，从微小的狨猴到蜘蛛猴等，但岛上也没有进化出类人生物。

事实是，我们人类在进化上是单独的个例，没有任何其他物种像我们这样在地球上的任何地方、任何时间进化过。趋同进化的普遍存在似乎没有为我们进化的必然性提供足够的支持。

我们来从其他角度上考虑一下外星生命。"我们是孤独的吗？"这是人类史上一个伟大的命题。答案取决于我们如何来界定"我们"的概念。

这里的"我们"指的是其他星球上的生命吗？如果是这样的话，很显然我们并不知道答案。但是考虑到在其他类地行星上有数十亿宜居的栖息地的存在，科学家们认为生命在其他地方出现进化是不可避免的，而且有可能已经出现了多次进化。

假定生命已经在其他星球上发生演化，那么生命形式是像我们这样的多细胞的复杂结构体，还是说仅仅是简单的单细胞生命体？地球上的生命大约在 40 亿年前出现。最初的生命是由单细胞构成的，寿命只有短短几分钟，这个过程一直维持了大约 25 亿年。然而最终，生命进化出了多细胞的复杂结构，并且进化了多次。据保守估计，多细胞现象在动物体内最少出现了 1 次，在真菌体内出现了 3 次，在藻类中发生了 6 次，在细菌体内至少出现了 3 次。从更广泛的意义上讲[4]，多细胞结构至少有 25 个来源。

科学家们同时也在争论“复合物”这一术语的意义——多细胞的生命体并不一定会比单细胞的生命体更加复杂。我们可以通过生命体中不同种类细胞的数量、不同专有部位的数量，以及不同部位相互作用类型的数量等衡量复杂生命体。不论是哪种定义，复合物都已经在地球上进化了很多次。这种伟大的重复性暗示了多细胞结构体和复合体都是生命进化不可避免的结果，至少在地球上是如此。如果生命在其他类地行星上出现进化，那么从多细胞复合体的角度来说，我们就不孤单了。

我们现在知道智慧也趋同进化了很多次，它不仅发生在我们主要的亲缘之间，还在其他各种动物之间广泛存在。大象可以把箱子搬到[5]合适的位置，然后站在上面摘取食物，乌鸦可以制作工具，把昆虫幼虫从缝隙中勾出来，海豚可以用象征性的语言来回答箱子中是否存在某个物体——许多大脑袋的物种比我们先前意识到的要聪明得多。甚至我们从未想到的很多物种也处处体现了聪慧的迹象，比如蜥蜴和鱼，它们都有能力挑战具有一定难度的认知性任务。最令人惊奇的是章鱼，尽管它的大脑结构与人类完全不同，它却知道如何拧开罐子，还可以在海底移动的时候用椰子壳进行伪装。

除了解决问题，有些动物还具有自我意识，我们可以在动物身上做出某些标记，然后在其前面放一面镜子来进行测试。如果动物看到镜子并触摸了标记，那么它一定已经意识到它在看自己。我们过去认为只有猿才有这种自我识别的能力，但近年来，我们发现大象、海豚和喜鹊都通过了镜像测试。事实上，其中一些动物已经可以使用镜子来观察它们的嘴和它们通常看不到的其他身体部位了，这种证据清楚地表明动物对自己也有意识和好奇心。

其实，先进的生命智慧在地球上趋同地进化了多次。如果这种生命进化的过程在其他星球上也有存在的迹象，那我们很可能就不是宇宙中唯一有智慧的生命体。

尽管智力和自我意识的进化是趋同的，但没有其他动物发展出像我们这样的智力。据我们所知，其他动物也没有进化出任何类似我们的内省的能力。由于人类智力进化的单一性和趋异性，我们还不能判断我们的智力进化究竟是一次侥幸，还是必然会发生的事情。因此，我们无法通过观察地球上发生的事情来预测在其他行星上是否有类似或更高水平的智力进化。

————

让我们回到地球上来。在古尔德设定的比喻框架中，我们"重放"一遍生命"磁带"，但这次最主要的改变是我们自身不在其中。如果我们没有进化，还能预测出有高度智慧、有思想的生命最终会进化出来吗？

当然有可能，但需要诸如一个大尺寸的大脑和某种程度的智力等作为前提条件存在于其他灵长类动物的身上。如我们所见，近缘物种容易出现平行进化。如果没有人类，猿类或其他灵长类动物是否会取代我们？

长期以来，古人类学家一直在争论是什么导致了我们家族中大脑的体积突然快速增长。化石记录表明，两足的进化先于大脑体积的增加。对开放的大草原栖息地的占领也被认为是一个驱动因素。其他灵长类动物能采取同样的路径吗？这似乎并非不可能。事实上，塞内加尔的一批黑猩猩[6]居住在大草原上，它们用长矛猎捕较小的灵长类动物。它们偶尔也会用两足行走，即使从解剖结构上来看，它们并不太适应这种行走方式。就算不用援引《人猿星球》，也不难想象它们可以进化出人类的感知水平。

非灵长类动物呢？它们与人类的关系不密切，因此不像塞内加尔的黑猩猩和其他灵长类动物那样，它们也不具备我们的遗传倾向。大象、海豚、乌鸦或章鱼有可能进化出类似人类水平的智力吗？我不能说这是不可能的。所有这些动物已经存在了数百万年，但没有任何一种动物达到了这样的水平。但假如给它们足够的时间，又有谁会知道最终的结果呢？

那么恐龙呢？如果再一次"重放"这盘"生命磁带"，但是有一个不同的事实，让我们回到《恐龙当家》的预设前提里，那颗小行星在地球上空呼啸而过，那只是一个非灾难性的未遂事件。迅猛龙、伤齿龙等都用它们的大脑生存。进化将会把它们带向何方？

戴尔·罗素假设自然选择将有利于蜥蜴人大脑尺寸的不断增加，这将会导致解剖结构的一系列变化，最终会产生一种与你我惊人相似的绿色爬行动物。自从罗素发表那篇论文以来，康威·莫里斯和其他人引用它来支持这样一个观点，即类人物种注定要进化。

我们现在知道罗素把一个细节弄错了。早在 20 世纪 80 年代初他发表论文时，古生物学家们还在争论鸟类是否从恐龙进化而来。现在这场争论已经解决了，除了一些特立独行的人，其他所有的人都同意鸟类起源于与迅猛龙和伤齿龙有密切关系的兽脚亚目动物。现在不仅鸟类被认为是恐龙"进化树"的一个分支，而且新的发现揭示了 35 年前没有发现的一些新东西。由于中国化石的惊人发现，我们现在知道，羽毛在兽脚类恐龙之前就已经出现了。因此不仅是鸟类，还有许多兽脚类动物，包括幼年霸王龙和伤齿龙等，体表都附着羽毛。①

因此，罗素的描述需要一些更新。我们需要给恐龙先生穿上一件羽毛斗篷，而不是绿色有鳞的皮肤。让我们再给它们一些活泼的颜色，比如像鹦鹉一样的颜色，这样就再也不会有人把这个英俊的家伙误认为是外星生物了！

然而，比外表更重要的是罗素提出的一系列转换，这些转换让伤齿龙头部和前肢前倾，用一条长尾巴抵消其重量，身体精确地平衡在后肢上，并将其转换为垂直的两足动物。一个更大的大脑的进化真的需要这种结构吗？

为什么一个更大脑壳的进化必然需要一个直立的身体姿势，罗素并没有提供更多详细的解释。即使是最聪明的鸟也拥有较大的脑壳，但依然保持着恐龙一样的身形。而霸王龙有着巨大的头骨，却没有直立

① 从技术角度上讲，还没有发现伤齿龙和幼年霸王龙的羽毛化石，但是却在它们近亲的化石中发现了羽毛的踪迹。

行走。

　　罗素的批评者认为他的观点太过人类中心主义，他的预测导向性太强，至少在潜意识里是有人类进化的影子的。"这也太人性化了。"[7]一位古生物学家说。"疑似人类。"[8]另一位古生物学家附和道。

　　罗素预料到了这些反对意见，并在他的论文中予以反驳。他引用了趋同进化论，认为如果人类进化了一次，那么当然有理由期待像我们这样的生命的再次进化。但罗素也承认[9]他的想法是有推测性的，他在论文的最后提出了挑战："我邀请我的同行们[10]找出替代的解决方案。"

　　然而这个挑战并没有人接手。事实上，罗素的论文并没在科学文献中得以广泛讨论。自1982年发表以来，罗素的论文只被其他科学论文引用过41次，几乎不算经典引文。此外，大多数的引用都出自高难度的古生物学论文，主要用来讨论伤齿龙解剖学的技术细节。恐龙人的观点很少受到科学的关注或回应。

　　我从20世纪80年代末就开始关注这篇论文，并认为它是一块未被发现的宝石，我期待着在这本书中揭开它的面纱。但有一天，我突然想到，也许我应该上网看看是否有人在网上提到罗素的想法。令我惊讶的是，我在那里发现了大量的博客帖子、评论线索、插图、电影剪辑和采访。恐龙人假说在网络空间中蓬勃发展。

　　在线材料基本上可以分为3类。第一类是对罗素的想法不加批判的报道，简单地重复他所写的内容，通常伴随着他所创作的图画或照片。

　　第二类围绕着罗素重建的外星形象展开。绿皮肤、有鳞、人形、有些奇怪的特征。这只恐龙看起来像一个外星科幻小说的缩影。而这反过来又导致了各种各样的古怪讨论，例如一个网站报道恐龙"进化成了一个类人物种[11]，最终形成了一种文化，在它们开始探索地外边界之后，它们就在亚特兰蒂斯般的灾难中消失了。某些不明飞行物可能是爬行动物文化幸存者的后代，它们从太空殖民地返回来，监测目前地球上的优势物种"。

在所有这些胡说八道中[12]，第三类来自一些古生物学家和恐龙爱好者，他们认真对待恐龙类人，批判这种假设，并提供相关的替代方案。这些作者提出了一个大家都熟悉的观点：最初不同的物种在面对相似的选择压力时不会采取相同的进化路线。

想想我们是如何到达我们现在的位置的。我们的近亲是猿、大猩猩、黑猩猩、猩猩和长臂猿。这些物种都没有尾巴。你可以深入研究一下我们的进化历史，直到大约 2 200 万年前，人类的人猿血统从旧世界的猴子那里分化出来。在失去尾巴之后，人类的祖先才开始用双腿行走。人类进化出一种完全直立的姿势来平衡人类身体之上的大脑袋，因为人类没有任何可以作为平衡物的后部附属器官。如果人类没有完全直立起来，人类将总是向前倾斜，以努力保持身体平衡。

现在想象一只鸽子在人行道上行走。它也是两足动物，但它的头是向前伸出的，身体是水平的，而不是垂直的。腿的位置像跷跷板的支点，位置刚好，这样鸽子的身躯既不会向前倾斜，又不会向后倒下。把那只鸽子按比例放大到大约 3 英尺高，把牙齿放进它的下巴，把翅膀换成手臂，再做一些其他的调整，你就得到了一只伤齿龙。

让我们假设自然选择有利于更大容量的大脑，因此需要更大的头部，像伤齿龙一样。对于没有尾巴的两足动物来说，直立姿势显然是最有效的。但是对于一个已经使用尾巴来平衡身体前端的物种来说，一条更简单的进化路线是制造一条更重的尾巴。

这并不是说戴尔·罗素的设想是不可能的——进化有可能是朝着这

个方向发展的。但是没有理由认为由无尾猿变成人类的模式会适用于具有不同解剖特征的不同始祖物种。

从这个角度出发，我们提出了恐龙的几种替代方案。尽管在细节上有所不同，但它们都有一个核心的相似之处：科幻小说里的爬行动物外星人的外貌已经过时了，取而代之的是一种身形巨大的、脑袋巨大的、像鸟一样的动物。它们用羽毛做装饰[13]，也许是用喙或手来操纵工具，这些聪明的恐龙后代像白鹭或乌鸦一样昂首阔步，身体水平于地面，尾巴保持着大脑袋的平衡。

图 41　恐龙类人的一种假想

没有人知道进化是否会沿着这条路走下去。但有一个结论似乎很清楚：如果恐龙幸存下来，那么它们的后代，即使是真正聪明的恐龙，也不一定与我们有任何相似之处。可能一只体形超级大的高智商的鸡看起来会和它们更相近。

最近我在电视节目中注意到一位非常神秘的特工。这位特工的行为在朗朗上口的节目主题曲中被称为"一个半水栖卵生哺乳动物的行动"。这名特工便是鸭嘴兽泰瑞侦探，它挫败了坏蛋们试图占领三州地区的阴谋。鸭嘴兽泰瑞挫败了作恶者在三州地区的统治。[①] 泰瑞戴着标志性的棕色软呢帽，有着橙色的喙和脚，是一个澳大利亚特工：迷人、机智，身怀柔术技能，拥有一个军械库，驾驶着一架飞行的鸭嘴兽战机。

不得不说，《飞哥与小佛》片中的主角接受了一些生物改造。毕竟，成年鸭嘴兽并没有牙齿，它们不会用两足行走，也不会发出叽叽喳喳、咆哮的声音，以点燃人类的激情。尽管如此，该节目还是得到了一代儿童对这一奇妙物种的认可，他们甚至称赞了鸭嘴兽的许多适应性特征，包括其厚实的皮毛、有力的尾巴、有蹼的脚，当然还有它的喙。事实上，由于鸭嘴兽是少数几种产卵的哺乳动物之一，所以它被称为"原始动物"，因此鸭嘴兽经常得不到应有的尊重。当我观看节目时，我开始意识到泰瑞应该为自己和它的同类感到骄傲。

这让我思考了佩里的犯罪斗争思想都有哪些。从我对泰瑞全部作品的有限观察来看，还不清楚他有多内省。但假设他确实花时间从反间谍活动中思考深层次的想法，其中一种反省可能是关于其他行星上类鸭嘴兽生命的合理性。为什么不呢？从泰瑞的观点来看，鸭嘴兽无疑是进化过程中的顶峰。对于一只善于沉思的鸭嘴兽来说，它自然会很想知道，他们在宇宙中是否是孤独的。

有些人可能会驳斥说这太荒谬。鸭嘴兽在进化的顶峰？它们脑袋小，而且语言匮乏。他们会吹毛求疵地说鸭嘴兽只是旁观者，只是沿着进化之路到达最远点的过客。毕竟，我们才是真的顶峰，因为我们有聪

---

① 这里并没有给出明确的定义，但三州地区显然在丹佛附近。

明的大脑，会利用工具，具备意识，等等。

但是，这种观点是高度人性化的。我们确实有自己的优点，别误会我。但同样地，鸭嘴兽也是如此。

我们来谈谈那个喙。粗看起来，鸭嘴兽的喙与鸭子十分相似，但是鸭嘴兽坚韧的喙上覆盖着数万个微小的传感组织。其中有 6 万个组织对外部的接触极其敏感，能够探测到鱼鳍拍打产生水压的变化。然而，还有 4 万个传感组织有着不同的功能。

鸭嘴兽寻找食物的方法一直是个谜。鸭嘴兽下水时，会闭上眼睛、耳朵和嘴巴。然而，尽管有感官上的缺乏，它还是能够捕捉并吃掉相当于自身一半重量的小龙虾。它确实花了一些时间用嘴在河床上扎根，就像鸭子那样，但这不是找到猎物的有效方法。一个细节来自鸭嘴兽在水中游泳的方式，它的头和喙不停地来回摆动。这些观察让澳大利亚博物学家哈里·伯雷尔[14]在 20 世纪初就假定鸭嘴兽一定存在某种"第六感"。

20 世纪 80 年代，一个由德国人和澳大利亚人组成的小组发现，鸭嘴兽可以找到"电池"目标，即使它藏在水池的底部也会发出微弱的电荷。进一步的研究证实，由于鸭嘴兽喙上的电感受器，鸭嘴兽能够通过猎物移动时产生的微小电荷精确定位食物。鸭嘴兽通过它们的触觉感受器，结合它们检测水流和其他运动的能力，从触觉和电刺激的角度[15]，基本上"看到"了外部世界。

因此鸭嘴兽的生活方式和我们的生活方式一样非同寻常。为什么类鸭嘴兽的生命就不能在其他地方出现呢？

不幸的是，在其他行星上发现类鸭嘴兽生命的情况和类人外星生命的情况一样不能令人信服。毕竟鸭嘴兽也是单独进化的动物，它只在澳大利亚进化。[①] 其他哺乳动物在其他大陆未能进化成类似于鸭嘴兽的生物，尽管它们的生存环境非常相似。这使得人们很难断言，鸭嘴兽的生活方式代表了对河流环境的最优适应形式，这是自然选择必须努力达到的目标。因此，尽管星系鸭嘴兽的概念听起来很棒，但我没有理由把它们放在我们所期望的外星人名单的首位。鸭嘴兽和人类一样[16]，被归入偶然性范畴，这也是一种只在一个地方进化而无参照物可寻的物种。

但是，即使进化没有产生鸭嘴兽的分身，泰瑞这个物种也可能是趋同进化王冠上的宝石，鸭嘴兽的各个部位都与其他生命有类似之处。早期的英国科学家认为这是一个骗局，一个用不同的野兽的特征巧妙地组合而成的混合物，谁又能责怪这一下想法呢？事实上，它确实如此：有鸭嘴，带蹼的脚，有水獭般浓密的水密毛皮[②]，以及有点儿像海狸的粗尾巴。甚至它的电接收能力与电鳗和其他鱼类、圭亚那海豚和一种蝾螈也有相似之处。虽然没有其他动物可以像鸭嘴兽一样在脚踝背面的空心刺中含有可注射的毒液，但这种结构与响尾蛇的尖牙非常相像：两者都是中空的管子，连接在毒液腺上，肌肉挤压腺体，将毒液推进尖牙的管腔中，然后注入目标。因此，鸭嘴兽是一个矛盾综合体，进化上表现独特，但又是趋同特征的组合体。

笼统地讲，鸭嘴兽并不孤单。我们人类也是一个进化单体，拥有许多在其他血统中独立进化的特征，这包括：

- 两足动物，这点类似于鸟类及其兽脚恐龙亲戚、袋鼠和跳跃啮齿动物等。

---

① 来自阿根廷的 6 000 万年前的臼齿表明，在南美曾经有远古的鸭嘴兽亲戚，这可能是两大洲之间远古冈瓦纳大陆连接的结果。

② 密度如此之高让鸭嘴兽可以在接近冰点的水中游泳，体温也几乎不会降低。

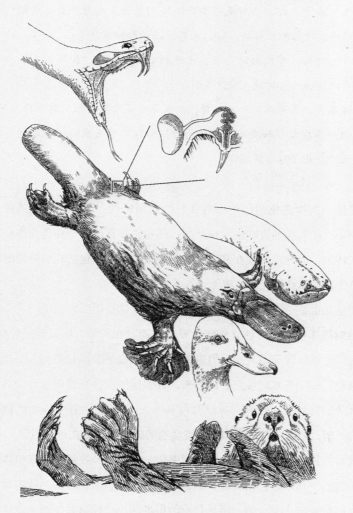

图 42　鸭嘴兽这个进化单体可以说是各部位趋同于其他物种的混合体

- 毛发减少是许多哺乳动物表现出来的一种特征，有些动物脱毛的程度甚至更大，特别是那些在温暖气候生活或有一层鲸脂的哺乳动物，包括鲸、河马、猪、大象、海豹和裸鼹鼠等。
- 对生拇指，与我们的灵长类近亲相似，但负鼠、树袋熊、一些啮齿动物和一些树蛙也有这类特征。
- 体形大，面部朝前，有双目，以及所有灵长类动物的其他特征等。但许多捕食性和夜间活动的物种，如猫、猫头鹰和亚洲鞭蛇也独立进化出了这些特征。

其他一次性进化的物种也有各自的趋同特性。例如，几维鸟的头发状羽毛，胡须像哺乳动物一样坚硬；还有许多其他特征在鸟类中是罕见或独特的，但通常出现在其他种类的脊椎动物中，包括充满骨髓的骨骼、鼻尖上的鼻孔和极好的嗅觉，等等。

变色龙也是一个典型。没有哪些生物能像这些尾巴可缠绕、舌头能弹射的蜥蜴那样，它们独立旋转的眼睛被固定在头部，脚趾相对排列，这样更适合抓住狭窄的表面。但这些特征中的每一个部分都与不同类型的动物趋同：一些蝾螈也会射出舌头，许多树栖物种有卷尾能力（例如一些猴子、食蚁兽、蜥蜴、负鼠和海马等），玉筋鱼也有尖塔状的独立移动的眼睛，还有一些鸟类和有袋类动物的脚趾排列形式也差不多。

没错，我们还是在"推销"趋同进化。我们已经找到了许多单体进化的实例——几维鸟、鸭嘴兽、变色龙，还有我们人类自己。从表面上看，我们是独特且唯一的，但是我们的很多部位已经与其他的生命体趋同进化了。

换句话说，在地球上的物种经常进化出类似的特征，以应对相似的环境。所以，即使类人或类鸭嘴兽的生命体不太可能在其他地方进化，也不能说外星人看起来完全陌生。一个外星生物甚至可能是混搭的、鸭嘴兽式的，身体很多不同部位都是从不同的地球居民那里"借"来的。

伟大的进化生物学家爱德华·威尔逊[17]最近推测了外星生物的生理学特性，他认为外星生物有能力发展出一种和我们一样先进的文明。根据我们对地球进化的了解，他的预测是：

- 陆生生命，因为技术的发展需要利用可运输的能源，比如火。
- 体形较大，因为高等智慧需要更大容积的大脑来处理神经交互过程。
- 交流过程依赖于视觉和听觉系统，因为这些是长距离传输信息时最有效的方式。
- 较大的头部位于躯体的前端。大尺寸的头部可以容纳更多的脑容量，而且当生命体向前移动时，感官可以探查周围的环境。
- 有获取猎物所需的颌骨和牙齿，但不能太大。一个物种发展先进文明所需的社会合作将确保捕获和防御猎物是通过合作手段和智慧完成的，而不是仅仅通过暴力。
- 有少量的四肢或其他附属器官，至少有一对柔软的指尖，便于敏感地触摸和操作。

尽管这些描述比戴尔·罗素的观点具体得多，但许多评论人士可能会提出同样的批评，即该设想仍然太狭隘，太受地球上实际发生的变化的制约。而威尔逊辩护称，这是他明确的出发点，他是从地球进化史中得出的推论。

但是，让我们把这些批评放在一边，并从表面上接受威尔逊的建

议，它们当然代表了对技术娴熟的外星物种样貌的合理预测。这些预测
并不是很严格。在这个框架中，外星物种可能是个两足动物，有 1 个大
脑袋，2 只眼睛，1 张小嘴，1 排小牙齿，上身有 1 对上肢分列两侧，圆
脑袋上有细密的毛发。或者它可以有 8 个连接的附属肢体，后面 6 个用
于移动，前面的两个在顶端有 7 个更精致的连接肢体，有 6 个巨大的碟
形开口来探测头上的声音，顶部有 1 个可旋转的柄状物，3 只巨大的眼
睛排列成三角形。换句话说，即使威尔逊以阶梯中心观看待外星进化，
其最终结果可能与地球上发生的情况非常相似，也可能完全不同，或是
部分结构与地球物种大致相同。

　　这就让我想到了一个更具广泛意义的问题。我们真的应该仔细地看
待地球上的生命来预测其他地方的情况吗？就我而言，我一点儿也不相
信地球上的生命已经完全揭示了生命在其他星球上存在的所有方式。

　　我们是否有理由认为，某种类似植物的有机体虽然不能移动，但是
会进化出肢体或者其他可以移动的方式？如果真的可以实现，它们难道
不需要一套神经系统以完成智力上的进化吗？

　　可谁说肢体是必要的？章鱼和乌贼通过喷射推进运动，将水从管腔
中喷射出，以推动自己向相反的方向运动。在某些大气中，这种移动方
式可能非常有效。

　　让我们回忆一下那些充满伯吉斯页岩的奇怪的生命形式。食肉动物
有 5 只眼睛，软管上有一只爪挂在前端，蠕虫状的软管在腿部，背上有
成排的刺，下面有一张嘴，像是漂浮的创可贴。这些动物确实存在。谁
能说像它们这样的生物不可能是其他星球上现代生态系统的始祖？如果
是这样，那么这些行星上的生命今天会是什么样子呢？

　　最后，我们知道进化不是随机的或偶然的。自然选择限制了物种的

进化方式，通常在面临相似的环境时限制它们以同样的方式适应。在某些情况下，对于环境所带来的问题，有生物的单一的最佳解决方案，而且在许多情况下，物种会反复获得这些最优方案。此外，相关物种在生物学的各个方面都有许多相似之处，它们的遗传相似性和发育方式尤为重要。这些相似之处也使它们的近亲倾向于遵循相同的进化过程。因此，趋同进化通常是有限数量的最优解和遗传发展的相似性，以及相同方向生态漏斗适应性的综合结果。

只不过，生物可能性的世界往往非常宏大，即使有来自自然选择、遗传学和发展的约束，进化上可实现的最终集束仍可能很大。因此，进化往往会走自己的路。当进化从不同的起始点开始，有不同的基因和发育系统时，这一点尤其正确。然而，即使是从同一个祖先开始，经历了相似的情况，结果也可能是不同的。进化有时会重复，但通常不会。

那么，我们能预测进化吗？从短期来看，在某种程度上是可以的。但是时间越长，始祖或环境的差异越大，我们成功预测的可能性就越小。类恐龙人？我不这么认为。鸭嘴兽泰瑞？可能也不会出现。人类注定会出现吗？也很难说。

如果在过去发生过无数不同的事件，智人可能就不会出现。我们并非注定会出现，也非恰巧能来到这里，幸运的是，一切就这么发生了。除了小行星，还有什么其他事件严重地影响了进化的进程？谁能想象得到过去一些微小的差别就可能会扼杀我们未来的存在？

也许存在着不同的历史序列，类人的分身可能已经进化出了大量的物种。也许在这个世界上有袋类动物，还有狐猴人、熊人、乌鸦人，甚至是蜥蜴人。想象一下联合国，每一个代表都有不同的进化血统。也许这就是一种可能的结果。

从几十亿年前生命起源的角度来看，任何特定的进化结果似乎都是不可能的。但是历史就是这样发生的，我们今天就在这里，数十亿年的自然选择和历史的偶然性结果，使生命走上了这条道路而不是另一条。我们幸运吗？是的。我们是命中注定的吗？不。所以，我们更应该充分利用我们进化过程中的种种好运。

致

谢

　　我非常感激在我写作本书的 3 年多时间里给予我各种帮助的朋友、同事及家人，是你们帮助我解决了一个又一个大大小小的难题。我尤其要感谢那些被我"苦苦纠缠"的人，正是由于他们耐心严格地审视，我的作品才不断得以完善。他们是：罗文·巴雷特、扎克·布朗特、弗莱·德科翰、蒂姆·库博、约翰·恩德勒、马克·约翰逊、利兹·凯森、克雷格·麦克莱恩、拉斯姆斯·马维格、保罗·雷恩、戴维·列兹尼克、多尔夫·史鲁特、罗伊·斯奈登、布鲁斯·塔巴什尼克、米歇尔·特拉维萨诺及纳什·特利。在这里还要感谢那些为我提供诸多信息、建议、帮助和答案的人们，他们是：埃尔德里奇·亚当斯、安拉格·阿加瓦尔、克里斯·哈姆林·安德鲁斯、斯宾塞·巴雷特、丹·布莱克本、克里斯·伯兰、安格斯·巴克林、莫莉·伯克、托德·坎贝尔、斯科特·卡罗、加里·卡瓦略、千叶佐治、董珂、米克·克劳利、斯图尔特·戴维斯、查克·戴维斯、道格·欧文、斯科特·爱德华兹、马哈·法哈特、查尔斯·福克斯、贡扎罗·吉利伯特、佩德罗·戈梅兹·洛佩兹、比利·古尔德、温迪·霍尔、克里斯·哈姆林、马歇尔·海丁、安德鲁·亨得利、戴维·希里斯、霍比·胡克斯特拉、尼娜·亚布隆斯基、乔治·约翰逊、里奥·约瑟夫、贝特·卡卡、里克·兰考、塔米利·伯曼、艾德里安·李斯特、蒂姆·洛、罗哲西、安迪·唐纳德、布鲁·马格鲁德、乔丹·马龙、格雷·戈迈耶、阿克塞尔·迈耶、马克·莫菲特、洛丽塔·奥布莱恩、马克·奥尔松、斯特林·奈斯比特、米克·鲍尔默、多尔夫·皮卡德、格里高利·普利贝、彼特·雷文、黛安娜·伦尼森、罗伯特·里克勒夫、莎拉·鲁恩、埃里克·鲁宾、多夫·塞克斯、汤姆·舍纳、菲尔·瑟维斯、苏珊·辛格、罗素·斯莱特、莫顿·索默、戴维·斯皮勒、乔纳森·斯托基、约埃尔·斯图尔特、道格·斯旺、塔里尼娜·塔尔尼塔、亨瑞克·特奥托尼奥、埃尔达尔·托普拉克、肯·韦伯及安德鲁·怀特黑德。此外，我在社交网站上发布了许多案例，并收到了大量热心网友的建议，感谢所有的回复者。感谢哈佛大学恩斯特梅尔图书馆和华盛顿大学奥林图书馆的图书馆工作人员，诸如罗尼·布罗德富特、康尼·里纳尔多、多萝西·巴尔、玛丽·西尔斯等人帮助我查找难以找到的参考文献。同时也要感谢贾里德·休斯提供的各种帮助。最需要感谢的是那些阅读多个章节的草稿甚至整本书的人。谢谢你们，艾伦·巴克、弗兰克·格雷迪、哈里·格林、温迪·霍尔、安比卡·卡马特、安迪·诺尔、卡洛琳·洛斯、约瑟夫·洛西斯、安·曼德尔斯塔姆、马克·曼格尔、欧文·夏皮罗、迈克·惠特洛克。同样感谢戴维·列兹尼克和科迪·莱恩为我到访特立尼达提供了便利。

尼尔·舒宾、丹·利伯曼、尼古拉斯·达维多夫及道格·艾伦为本书的写作提供了宝贵的建议。我的文学经纪人马克斯·布鲁克曼也做了大量的协助工作，我的编辑考特尼·杨将我的作品不断地修改完善。还要感谢凯文·墨菲、亚历山大·吉伦、玛莎·卡梅伦、乔尔·布鲁克兰德，以及河源出版社的团队帮助我把手稿整理成书。道格·塔斯和艾米·丽哈林顿为插画项目打下了良好的基础，马林·彼得森的插画在短时间内完成得非常出色。

　　最后，感谢我的父母卡罗琳和约瑟夫·洛索斯，感谢他们在我的一生中对我无悔的支持，特别要感谢他们对这个项目饱含的热情。感谢我亲爱的妻子梅丽莎，她以各种不同的方式提供建议和帮助，当我谈及所了解到的最新情况时，她从不觉得无聊。感谢他们在整个写作过程中对我的理解和宽容。

马林是一个插图画家，他对乒乓球和一切动物学都有着非同一般的激情。他热爱新生代的动物，知道蛛形纲动物没有得到应有的尊重。他是韦纳奇谷学院的艺术讲师，他在那里教授诸如绘制地质学和科学插图等课程。在这些工作之外，他还是一个自由职业者，绘制错视壁画。他精通多种形式的传统媒体和数字媒体，并能找到办法涉足其中。可以通过访问他的个人网站 marlinpeterson.com 获取更多的信息。

本书的主题涉猎宽泛，因此为其配图令人兴奋。马林非常喜欢研究他为这本书绘制的许多动物。也要感谢乔纳森对细节的敏锐观察、对内容的反馈意见，以及为本书描画的宏大远景。

感激之情无以言表，谨以深爱呈奉克里斯汀和切斯。

在本节中，我提供了一些参考资料和其他信息。这些参考资料并不一定详尽。但是对于许多主题，我提供了一两篇论文，为深入主题研究提供了一个切入点。本书中讨论的许多例子，例如孔雀鱼、安乐蜥、斑点蛾的进化，以及里奇·伦斯基的长期进化实验在互联网上都进行了详细讨论。我还提供了本书中讨论的具体科学论文的参考资料，以及直接引用的论文。

引言　恐龙当家

1　E. Tschopp, O. Mateus, and R. B. J. Benson. 2015. A specimen-level phylogenetic analysis and taxonomic revision of Diplodocidae (Di-nosauria, Sauropoda). *Peer J* 3: e857.

2　p. 222 in S. Conway Morris. 2003. *Life's Solution: Inevitable Humans in a Lonely Universe.* Cambridge, UK: Cambridge University Press.

3　D. A. Russell and R. Séguin. 1982. Reconstructions of the small Cretaceous theropod *Stenonychosaurus inequalis* and a hypothetical dinosauroid. *Syllogeus* 37: 1–43.

4　"My Pet Dinosaur," an episode on the BBC show *Horizons*, which aired March 13, 2007. https://www.youtube.com/watch?v= rmaLa_6o_Qg.

5　D. Overbye. 2013. Far-off planets like the Earth dot the Galaxy, *New York Times*, November 4, 2013; Proximate goals, *Economist*, August 27, 2016, A1.

6　p. 457 in R. Bieri. 1964. Huminoids on other planets? *American Scientist* 52: 452–458.

7　pp. 272–273 in D. Grinspoon.

2003. *Lonely Planets: The Natural Philosophy of Alien Life.* New York: HarperCollins.

8   p. 328 in Conway Morris. 2003. *Life's Solution* (see Introduction, n. 5).

9   C. G. Sibley and J. E. Ahlquist. 1990. *Phylogeny and Classification of Birds: A Study in Molecular Evolution.* New Haven, CT: Yale University Press; F. K. Barker et al. 2004. Phylogeny and diversification of the largest avian radiation. *Proceedings of the National Academy of Sciences of the United States of America* 101: 11040–11045.

10 p. 272 in G. McGhee. 2011. *Convergent Evolution: Limited Forms Most Beautiful.* Cambridge, MA: MIT Press.

11 P. Gallagher. 2015. Forget little green men—aliens will look like humans, says Cambridge University evolution expert. *The Independent,* July 1, 2015, http://www.independent.co.uk/news/science/ forget-little-green-men-aliens-will-look- like-humans-says-cambridge-university- evolution-expert-10358164.html.

12 p. 289 in S. J. Gould. 1989. *Wonderful Life: The Burgess Shale and the Nature of History.* New York: W. W. Norton.

13 S. Conway Morris and S. J. Gould. 1998. Showdown on the Burgess Shale. *Natural History:* 107(10): 48–55.

14 M. Henneberg, K. M. Lambert, and C. M. Leigh. 1997. Fingerprint homoplasy: koalas and humans. *Natural Science* 1: 4.

第一章 趋同进化

1   K. D. B. Ukuwela et al. 2013. Molecular evidence that the deadliest sea snake *Enhydrina schistosa* (Elapidae: Hydrophiinae) consists of two convergent species. *Molecular Phylogenetics and Evolution* 66: 262–269.

2   F. Denoeud et al. 2014. The coffee genome provides insight into the convergent evolution of caffeine biosynthesis. *Science* 345: 1181–1184.

3   D. H. Erwin. 2016. *Wonderful Life* revisited: chance and contingency in the Ediacaran-Cambrian radiation. Pp. 277–298 in G. Ramsey and C. H. Pence, eds., *Chance in Evolution.* Chicago: University of Chicago Press.

4   Both quotes from p. 572 in S. Conway Morris. 1985. The Middle Cambrian metazoan *Wiwaxia corrugata* (Matthew) from the Burgess Shale and *Ogygopsis* Shale, British Columbia, Canada. *Philosophical Transactions of the Royal Society of London B* 307: 507–582.

5   Erwin, *Wonderful Life* revisited, 277–298 (see Chapter One, n. 38).

6   Technically, this analysis was restricted to arthropods, which are the invertebrates with jointed legs, such as spiders, lobsters, and insects. Many—but not all—of the most interesting Burgess Shale species are arthropods. D. E. G. Briggs, R. A. Fortey, and M. A. Wills. 1992. Morphological disparity in the Cambrian. *Science* 256: 1670–1673; M.

Foote and S. J. Gould. 1992. Cambrian and recent morphological disparity. *Science* 258: 1816.

7　P. Bowler. 1998. Cambrian conflict: crucible an assault on Gould's Burgess Shale interpretation. *American Scientist* 86: 472–475.

8　R. Fortey. 1998. Shock Lobsters. *London Review of Books*, October 1, 1998, 24–25.

9　These thoughts appeared in Conway Morris' review of Gould's *Bully for Brontosaurus*. S. Conway Morris. 1991. Rerunning the tape. *Times Literary Supplement* 4628 (London), December 13, 1991: 6.

10　Gallagher. Forget little green men (see Introduction, n. 15).

11　Ibid.

12　D. G. Blackburn and A. F. Fleming. 2012. Invasive implantation and intimate placental associations in a placentotrophic African lizard, *Trachylepis ivensi* (Scincidae). *Journal of Morphology* 273: 137–159.

13　S. Conway Morris. 2014. *The Runes of Evolution: How the Universe Became Self-Aware*. West Conshohocken, PA: Templeton Press.

14　For more on skin-color evolution, see N. G. Jablonshi. 2012. *Living Color: The Biological and Social Meaning of Skin Color*. Berkeley: University of California Press.

15　Got lactase? *Understanding Evolution*, April 2007, http://evolution.berkeley.edu/evolibrary/news/070401_lactose.

第二章　复制的爬行动物

1　For more information on anoles, see my previous book: J. B. Losos. 2009. *Lizards in an Evolutionary Tree: Ecology and Adaptive Radiation of Anoles*. Berkeley: University of California Press.

2　S. Reinberg. 2008. Gecko's stickiness inspires new surgical bandage. *Washington Post*, February 19, 2008, http://www.washingtonpost.com/wp-dyn/content/article/2008/02/19/AR2008021901653.html.

3　For example: J. A. Coyne and H. A. Orr. 2004. *Speciation*. Sunderland, MA: Sinauer Associates; P. A. Nosil. 2012. *Ecological Speciation*. Oxford, UK: Oxford University Press.

4　J. B. Losos. 2010. Adaptive radiation, ecological opportunity, and evolutionary determinism. *American Naturalist* 175: 623–639.

5　S. Chiba. 2004. Ecological and morphological patterns in communities of land snails of the genus *Mandarina* from the Bonin Islands. *Journal of Evolutionary Biology* 17: 131–143.

6　M. Ruedi and F. Mayer. 2001. Molecular systematics of bats of the genus *Myotis* (Vespertilionidae) suggests deterministic ecomorphological convergences. *Molecular Phylogenetics and Evolution* 21: 436–448.

7　F. Bossuyt and M. C. Milinkovitch. 2000. Convergent adaptive radiations in Madagascan and Asian ranid frogs reveal covariation between larval and adult traits. *Proceedings of the National Academy of Sciences of the United States of America* 97: 6585–6590.

8   S. Reddy et al. 2012. Diversification and the adaptive radiation of the vangas of Madagascar. *Proceedings of the Royal Society of London B* 279: 2062–71.

9   For more information on island evolution, see: S. Carlquist. 1965. *Island Life: A Natural History of the Islands of the World.* Garden City, NJ: Natural History Press; R. J. Whittaker and J. M. Fernández-Palacios. 2007. *Island Biogeography: Ecology, Evolution, and Conservation,* 2nd. ed. Oxford, UK: Oxford University Press.

10 Ibid.

11 A. S. Wilkins, R. W. Wrangham and W. T. Fitch. 2014. The "domestication syndrome" in mammals: a unified explanation based on neural crest cell behavior and genetics. *Genetics* 197: 795–808.

12 L. Trut, I. Oskina, and A. Kharlamova. 2009. Animal evolution during domestication: the domesticated fox as a model. *BioEssays* 31: 349–360; L. A. Dugatkin and L. Trut. 2017. *How to Tame a Fox (and Build a Dog): Visionary Scientists and a Siberian Tale of Jump-Started Evolution.* Chicago, IL: University of Chicago Press.

第三章　进化的怪癖

1   p. 4 in J. Diamond. 1990. New Zealand as an archipelago: an international perspective. Pp. 3–8 in D. R. Towns, C. H. Daugherty, and I. A. E. Atkinson, eds., *Ecological Restoration of New Zealand Islands.* Wellington, NZ: New Zealand Department of Conservation.

2   p. 208 in Carlquist, *Island Life* (see Chapter Two, n. 73).

3   F. Jacob. 1977. Evolution and Tinkering. *Science* 196: 1161–1166.

4   T. J. Ord and T. C. Summers. 2015. Repeated evolution and the impact of evolutionary history on adaptation. *BMC Evolutionary Biology* 15: 137.

5   For more on sticklebacks and their evolution, see D. Schluter and J. D. McPhail. 1992. Ecological character displacement and speciation in sticklebacks. *American Naturalist* 140: 85–108; D. Schluter. 2010. Resource competition and coevolution in sticklebacks. *Evolution Education and Outreach* 3: 54–61; A. P. Hendry et al. 2013. Stickleback research: the now and the next. *Evolutionary Ecology Research* 15: 111–141.

6   D. B. Wake. 1991. Homoplasy—the result of natural selection, or evidence of design limitations? *American Naturalist* 138: 543–567.

7   How to study the role of natural selection in adaptation and evolutionary convergence is discussed in A. Larson and J. B. Losos. 1996. Phylogenetic systematics of adaptation. Pp. 187–220 in M. R. Rose and G. V. Lauder, eds. *Adaptation.* San Diego: Academic Press, 187–220; and in K. Autumn, M. J. Ryan and D. B. Wake.

2002. Integrating historical and mechanistic biology enhances the study of adaptation. *Quarterly Review of Biology* 77: 383–408.

8　Quoted in N. St. Fleur. 2016. Armed and dangerous: T-rex not the only dinosaur short-arming it. *New York Times*, July 19, 2016: D2.

第四章　并不缓慢的进化变革

1　H. B. D. Kettlewell. 1973. *The Evolution of Melanism: The Study of a Recurring Necessity with Special Reference to Industrial Melanism in the Lepidoptera.* Oxford, UK: Oxford University Press.

2　L. M. Cook et al. 2012. Selective bird predation on the peppered moth: the last experiment of Michael Majerus. *Biology Letters,* February 8, 2012, DOI: 10.1098/rsbl.2011.1136.

3　P. R. Grant and B. R. Grant. 1995. *40 Years of Evolution: Darwin's Finches on Daphne Major Island.* Princeton, NJ: Princeton University Press; J. Weiner. 1995. *The Beak of the Finch: A Story of Evolution in Our Time.* New York: Vintage Books.

4　S. J. Gould. 2002. *The Structure of Evolutionary Theory.* Cambridge, MA: Harvard University Press.

第五章　缤纷的特立尼达

1　The following references provide a good entrée to the more than half a century of research on Trinidadian guppies: C. P. Haskins et al. 1961. Polymorphism and population structure in *Lebistes reticulatus,* an ecological study. Pp. 320–394 in W. F. Blair, ed., *Vertebrate Speciation.* Austin: University of Texas Press; J. A. Endler. 1980. Natural selection on color patterns in *Poecilia reticulata. Evolution* 34: 76–91; D. Reznick and J. A. Endler. 1982. The impact of predation on life history evolution in Trinidadian guppies (*Poecilia reticulata*). *Evolution* 36: 160–177; D. Reznick. 2009. Guppies and the empirical study of adaptation. Pp. 205–232 in J. B. Losos, ed., *In the Light of Evolution: Essays from the Laboratory and Field.* Greenwood Village, CO: Roberts & Co; A. E. Magurran. 2005. *Evolutionary Ecology: The Trinidadian Guppy.* Oxford, UK: Oxford University Press; N. Karim et al. 2007. This is not déjà vu all over again: male guppy colour in a new experimental introduction. *Journal of Evolutionary Biology* 20: 1339–1350; D. J. Kemp et al. 2009. Predicting the direction of ornament evolution in Trinidadian guppies (*Poecilia reticulata*). *Proceedings of the Royal Society of London B* 276: 4335–4343.

2　C. Baranauckas. 2001. Caryl Haskins, 93, ant expert and authority in many fields. *New York Times,* October 13, 2001.

3　Magurran, *Evolutionary Ecology* (see Chapter Five, n. 126).

4　John Endler provided many details

about his development as a scientist and the guppy project in an email conversation March 16–June 8, 2015.

5 J. A. Endler. 1977. *Geographic Variation, Speciation, and Clines.* Princeton, NJ: Princeton University Press.

6 p. 77 in J. A. Endler. 1980. Natural selection on color patterns in *Poecilia reticulata*. *Evolution* 34: 76–91.

7 David Reznick repeatedly answered questions about his development as a scientist and the guppy project in many emails, March 21, 2015–November 16, 2016.

8 但红色和黑色斑点的尺寸：请注意，在本文中（D. J. 坎普等人，在本章第一个尾注中曾提到），这些斑点被称为"橙色"，但它们对应于恩德勒在其原始研究中称为"红色"的斑点，因此我在这里将它们称为红色。与恩德勒的研究不同的是，这项研究还将蓝色和彩虹色斑点集中在了一起。

9 在这种观点下，我们可以说：一个不同的研究小组在列兹尼克的另一篇介绍中比较了颜色的进化，但没有找到任何关于颜色变异的证据。然而，这项研究并没有使用动物视觉专家在 2005 年进行的列兹尼克和恩德勒研究中提出的最先进的颜色分析。此外，在随后的一项研究中，另一组也未能检测到列兹尼克和恩德勒团队所发现的差异，这表明另一组的方法至少不能检测到某些类型的颜色变异（特别是增加的彩虹色）。另一组的作者在他们的论文中为他们采取的方法提供了一些辩护理由，反驳了在审查过程中

提出的批评。在这一点上，我们很难知道如何看待他们的研究结果。很明显，应该用最合适的方法进一步检查其他关于孔雀鱼的介绍。

10 S. O'Steen, A. J. Cullum, and A. F. Bennett. 2002. Rapid evolution of escape ability in Trinidadian guppies (*Poecilia reticulata*). *Evolution* 56: 776–784.

第六章　失落的蜥蜴

1 My book summarizes experimental work on Bahamian anoles through 2009: J. B. Losos. 2009. *Lizards in an Evolutionary Tree.* (see Ch. Two, n. 58). The key papers are: T. W. Schoener and A. Schoener. 1983. The time to extinction of a colonizing propagule of lizards increases with island area. *Nature* 302: 332–334; J. B. Losos, T. W. Schoener, and D. A. Spiller. 2004. Predatorinduced behaviour shifts and natural selection in field-experimental lizard populations. *Nature* 432: 505–508; J. B. Losos et al. 2006. Rapid temporal reversal in predator-driven natural selection. *Science* 314: 1111; J. J. Kolbe et al. 2012. Founder effects persist despite adaptive differentiation: a field experiment with lizards. *Science* 335: 1086–1089.

第七章　从肥料到现代科学

1 170 多年：要确定什么是世界上持续时间最长的实验并不容易。许多网上的消息来源提到了一个观察焦

油通过漏斗下落的实验，但这项研究仅能追溯到 20 世纪 20 年代。通过网上搜索，我找不到比洛桑研究更早的正在进行的实验了。有报道称，从 1840 年开始，就是在洛桑实验开始之前，一座电池供电的钟就开始工作了。但我不清楚观察这座钟是否构成了一个实验。

2 For an overview of Rothamsted, the Park Grass Experiment, and Roy Snaydon's experiments, these references are a good starting point: J. Silvertown. 2005. *Demons in Eden: The Paradox of Plant Diversity*. Chicago: University of Chicago Press; J. Silvertown et al. 2006. The Park Grass Experiment 1856–2006: its contribution to ecology. *Journal of Ecology* 94: 801–814; J. Storkey et al. 2016. The unique contribution of Rothamsted to ecological research at large temporal scales. *Advances in Ecological Research* 55: 3–42; R. W. Snaydon. 1970. Rapid population differentiation in a mosaic environment. I. The response of *Anthoxanthum odoratum* populations to soils. *Evolution* 24: 257–269; R. W. Snaydon and M. S. Davies. 1972. Rapid population differentiation in a mosaic environment. II. Morphological variation in *Anthoxanthum odoratum*. *Evolution* 26: 390–405; S. Y. Strauss et al. 2007. Evolution in ecological field experiments: implications for effect size. *Ecology Letters* 11: 199–207. My description of this work draws on conversations with Roy Snaydon (June 4–27, 2015), Stuart Davies (May 27, 2015), Jonathan Silvertown (May 19–29, 2015), and Jonathan Storkey (June 2, 2015).

3 p. 43 in J. B. Lawes and J. H. Gilbert. 1859. *Report of Experiments with Different Manures on Permanent Meadow Land*. London: Clowes and Sons.

4 The description of the plots, especially number 3, is based on J. Silvertown. *Demons in Eden* (see Chapter Seven, note 181). Additional information came from personal communication with Jonathan Storkey (June 2, 2015) and from M. J. Crawley et al. 2005. Determinants of species richness in the Park Grass Experiment. *American Naturalist* 165: 179–192.

5 The following papers provide an entrée to the Silwood Park rabbit experiments: M. J. Crawley. 1990. Rabbit grazing, plant competition and seedling recruitment in acid grassland. *Journal of Applied Ecology* 27: 803–820; J. Olofsson, C. De Mazancourt, and M. J. Crawley. 2007. Contrasting effects of rabbit exclusion on nutrient availability and primary production in grasslands at different time scales. *Oecologia* 150 : 582–589; N. E. Turley et al. 2013. Contemporary evolution of plant growth rate following experimental removal of herbivores. *American Naturalist* 181: S21–S34; T. J. Didiano et al. 2014. Experimental test of plant defence evolution in four species using long-term rabbit exclosures. *Journal of Ecology* 102:

584–594. Many of the details of these experiments were explained to me in conversations with Marc Johnson (May 29–December 10, 2015), Mick Crawley (May 29–30, 2015), and Nash Turley (May 17–29, 2015).

6　A. A. Agrawal et al. 2012. Insect herbivores drive real-time ecological and evolutionary change in plant populations. *Science* 338: 113–116.

7　T. Bataillon et al. 2016. A replicated climate change field experiment reveals rapid evolutionary response in an ecologically important soil invertebrate. *Global Change Biology* 22: 2370–2379; V. Soria-Carrascal et al. 2014. Stick insect genomes reveal natural selection's role in parallel speciation. *Science* 344: 738–742.

第八章　池塘和沙盒中的进化

1　My description of the development of the stickleback experimental evolution research program is based primarily on conversations with Dolph Schluter (June 12, 2015–September 23, 2016), but also with Rowan Barrett (March 4, 2015–July 12, 2016) and Diana Rennison (September 23–November 11, 2016).

2　D. Schluter, T. D. Price, and P. R. Grant. 1985. Ecological character displacement in Darwin's finches. *Science* 227: 1056–1059.

3　R. D. H. Barrett, S. M. Rogers, and D. Schluter. 2008. Natural selection on a major armor gene in threespine stickleback. *Science* 322: 255–257; R. D. H. Barrett et al. 2011. Rapid evolution of cold tolerance in stickleback. *Proceedings of the Royal Society of London B* 278: 233–238.

4　P. F. Colosimo et al. 2005. Widespread parallel evolution in sticklebacks by repeated fixation of *Ectodysplasin* alleles. *Science* 307: 1928–1933.

5　D. J. Rennison 2016. Detecting the drivers of divergence: identifying and estimating natural selection in threespine stickleback. Ph.D. dissertation, University of British Columbia.

6　L. R. Dice. 1947. Effectiveness of selection by owls of deermice (*Peromyscus maniculatus*) which contrast in color with their background. *Contributions from the Laboratory of Vertebrate Biology* 34: 1–20.

7　C. R. Linnen et al. 2009. On the origin and spread of an adaptive allele in deer mice. *Science* 325: 1095–1098.

8　My description of the Sandhills deer mouse project is based on extensive conversations with Rowan Barrett, June 5, 2015–July 12, 2016.

第九章　"重放磁带"

1　Lenski's experiments are well chronicled and it is easy to find popular articles on them online or in magazines, such as T. Appenzeller.

1999. Test tube evolution catches time in a bottle. *Science* 284: 2108; E. Pennissi. 2013. The man who bottled evolution. *Science* 342: 790–793. Lenski has summarized the results of the work himself on his blog *Telliamed Revisited* (December 29, 2013, https://telliamedrevisited. wordpress.com/2013/12/29/what-weve- learned-about-evolution-from-the-ltee- number-5/6). I learned of many of the details of this research program and the personal histories of many involved thanks to a visit to the Lenski Lab (October 2–3, 2014) and to extensive correspondence with Zack Blount (December 20, 2014– November 6, 2016), as well as muchcommunication with Rich Lenski (August 17–27, 2015), Tim Cooper (January 24–27, 2015), and Chris Borland (February 18–23, 2015).

2　R. E. Lenski and M. Travisano. 1994. Dynamics of adaptation and diversification: a 10,000-generation experiment with bacterial populations. *Proceedings of the National Academy of Sciences of the United States of America* 91: 6808–6814.

3　p. 240 in R. E. Lenski. 2004. Phenotypic and genomic evolution during a 20,000-generation experiment with the bacterium *Escherichia coli. Plant Breeding Reviews* 24, pt. 2: 225–265.

4　p. 32 in R. E. Lenski. 2011. Evolution in action: a 50,000-generation salute to Charles Darwin. *Microbe* 6: 30–33.

5　和伦斯基一样，保罗·雷尼：与保

罗·雷尼的电子邮件对话（2015 年 2 月 15 日至 2015 年 3 月 17 日）提供了他的背景和荧光假单胞菌研究项目的详细情况。

6　P. B. Rainey and M. Travisano. 1998. Adaptive radiation in a heterogeneous environment. *Nature* 394: 69–72.

7　W. C. Ratcliff et al. 2012. Experimental evolution of multicellularity. *Proceedings of the National Academy of Sciences of the United States of America* 109: 1595–1600.

8　O. Tenaillon et al. 2012. The molecular diversity of adaptive convergence. *Science* 335: 457–461.

第十章　烧瓶中的突破

1　Zack Blount, personal communication, March 13, 2015.

2　C. Zimmer. 2012. The birth of the new, the rewiring of the old. *The Loom*, September 19, 2012, http://blogs.discovermagazine.com/loom/2012/09/19/the-birth-of-the-new- the-rewiring-of-the-old/#. WCO6JeErJjs.

3　p. 48 in Gould, *Wonderful Life* (see Introduction; n. 17).

4　Rich Lenski, personal communication, August 17, 2015.

5　Z. D. Blount, C. Z. Borland, and R. E. Lenski. 2008. Historical contingency and the evolution of a key innovation in an experimental population of *Escherichia coli. Proceedings of the National Academy of Sciences of the*

United States of America 105: 7899–7906.

6　Z. D. Blount et al. 2012. Genomic analysis of a key innovation in an experimental *Escherichia coli* population. *Nature* 489: 513–518.

7　E. M. Quandt et al. 2015. Fine-tuning citrate synthase flux potentiates and refines metabolic innovation in the Lenski evolution experiment. *eLife* 4: e09696.

8　J. Dennehy. 2008. This week's citation classic: the fluctuation test. *The Evilutionary Biologist*, July 9, 2008, http://evilutionarybiologist.blogspot. com/2008/07/this- weeks-citation-classic-fluctuation.html.

9　P. A. Lind, A. D. Farr, and P. B. Rainey. 2015. Experimental evolution reveals hidden diversity in evolutionary pathways. *eLife* 4: e07074.

10　M. L. Friesen et al. 2004. Experimental evidence for sympatric ecological diversification due to frequency-dependent competition in *Escherichia coli*. *Evolution* 58: 245–260.

11　D. S. Wilson. 2016. Evolutionary biology's master craftsman: an interview with Richard Lenski. *This View of Life,* May 30, 2016, https://evolutioninstitute .org/article/evolutionary-biologys-master-craftsman-an-interview-with-richard-lenski/.

第十一章　点滴改变和醉酒的果蝇

1　p. 48 in Gould, *Wonderful Life* (see Introduction; n. 17).

2　Ibid., p. 287.

3　Ibid., p. 289.

4　Ibid., p. 283.

5　Ibid., p. 51.

6　J. Maynard Smith. 1992. Taking a chance on evolution. *New York Review of Books,* May 14, 1992.

7　Fred Cohan kindly detailed the backstory for this project in a series of emails February 19, 2015– November 6, 2016.

8　F. M. Cohan and A. A. Hoffman. 1986. Genetic divergence under uniform selection. II. Different responses to selection for knockdown resistance to ethanol among *Drosophila melanogaster* populations and their replicate lines. *Genetics* 114: 145–163.

9　A. Spor et al. 2014. Phenotypic and genotypic convergences are influenced by historical contingency and environment in yeast. *Evolution* 68: 772–790.

10　R. E. Lenski et al. 1991. Long-term experimental evolution in *Escherichia coli*. I. Adaptation and divergence during 2,000 generations. *American Naturalist* 138: 1315–1341.

11　M. Travisano et al. 1995. Experimental tests of the roles of adaptation, chance, and history in evolution. *Science* 267: 87–90.

12　J. Beatty. 2006. Replaying life's tape. *Journal of Philosophy* 103: 336–362.

13　Surprisingly, so far no one has written a comprehensive review of such studies. The closest to date are V. Orgogozo. 2015. Replaying the tape of life in the twenty-first century. *Interface Focus* 5: 20150057, and a book chapter written by Zack Blount that focuses on experiments with microbes and provides a nice overview of the LTEE: Z. B. Blount. 2016. History's windings in a flask: microbial experiments into evolutionary contingency. Pp. 244–263 in G. Ramsey and C. H. Pence, eds., *Chance in Evolution*. Chicago: University of Chicago Press.

第十二章　人类环境

1　A. Wong, N. Rodrigue, and R. Kassen. 2012. Genomics of adaptation during experimental evolution of the opportunistic pathogen *Pseudomonas aeruginosa*. *PLoS Genetics* 8: e1002928.

2　R. L. Marvig et al. 2014. Convergent evolution and adaptation of *Pseudomonas aeruginosa* within patients with cystic fibrosis. *Nature Genetics* 47: 57–64.

3　Some of the precise details here and earlier were provided by Rasmus Marvig, personal communication, July 17, 2015 and May 22, 2016.

4　T. D. Lieberman et al. 2011. Parallel bacterial evolution within multiple patients identifies candidate pathogenicity genes. *Nature Genetics* 43: 1275–1280.

5　M. R. Farhat et al. 2013. Genomic analysis identifies targets of convergent positive selection in drug-resistant *Mycobacterium tuberculosis*. *Nature Genetics* 45: 1183–1189.

6　p. 243 in A. C. Palmer and R. Kishony. 2013. Understanding, predicting and manipulating the genotypic evolution of antibiotic resistance. *Nature Reviews Genetics* 14: 243–248.

7　E. Toprak et al. 2012. Evolutionary paths to antibiotic resistance under dynamically sustained drug selection. *Nature Genetics* 44: 101–106.

8　表型差异和趋异情况：Y. 斯图尔特等人。环境和遗传学的对比效应产生了一个可预测的平行进化闭联集。《自然生态与进化》出版。

9　A. E. Lobkovsky and E. V. Koonin. 2012. Replaying the tape of life: quantification of the predictability of evolution. *Frontiers in Genetics* 3(246): 1–8.

10　p. 484 in J. A. G. M. de Visser and J. Krug. 2014. Empirical fitness landscapes and the predictability of evolution. *Nature Reviews Genetics* 15: 480–490.

11　H. Jacquier et al. 2013. Capturing the mutational landscape of the beta-lactamase TEM-1. *Proceedings of the National Academy of Sciences of the United States of America* 110: 13067–13072.

12　p. 113 in D. M. Weinreich et al. 2006. Darwinian evolution can follow only very few mutational paths to fitter proteins. *Science* 312: 111–114.

13　M. L. M. Salverda et al. 2011. Initial mutations direct alternative pathways of protein evolution. *PLoS Genetics* 7: e1001321.

14 N. Liu. 2015. Insecticide resistance in mosquitoes: impact, mechanisms, and research directions. *Annual Review of Entomology* 60: 537–559.

15 R. H. ffrench-Constant. 2013. The molecular genetics of insecticide resistance. *Genetics* 194: 807–815; F. D. Rinkevich, Y. Du, and K. Dong. 2014. Diversity and convergence of sodium channel mutations involved in resistance to pyrethroids. *Pesticide Biochemistry and Physiology* 106: 93–100.

16 B. E. Tabashnik, T. Brévault, and Y. Carrière. 2013. Insect resistance to Bt crops: lessons from the first billion acres. *Nature Biotechnology* 31: 510–521. In addition, Bruce Tabashnik provided some updated figures (personal communication, October 13, 2016).

17 Y. Wu. 2014. Detection and mechanisms of resistance evolved in insects to Cry toxins from *Bacillus thuringiensis*. *Advances in Insect Physiology* 47: 297–342.

18 B. Tabashnik. 2015. ABCs of insect resistance to Bt. *PLoS Genetics* 11: e1005646.

19 N. M. Reid et al. 2016. The genomic landscape of rapid repeated evolutionary adaptation to toxic pollution in wild fish. *Science* 354: 1305-1308.

20 A good place to start on this topic are two reviews: F. W. Allendorf and J. J. Hard. 2009. Humaninduced evolution caused by unnatural selection through harvest of wild animals. *Proceedings of the National Academy of Sciences of the United States of America* 106: 9987–9994; M. Heino, B. Díaz Pauli, and U. Dieckmann. 2015. Fisheries-induced evolution. *Annual Review of Ecology, Evolution and Systematics* 46: 461–480.

21 Allendorf and Hard. Human-induced evolution (see Chapter Twelve, note 307), 9987– 9994; Doug Swain (personal communication, October 11 and October 25, 2016) and Loretta O'Brien (personal communication, October 24, 2016).

结论

1   See M. Wilhelm and D. Mahison. 2009. *James Cameron's Avatar: An Activist Survival Guide.* New York: HarperCollins; Pandorapedia: the official field guide. https://www.pandorapedia.com/pandora_url/dictionary.html; *Pandora Discovered*, a four-minute film narrated by Sigourney Weaver, is very instructive as well, https://www.youtube.com/watch?v=GBGDmin_38E#t=93.

2   p. 566 in S. Conway Morris. 2011. Predicting what extra-terrestrials will be like: and preparing for the worst. *Philosophical Transactions of the Royal Society A* 369: 555–571.

3   p. 29 in C. Sagan. 1980. *Cosmos.* New York: Random House.

4   S. B. Carroll. 2001. Chance and necessity:

the evolution of morphological complexity and diversity. *Nature* 409: 1102–1109; K. J. Niklas. 2014. The evolutionary-developmental origins of multicellularity. *American Journal of Botany* 101: 6–25.

5 F. de Waal. 2016. *Are We Smart Enough to Know How Smart Animals Are?* New York: W. W. Norton.

6 M. Roach. 2008. Almost human. *National Geographic* 213(4): 124–144.

7 Thomas Holtz quoted in J. Hecht. 2007. Smartasaurus. *Cosmos.* July 9, 2007, https://cosmosmagazine.com/ palaeontology/smartasaurus.

8 D. Naish. 2012. Dinosauroids revisited, revisited. *Tetrapod Zoology,* October 27, 2012, https:// blogs.scientificamerican. com/tetrapodzoology/dinosauroids-revisited-revisited/.

9 quoted in G. Hatt-Cook. 2007. What if the asteroid had missed? *BBC News,* March 13, 2007, http://news.bbc. co.uk/2/hi/science/nature/ 6444811. stm.

10 p. 36 in Russell and Séguin. Reconstructions of the small Cretaceous theropod *Stenonychosaurus inequalis* (see Introduction, note 6).

11 Thinkaboutit's Alien Type Summary— Dinosauroids. *Thinkaboutit.* Accessed June 1, 2016. http://www. thinkaboutit-aliens.com/ think-aboutits-alien-type-summary-dinosauroids/. In the quote, I changed "amphibian" to "reptile" for the sake of accuracy.

12 Naish. Dinosauroids revisited,

revisited (see Conclusion, n. 322).

13 S. Roy. 2016. *Deviant Art.* Accessed November 12, 2016. http://povorot. deviantart.com/ gallery/ 9348116/ The-Dinosauroids.

14 H. Burrell. 1927. *The Platypus.* Sydney: Angus & Robertson.

15 J. D. Pettigrew. 1999. Electroreception in monotremes. *Journal of Experimental Biology* 202: 1447–1454; T. Grant. 2008. *Platypus*, 4th ed. Collingwood, Australia: CSIRO Publishing.

16 Jerry Coyne insightfully discusses evolutionary singletons (and uses both that term and "oneoffs"). He also makes a point about the elephant similar to the one here about the platypus. See J. A. Coyne. 2015. Simon Conway Morris's new book on evolutionary convergence. Does it give evidence for God? *Why Evolution Is True*, February 8, 2015, https://whyevolutionistrue.wordpress. com/2015/02/08/simon-conway-morriss- new-book-on-evolutionary-convergence- does-it-give-evidence-for-god/; J. A. Coyne. 2016. *Faith versus Fact: Why Science and Religion Are Incompatible.* New York: Penguin.

17 pp. 113–117 in E. O. Wilson. 2015. *The Meaning of Human Existence.* New York: Liveright.